Natural History of Ants in South Kyushu, Japan

アリの生態と分類
― 南九州のアリの自然史 ―

山根正気・原田　豊・江口克之

南方新社

装丁／鈴木巳貴

はじめに

　数年前の夏，近所のスーパーマーケットのペット関連商品売場でアリ飼育キットが売られているという話を友人から聞き，衝動買いしてしまいました。たしか小学校2, 3年のころに購読していた学童科学誌の付録が透明アクリル樹脂製のアリ飼育容器でした。近未来の高層住宅を模した本体の中に土を入れ，透明チューブでつながれた餌場にさまざまな餌を入れてアリを飼育・観察したのを覚えています。最近の飼育キットはなかなか良くできており，透明のゼリー状基材が土，そしてなんと餌の代わりにもなり，アリが巣を掘り進める様子をはっきりと観察することができます。また，仮想空間でアリを飼育する家庭用ゲーム機のソフトウェアも発売されていると聞きます。このような商売が成り立つということからも，アリがわれわれ日本人，とくに子供たちにとっていかに身近な昆虫であるかが分かります。

　日本においてアリは非常に良く研究されている昆虫の一群です。1965 年に在野の研究者久保田政雄氏により設立された日本蟻類研究会による精力的な野外調査・研究活動により，現在までに 273 種ものアリが確認されており，大半の種に学名（万国共通の学術的な名前でラテン語表記）と和名（日本国内で通用する名前）がつけられています。今後，南西諸島など調査が不完全な地域から未発見の種が追加されたり，これまで 1 種とされていた種の中に形態的に非常に類似した複数種（同胞種）が存在することが明らかになったりすることで，若干種数が増加すると予想されます。それでも日本に生息するアリの 9 割以上がすでに発見されていると考えて間違いないでしょう。

　読者の皆さんは身の回りに何種ぐらいのアリがいると思いますか。「黒くて大きいアリ」，「赤くて小さいアリ」，「家の中に入ってくる黒くて小さいアリ」などなど，5, 6 種ぐらいですか？鹿児島市の工業地帯の完全な人工緑地である七ツ島公園から，なんと 39 種のアリが見つかっています。そして森林や里山などの自然，半自然環境に行くとまた別の種のアリがいろいろ見つかるはずです。

　本書が対象とする南九州（宮崎，鹿児島本土，種子島，屋久島，三島など）からは本書で初めて紹介する種を含めてこれまでに 124 種のアリが記録されています。しかし大半の種が微小〜小型であるため，良い検索表（名前を調べるガイドブック）があるのにもかかわらず，一般の方々が自分で名前を調べることは非常に困難でした。虫眼鏡では倍率が足りないのです。しかし，最近 3 万円程度で低〜中倍率の実体顕微鏡が売り出されるようになり，小中学校・高等学校でも理科教育，課外授業用に購入できるようになってきました。もちろん，大きな種や特徴のある種は，肉眼や 10 倍程度のルーペ（虫めがね）でも名前を調べることが可能ですから，顕微鏡がないからといってあきらめないでください。

　さて本書では，これまで鹿児島大学理学部多様性生物学講座（旧生物学科の野外系）の学生や池田高校の生徒さんたちによって行われてきた南九州のアリ類の分布や生活に関する研究を紹介することで，読者の皆さんのアリそして身近な自然に対する興味をかき立て，あわよくば南九州の地で在野のアリ研究者・愛好家を増やしたいと企みました。それはただ単にお友達を増やしたいからではありません。最近テレビや新聞で海外から持ち込まれた生物が引き起こす問題が盛んに報道されています。アリに関

しては，西日本で不快・衛生害虫化している南米アルゼンチン原産のアルゼンチンアリ（学名 *Linepithema humile*）が有名です。しかしわれわれは近年さらに大きな脅威に直面しています。中国大陸南東部や台湾に侵入し，深刻な農業被害，公衆衛生被害をもたらしているヒアリ（*Solenopsis invicta*）が近い将来南西諸島や南九州に侵入する危険にさらされているのです。

南米原産のこのアリは20世紀前半にアメリカ合衆国アラバマ州モービルに侵入し，現在では合衆国東南部を中心に広く分布し，農業・畜産業に甚大な被害を及ぼしています。アメリカ農務省の推計ではヒアリによる経済的損失は毎年50～60億ドル（約5,000～6,000億円）にものぼるそうです。また，毎年1,400万人が少なくとも1回はヒアリに刺されており，そのうち8万人がアナフィラキシーショックなどで治療を受けています。そしてヒアリ毒によって毎年約100人程度が死亡していると見積もられています。アメリカ合衆国が半世紀以上にわたり莫大な予算をつぎ込んで研究を続けてきたのにもかかわらず，いまだ有効な駆除法を確立できていないことを考えると，ヒアリのような有害外来アリ類の定着を阻止するためには，侵入初期に発見し根絶することが決定的に重要なのです。ひとたび定着してしまえば，南九州は農業・畜産業のさかんな地域ですから，地域経済に大きな損害が生じてしまうかもしれません。

日本においてアリ研究の長い歴史があり，プロや在野の研究者が各地で研究活動をしているといっても，潜在的に侵入可能な地域にくまなく目を光らせるには，より多くの方々の協力が不可欠です。ですから南九州におけるアリ研究の成果の普及活動は社会的に大きな意義があると私たちは考えています。

本書は3部構成になっています。本書は南九州に生息するアリを扱っていますが，第1部では本書の内容をよりよく理解していただくために，アリという生き物の全体像を明らかにします。第2部では南九州のアリに関する研究成果を紹介することで，私たちの身の回りにも非常に興味深いミクロな世界が広がっていることを感じていただきたいと思います。「自分もアリ研究に参加したい！」という方々への手引きにもなるような構成になっています。そして第3部では，アリの名前の調べ方について詳説します。紙面の関係上詳説できない事象に関しては参考文献を紹介します。

では皆様ご一緒に，アリの世界を探検しましょう。

目次

はじめに　3

■第1部　世界のアリ，アリの世界（江口克之）

1. 昆虫の一員としてのアリ　8
   1-1．アリとシロアリ　8
   1-2．ハチの一員としてのアリ　9
2. アリの社会生活　10
   2-1．コロニーの創設　10
   2-2．多様な繁殖様式　11
   2-3．コミュニケーション　14
   2-4．アリとアリを取り巻く生物たち　15
   2-5．捕食者からの防衛手段　21
3. アリのすみか　23
   3-1．アリのすみか　23
   3-2．地下に広がる未知の世界　24
4. アリの食べ物　26
5. 我々の暮らしとアリ　28

■第2部　南九州のアリの生活（原田　豊）

1. 日本南限のブナ林に棲むアリ　32
   1-1．紫尾山のブナ帯：珍種の宝庫 !?　32
   1-2．高隈山のブナ帯：優占種はアメイロアリ　33
2. 桜島溶岩地帯のアリ　35
   2-1．噴火による撹乱が続く桜島　35
   2-2．桜島でのアリ相調査始まる　36
   2-3．アリ相の変化を追う　37
   2-4．溶岩地帯での餌は何か　39
   2-5．アリの生活の全容をつかむ　43
3. 校庭のアリ　44
   3-1．校庭にも意外に多くのアリが生息　44
   3-2．校庭の優占種はどのアリか　45

4. アリと植物の関係　46
      4-1. 多くの種が樹上で採餌　46
      4-2. アブラムシは重要な餌資源　49
   5. 夜行性のアリの生態　―アメイロオオアリ―　51
      5-1. 隠蔽的な生活　51
      5-2. 大型働きアリの役割　52
      5-3. 生活史　53

■第3部　採集から名前調べまで（山根正気）

   1. アリの採集　56
   2. アリの標本作製　59
      2-1. 準備するもの　59
      2-2. 採集してから標本作製まで　62
      2-3. 乾燥標本の作り方　62
      2-4. データラベルは標本のいのち　64
      2-5. 標本の保存・管理　67
   3. アリの名前調べ　69
      まず亜科と属を同定する　69
      カタアリ亜科とヤマアリ亜科　73
      クビレハリアリ亜科　105
      ムカシアリ亜科　107
      ノコギリハリアリ亜科　110
      ハリアリ亜科　112
      カギバラアリ亜科　125
      フタフシアリ亜科　129

付録　178
   1. 種の検索表　178
   2. 侵略的外来種ヒアリの特徴は？　184

和名索引　188

学名索引　192

参考文献　196

あとがき　199

第 1 部

世界のアリ，アリの世界

Ants of the World and the World of Ants

江口　克之

Katsuyuki EGUCHI

1. 昆虫の一員としてのアリ

1-1. アリとシロアリ

　これまでに発見され命名された生物はおよそ100万種ありますが，そのうち7割以上は昆虫に属します。昆虫は節足動物と呼ばれる動物の一員で，体の表面はキチン質からなる硬い「よろい」に被われています。昆虫の他にも身近な生き物としては例えばエビ，カニ，ムカデ，クモなどが節足動物に含まれます。

　堅い鎧に覆われた昆虫が成長するためには，成長過程で小さくなった鎧を脱ぎ捨て，新しく，大きな鎧に衣替えする必要があります（脱皮）。昆虫の成長様式には主に2つあります。

　トンボ，ゴキブリ，バッタ，カマキリ，セミなどは，卵→若虫（翅や生殖器官は未発達であるが体型は成虫とほぼ同じ）→成虫という発育過程をたどります（不完全変態）。一方，カブトムシ，チョウ，ハエ，ハチなどは卵→幼虫→蛹→成虫という発育過程をたどります（完全変態）。蛹の期間に体が完全に作り変えられ，幼虫と成虫では体の構造のみならず，普通生活スタイルも大きく変わります。

　な͏じ͏み͏の͏飲み屋で，近くに座ったお客さんに「アリの研究をしています」と自己紹介すると，「家の柱がシロアリに食べられて困っている」という相談をしばしば受けます。恥ずかしながらシロアリの駆除方法には疎いので，ビールジョッキ片手に次のような豆知識を披露しつつ，話をはぐらかします。「アリとシロアリは確かに形が似ていますが，アリはハチの仲間，シロアリはゴキブリの親戚です」。

　実は，アリはカリバチと総称されるハチ（幼虫の餌として昆虫やクモなどを狩るハチの仲間）から進化し，スズメバチ類とも比較的近い親戚関係にあります。最初のアリが地球上に出現したのは，今から1億2500万年前の白亜紀前期，恐竜が栄えていたころと推定されています。ハチの仲間なので完全変態を行います。

　一方シロアリは白亜紀前期のアリの起源よりもやや古い時期にゴキブリの仲間から進化しました。したがってゴキブリと同じく不完全変態を行います。

　これら互いに縁遠い2つのグループは，非常に高度な社会性を独立に獲得・発達させました。すなわちアリもシロアリも繁殖を担う個体と不妊の個体から成る家族単位で生活しています。不妊の個体は自分で繁殖しない代わりに，自らと血縁関係のある生殖虫（繁殖を担う雌や雄）を助けることで間接的に子孫を残しているのです。

写真1. ワシントンヤシの幹の枯死部に営巣したナワヨツボシオオアリ（*Camponotus nawai*）。鹿児島大学郡元キャンパスにて（2005年5月20日撮影）

写真2. イエシロアリ（*Coptotermes formosanus*）の働きアリと兵アリ。鹿児島大学郡元キャンパスにて（2005年4月23日撮影）

1-2. ハチの一員としてのアリ

　地球上に現存する全ての生物種は35億年前に出現した単純な生物から枝分かれし，多様化してきたと考えられています。多種多様な生物を近縁関係の推定に基づき近いもの同士をまとめ，入れ子状に配列したものが分類体系です。分類体系は生物の多様性とそれを導いた進化のプロセスを探る学問としての生物学において，重要な研究上の作業仮説なのですが，分類と聞いただけで，「あくびが出る」読者の方々もおられるかと思います。

　生物学者の間でさえ，分類学はしばしばカビくさい学問，さらには学問でさえないとの扱いを受けることもあるくらいです。ですから，ここでは第1部及び2部を理解する上で必要最小限の説明をするにとどめますので，あと少しお付き合いください。アリ類は膜翅目（ハチ目）の一員ですが，もう少し詳しく言いますと，「膜翅目有剣亜目スズメバチ上科アリ科」となります。全てのアリはアリ科という「科のランクを与えられた分類群」に含まれるので

す。2007年時点で，世界からおよそ1万1000種のアリが学術的に記載・命名されており，実際には少なくとも同じくらいの未発見種・未記載種が存在すると考えられています。

　アリ研究の発展のためには作業仮説としてアリ科内の分類体系を整備する必要があり，そのような取り組みも新種の記載・命名と平行して1世紀以上にわたり進められてきました。

　アリの分類学の大家，英国のバリー・ボルトン氏により1994～1995年に提示された分類体系が定着するかに見えましたが，2003年に彼自身が再度分類体系を大きく変更したのを契機に，今後しばらく大変動が続きそうな気配です。本書では分類体系と学名（万国共通の学術的な名前でラテン語表記）はボルトンの2003年の体系を基本的に踏襲し，各分類群の和名（日本国内で通用する名前）に関しては緒方ら（2005年）に従うこととします。

　アリ分類学で使われる基本的な分類ランクは上位から「科」，「亜科」，そして「属」です。例えば，インドオオズアリ（学名：*Pheidole indica*）はアリ科（Formicidae）フタフシアリ亜科（Myrmicinae）オオズアリ属（*Pheidole*）に属します。ただし，オオズアリ族（Pheidolini）のように，亜科と属の間に「族」というランクを設定する場合もあります。種及び属の学名のみ斜字体で表記されます。

2．アリの社会生活

2-1．コロニーの創設

　アリの社会生活の基本単位は，女王と子供たちから成る家族（コロニーと呼びます）です。アリのコロニーの発展過程を追ってみましょう。晩春から初秋にかけての夜，時として大量の羽アリ（有翅虫）が街頭や家の明かりに飛来するのを目にしたことがあると思います。彼ら，彼女らはアリの社会生活の中で最も重要なイベント，すなわち結婚飛行の主役たちなのです。

　日本のように季節がはっきりしている地域では，種によって決まった時期に結婚飛行が行われる傾向にあります。例えば鹿児島ではクロオオアリの結婚飛行は5月頃ですが，アメイロオオアリの結婚飛行は8月～9月です。雨上がりの穏やかな日に，一斉に巣からあふれ出し，大空に舞い上がった雌の有翅虫（新女王）と雄の有翅虫は相手を見付け，交尾を行います。その際，雌の有翅虫はその後一生卵を産み続けるのに十分な量の精子を1～数匹の雄から受け取り，体内に蓄えます。

　交尾を終えた雌の有翅虫は羽を自ら切り落とし，それぞれの種の嗜好にあった営巣場所で孤独な巣作りを始めます。この段階に達した新女王を創設女王と呼ぶこともあります。巣作りといっても最初は自らの体がようやくはいる程度の空間を作るのが精一杯で，そのあと巣口を塞いで隠遁生活にはいるのが普通です。一方，雄の有翅虫は結婚飛行とその後の交尾で精根を使い果たし，まもなく短い一生を終えます。

　隠遁生活に入った女王はいくつかの卵を産みます。孵化した幼虫には胸部につまった羽を動かす筋肉を分解し吐き戻し，餌として与えます。飛翔筋は結婚飛行が終わった後は不要になるので，それを有効活用するわけです。種によっては餌用の特別の卵（栄養卵）を産み，与えることもあります。幼虫は成長し，蛹を経て，隠遁生活から1カ月ほど経った頃には成虫（働きアリ）になります。

　最初の働きアリの一群は栄養不足のため，矮小ですが，早速巣の拡張，女王，卵，幼虫，蛹の世話，そして巣の外での餌収集の任務に就きます。働きアリが生まれると，女王は産卵に専念するようになります。

写真3．結婚飛行に備えるクロオオアリ（*Camponotus japonicus*）の新女王。鹿児島大学郡元キャンパスにて（2005年5月3日撮影）

写真4．石の下に小部屋を掘り，隠遁生活をするヨコヅナアリの一種（*Pheidologeton* sp.）の女王。ベトナム南部・ドンナイ省にて（2004年12月29日撮影）

10　第1部　世界のアリ，アリの世界

このころまでをコロニーの創設期と呼びます。

働きアリの数が増えるにつれ、巣が拡張され、より多くの餌が集められ、さらに多くの働きアリが生み出されます（コロニーの成長期）。数年経つとコロニーは十分成長していることでしょう。コロニーの大きさ（構成員の総数）はアリのグループや種によってさまざまで、たった10数匹の成虫から成る小さなコロニーを形成する種もあれば、ヤマアリの仲間のように数百万の働きアリを擁する巨大コロニーを形成する種も知られています。

コロニーが十分成長すると、ついに繁殖を担う個体、すなわち雌の有翅虫（新女王）と雄の有翅虫の生産を開始します（コロニーの繁殖期）。ここにいたってようやくコロニーの中に雄が登場します。アリの種によっては働きアリは非常にいかめしい面構えをしているのですが、見た目の印象とは異なり全て不妊の雌なのです。雄はふつう非常に華奢な体つきで、結婚飛行に飛び立ち、雌と交尾をするという唯一の任務を担うための必要最低限の身体機能しか持ち合わせていません。

アリを含む膜翅目昆虫は一風変わった性決定システムを持っています。受精卵は雌に、未受精卵（無精卵）は雄になるのです。また受精卵から孵化した幼虫もその後の餌の与えられ方などによって影響され、新女王、小型働きアリ、大型働きアリ（兵アリ）、雌の有翅虫など異なったタイプの雌に育ちます。このようなコロニー構成員の比率を最適化するメカニズムは効率的な社会生活の運営の根幹をなしています。

自然環境下でのコロニーの寿命はほとんどわかっていませんが、実験室内で20年以上飼育した例があります。ですから、大半の種で繁殖期に達したコロニーは複数年にわたり有翅虫を産出し続けるものと思われます。さてこれまでは「典型的」といわれるコロニーの発達過程を紹介してきましたが、自然界には例外がつきものです。アリの社会構造の多様性が判明するにつれ、例外と思われていたものが常態であるケースさえでてきました。次節以下ではそうした多様性の世界を覗いてみましょう。南九州でも、まだまだ新発見があるにちがいありません。

2-2. 多様な繁殖様式

2-2-1. 複数の女王による繁殖

アリに関する一般書には「アリのコロニーの基本形態は単女王制、つまり一匹の女王から成る」という印象を与える記述がしばしば見られますが、最近の研究により、むしろ複数の女王を擁するコロニー（多女王制コロニー）のほうが一般的であることがわかってきました。

多女王制のコロニーができあがるプロセスはいくつか考えられます。まず、複数の新女王が共同で創設する場合です。この際新女王同士が姉妹関係にあれば、その後のコロニー発達期、繁殖期においてもそのまま多女王制が維持される場合もあります。一方、血縁関係のない複数の新女王、つまりライバル同士が協同することによりコロニー創設の失敗のリスクを低減し、その後は熾烈な殺し合いを経て、単女王制に移行する場合もあります。呉越同舟といったところでしょうか。また、繁殖期に結婚飛行のためいったん巣を離れた新女王が交尾のあと実家に出戻ってくる、さらには巣内で近親交配したのちその巣にとどまることで多女王化するケースも知られています。全く血縁関係のない新女王が十分成長したコロニーに受け入れられることもしばしば起こります。この場合受入側のコロニーの労働力に寄生しているという見方もできま

す。
　単女王制か多女王制かはある程度種やグループによって決まっているようですが、次のような例もあります。イモハツラアリ属の一種（*Petalomyrmex phylax*）はアフリカ大陸カメルーン沿岸多雨林に局所的に分布する *Leonardoxa africana* ssp. *africana*（マメ科小木）の枝の肥大した節間内部の空洞に営巣します。コロニーは単独の新女王により創設されますが、後にコロニーが繁殖期にはいると創設女王の娘の新女王を受け入れることにより多女王化します。これらの受け入れられた女王も繁殖に参加し、ついには創設女王の孫娘に当たる新女王までもが受け入れられます。しかし、面白いことに、コロニーの多女王化には地理的変異が見られます。分布域の北方では極端な多女王制が見られるのに対し、南方ではほぼ例外なく単女王制なのです。

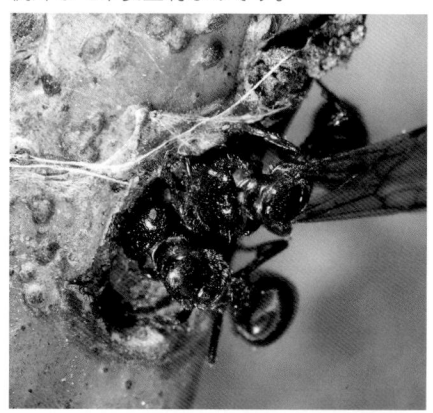

写真5．ヒラズエダアリ（*Cladomyrma scopulosa*）の新女王が共同でムユウジュの一種（*Saraca dives*）の若い枝に巣穴を掘っている。ベトナム中北部・ゲアン省にて（2006年4月3日撮影）

2-2-2．職型女王による繁殖

　全てのアリの女王が羽を持ち、結婚飛行に飛び立つわけではありません。たとえば、ハリアリ亜科（Ponerinae）のハシリハリアリ属（*Leptogenys*）では女王アリはもともと羽を持たず、そのため胸部構造はあまり発達せず、体の外部構造はしばしば働きアリのそれと大差ありません。実は多くのアリの種において働きアリも未発達の卵巣を持っており、無精卵を生む能力を有していますが、職型女王はよく発達した卵巣を持っている点で働きアリとは異なります。
　新しい職型女王はコロニーに舞い降りた雄の有翅虫と交尾をし、母親のコロニーの働きアリの一部を従え家出をし、新しいコロニーを創設します（分封）。新女王が飛ばない分封では新天地へたどり着くことはできませんが、一方ではじめから労働力としての働きアリがいるので新コロニーの創設の成功率は高くなります。フタフシアリ亜科のナミバラアリ属（*Acanthomyrmex*）では、ゴウタンナミバラアリ（*A. ferox*）が羽を持った通常の女王による繁殖を行うのに対し、コナミバラアリ（*A. minus*）、パダンナミバラアリ（*A. padangensis*）、スラウェシナミバラアリ（*A. sulawesiensis*）は職型女王のみによる繁殖をしているようです。
　ナミバラアリ属に属する種は食料源を種子にかなり依存しており、通常の働きアリ（小型働きアリ）に加え、種子割りに特化し頭部が極端に巨大化した働きアリ（大型働きアリ）が存在します。ナミバラアリの仲間が食べることのできるサイズの種子をつける植物がもしまとまって生えているならば、分封により実家の近くで新生活を営むほうが、当てもなく新天地を目指すよりも「賢い選択」なのかもしれません。
　グンタイアリ亜科（Ecitoninae）、サスライアリ亜科（Dorylinae）、ヒメサスライアリ亜科（Aenictinae）、ムカシアリ亜科のムカシアリ属（*Leptanilla*）のコロニーには、巨大な腹部を持つ職型女王がいます。これらのアリは決まった巣を持たず、放浪（さすらい）生活を送りながら、大量の餌を集めます。そして、「野営」期間に女王は一

気に卵巣を発達させ,大量の卵を生みます。この状態ではまともに歩くことすらできません。しかし,「さすらい」期には,腹部が縮まり,自力で長距離を移動できます。アフリカのサスライアリ属（*Dorylus*）のなかには働きアリ総数が数百万に達するコロニーを形成する種もいます。

私は,アリの研究を始めて間もない頃,マレーシア領ボルネオの森林伐採現場の林道を横切るサスライアリの一種（*Dorylus vishnui*）のコロニーに出合い,女王を見たくて3時間ぐらいコロニーを眺めていたのですが,行軍は果てしなく続き,結局女王を見ることはできませんでした。

2-2-3. 交尾した働きアリによる繁殖

ハリアリ亜科やデコメハリアリ亜科（Ectatomminae）に属する一部の種のコロニーには通常の女王や職型女王が存在しません。その代わりに交尾した働きアリ（繁殖働きアリ）が恒常的に繁殖を担っています。コロニーの中の全ての働きアリは卵巣,受精嚢を含め形態的に同一であり,雄の活動期に交尾に成功した働きアリだけが繁殖働きアリとなります。

交尾は巣内あるいは巣口の近くで起きます。繁殖働きアリは巣の外にはほとんど出ず,交尾していない通常の働きアリがコロニー運営に必要な労働を行います。繁殖働きアリが1個体の種もあれば,複数個体の種もあります。複数の繁殖働きアリを持つ種の場合,大抵はそれぞれが別の雄と交尾をしているので,コロニー構成員の血縁関係が希薄になる傾向にあります。

偶発的な出来事で巣や引っ越しの隊列が攪乱された際に,コロニーがいくつかの断片に分かれてしまうことがあります。その場合,繁殖働きアリを含まないコロニー断片にも雄の羽アリの訪問を受けて新たな繁殖働きアリが誕生する可能性があります。このようなプロセスで新しいコロニーが創設されます（出芽創設）。

2-2-4. 働きアリによる単為生殖

日本を含む東アジアから東南アジアにかけて広く分布するアミメアリ（*Pristomyrmex punctatus*）はきわめて特殊な繁殖様式を持ちます。アミメアリは生殖に特化した女王を進化の過程で失い,その代わりに若い働きアリが単為生殖によりメスの卵を産み,それらは働きアリへと育っていくのです。年をとると産卵能力を失い,労働に専念するようになります（本当の意味で働きアリとなる）。アミメアリは定住性が低く,頻繁に移動をしています。偶発的な出来事で巣や引っ越しの隊列が攪乱された際に,コロニーが分断されると,それぞれが新しいコロニーとなるのでしょう。

2-2-5. 社会寄生

他の種のアリのコロニーに寄生し,寄主となったコロニーの働きアリの世話を受けながら繁殖するという生き方（社会寄生）が主にフタフシアリ亜科（Myrmicinae）やヤマアリ亜科（Formicinae）でさまざまな程度に進化しました。

一般的に,アリのコロニーは同じ種,他の種を問わず非常に排他性が強いのですが,2種のアリのコロニーが非常に近接して創設されることがあります。この2種のアリが形態的にも行動的にも大きく異なる場合,偶発的な共棲関係に発展することがあります（原始共棲）。

小型種が大型種の巣に隣接して営巣し,大型種の食べ物の残りを失敬したり,餌を運んでいる大型種の働きアリから盗み取ったりする場合,餌資源に関して寄生関係が成立しています（盗食共棲）。トフシアリ属（*Solenopsis*）やその近縁属に属する小型種の中には,大型種の巣の外壁の中に営巣

し，大型種（寄主）の巣房に入り込んで餌を盗んだり，寄主を捕食したりする種がいます。このようなアリは盗賊アリと呼ばれます。日本国内に広く分布するトフシアリ（*Solenopsis japonica*）は盗賊アリ的生活をしていると言われていますが，必ずしも寄主と一緒に採集されるとは限らないようです。

　他の種（寄主）の巣の外壁や巣房の中に寄宿し，寄主から給餌などにより食物を獲得する段階に至ると，真の意味での社会寄生です。この関係がさらに進むと，完全社会寄生関係，すなわち寄主の働きアリの労働力に完全に依存し，自らは新女王と雄のみを生産するという関係に至ると考えられます。

　コロニー創設時に必要な労働力を他種に頼るという戦略から完全社会寄生が生じるという進化の道筋もあります。いくつかの亜科のさまざまな属において一時社会寄生という現象が生じています。交尾を終えた新女王は寄主となるアリのコロニーを探し出し，侵入します。巣内で出会った働きアリを何らかの方法で（おそらくは鎮静効果のある化学物質を放出して）なだめ，コロニー特有のにおいを働きアリから自身に移し取ります。その後，自身で，あるいは味方につけた働きアリを使って，寄主の女王を暗殺し，巣を乗っ取ります。寄主コロニーの労働力を手に入れ，自身は繁殖に専念します。寄主コロニーの働きアリが死に絶えた後は，寄生者の女王とその娘の働きアリが自力でコロニーを運営するので，一時社会寄生と呼ばれるのです。東北地方以南の日本各地に分布するトゲアリ（*Polyrhachis lamellidens*）はクロオオアリ（*Camponotus japonicus*）やムネアカオオアリ（*Camponotus obscuripes*）の一時社会寄生者としてよく知られています。

　このような一時社会寄生を行っていた種が，寄主の女王を生かし続けることで寄主の働きアリを労働力として使い続け，自身は働きアリの生産を縮小し，そのぶん繁殖個体（新女王と雄）の生産を強化するという戦略へ移行すれば，完全社会寄生関係に到達すると考えられます。

　一時社会寄生の発展型として奴隷狩りという社会寄生形態を獲得した種もいます。また同種あるいは近縁種のコロニーが高密度に分布し，激しい縄張り争いと略奪が頻繁に起こっている条件下では，一時社会寄生を経ずに奴隷狩りが進化すると考えられます。日本に分布するサムライアリ（*Polyergus samurai*）は典型的な「奴隷狩り」を行うアリです。

　7月頃に結婚飛行・交尾を終えたサムライアリの新女王は寄主となるクロヤマアリ（*Formica japonica*）のコロニーに侵入し，寄主女王を殺して巣を乗っ取った後，サムライアリの女王は戦闘に特化した鎌状の大顎を持つ働きアリを産出します。サムライアリの働きアリは労働に従事しない代わりに，近隣のクロヤマアリの巣を組織的に襲い，成長した幼虫や繭（蛹）を略奪してきます。略奪された幼虫や蛹から成長したクロヤマアリの働きアリは奴隷としてコロニー運営のための労働に従事します。奴隷の数はだんだん減ってきますので，毎年夏に奴隷狩りを行います。黒くて中型のアリが繭をくわえて行列を作っているのを眼にしたことがある方もいるでしょう。それはもしかすると引っ越しではなく奴隷狩りだったのかもしれません。

2-3. コミュニケーション

　以上のような高度に発達したコロニーを維持するためには，構成員（女王，働きアリ，羽アリ，幼虫など）の間でのコミュニケーションが必要不可欠です。私達が言葉や文

字を使うように,アリも「におい・味(フェロモン)」を巧みに使って,会話をしています。体のさまざまな場所からそれぞれ特別な意味を持つフェロモンが分泌され,それらは主に触角や口器などにあるさまざまな感覚器で感知されます。

アリとアリが出会うと触角で相手をなでまわします。アリの体の表面は所属するコロニーに特有のにおいで被われており,触覚でなでまわすことで相手が自分と同じコロニーの仲間であるかどうかを「嗅ぎ分けて」いるのです。正確には接触により感知可能な化学物質ですので,「嗅ぎ分け」ではなく「味見」というべきなのかもしれません。

違う種のアリはもちろん同じ種でも別のコロニーのアリと出会うと,餌や営巣場所などの資源をめぐる競争相手と判断して激しく戦うのがふつうです。競争相手や捕食者が巣に近づいたり,侵入してきたりすると,それを発見した働きアリは警戒フェロモンを散布するので,コロニー全体が興奮状態になります。逆に社会寄生性の種の新女王や奴隷狩り部隊は鎮静効果のあるフェロモンをうまく使いながら,相手コロニーの防衛力を低下させます。

多くの種では,餌場を見付けた働きアリは道しるべフェロモンを分泌しながら帰巣し,仲間を餌場へと誘導します。雄アリが同種の新女王と出会い,交尾に至るプロセスでもフェロモンは重要な役割を果たします。

2-4. アリとアリを取り巻く生物たち

2-4-1. 栄養共生

アブラムシ,カイガラムシ,ツノゼミなどの半翅目同翅亜目昆虫やカメムシに代表される半翅目異翅亜目昆虫の多くは管状の口吻を植物体に差し込み,糖,アミノ酸,ミネラルが溶け込んだ汁を吸っています。汁の中には半翅目昆虫が必要とする栄養分がバランスよく含まれているわけではないので,大量に吸汁して,過剰摂取した糖分などを液体として大量に排泄します。排泄物は病原菌の温床になったり,その臭いによって捕食者を誘引してしまったりするやっかいな代物ですが,排泄物を介してアリと共生関係を結んでいる半翅目昆虫(特に同翅亜目昆虫)が数多く知られています。

地上や植物上を活発に歩き回りながら女王や育ち盛りの幼虫のための餌を集める働きアリは,自身のエネルギー源として糖分を必要とします。そこで,花や花外蜜腺(花以外の蜜分泌器官)から分泌される蜜と並んで重要なのが植物から吸汁する半翅目昆虫の排泄物,いわゆる甘露です。

アリは吸汁している半翅目昆虫の集団を訪問し,触角で体をたたくなどして排泄を促します。やっかいな排泄物はアリによって回収され,またアリからの攻撃を恐れて天敵が退散するので,これらの半翅目昆虫にとってアリはありがたい存在です。このような緩やかな関係からアリによる半翅目昆虫集団の「囲い込み」が進化したと考えられます。巣と半翅目昆虫の集団を恒常的に往き来し,半翅目昆虫を襲う天敵を積極

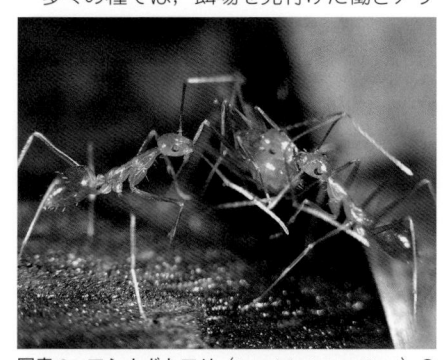

写真6. アシナガキアリ (*Anoplolepis gracilipes*) の異なるコロニーに属する働きアリの間のケンカ。マレーシア・セランゴール州にて (2006年12月5日撮影)

2. アリの社会生活　15

的に攻撃し，排除あるいは捕食します。また，集団の上を木くずや土などを利用して覆うことで天敵から保護する種もいれば，半翅目昆虫を土中の巣の中に運び込み，植物の根から吸汁させる種もいます。

　ヤマアリ亜科（Formicinae）のミツバアリ属（*Acropyga*）に属する種は食料源を完全にカイガラムシ（アリノタカラカイガラムシ類など）に依存しており，甘露を利用するだけでなく，増えすぎたカイガラムシを適度に間引いて餌にしています。新女王はカイガラムシの繁殖虫を大顎でくわえて結婚飛行へと飛び立ちます。

写真7．カイガラムシの甘露を舐めるトビイロケアリ（*Lasius japonicus*）。鹿児島大学郡元キャンパスにて（2005年5月18日撮影）

　アリと半翅目昆虫の間の栄養共生は，間引きがしばしば起こりますが，基本的には甘露を媒体として成立しています。しかし，フタフシアリ亜科（Myrmicinae）のダニトモカドフシアリ（*Myrmecina* sp.）とササラダニの一種の間には間引きを媒体とする栄養共生が成立していることが知られています。東南アジアに生息するこのササラダニはダニトモカドフシアリの巣の中でのみ生活，繁殖が可能で，卵から成体に至る全生活史においてアリによる世話が必要不可欠です。通常の状況下では生きたササラダニがアリに食べられることはなく，死んだササラダニのみがアリの成虫及び幼虫の餌になります。しかし食料の欠乏した状況では，生きたササラダニもアリによって頻繁に食べられます。つまりササラダニの利益は生活・繁殖全般における世話，アリの利益は非常食の確保にあります。

2-4-2．アリとシジミチョウの関係

　日本に生息するシジミチョウ科十数種のチョウがアリと共生，あるいはアリに寄生しています。そのうち，アリとの共生なしには生存できないほどアリに依存している種として，ゴマシジミ，オオゴマシジミ，クロシジミ，キマダラルリツバメ，ムモンアカシジミが挙げられます。

　クロシジミとキマダラルリツバメの幼虫はアリの巣に運び込まれた後，アリに体の表面にある分泌腺からの分泌液（甘露）を与えながら，アリからの給餌を受けます。チョウの幼虫側にもアリの側にも利益がありますが（相利共生型），アリにとってはチョウの幼虫の存在は必要不可欠というわけではありません。クロシジミは孵化後3齢幼虫までは唯一の宿主であるクロオオアリ（*Camponotus japonicus*）が集まるアブラムシ集団の中に棲み，主にアブラムシの甘露を食料として育ちます。3齢後期になるとクロオオアリの巣内に運ばれ，給餌を受けます。キマダラルリツバメは1齢幼虫から終齢幼虫まで一貫して宿主であるハリブトシリアゲアリ（*Crematogaster matsumurai*）に養われるアリ依存性の強い種です。

　ゴマシジミとオオゴマシジミの幼虫はアリの巣に運ばれた後，宿主のアリにわずかな分泌液を与えます。その一方で宿主のアリの幼虫を食べ，時としてコロニーを壊滅状態に追い込むこともあります。ゴマシジミの寄主としてはシワクシケアリ（*Myrmica kotokui*）が，オオゴマシ

ジミの寄主としてはヤマトアシナガアリ（*Aphaenogaster japonica*）が知られています。前者では3齢になって15～20日，後者では3齢後期になると食草から下りてさまよい歩き，宿主となるアリ種の働きアリに遭遇すると巣に運ばれます。

ムモンアカシジミの幼虫はケアリ属（*Lasius*）クサアリ亜属（*Dendrolasius*）に属するクロクサアリ（*L. fuji*），クサアリモドキ（*L. spathepus*），フシボソクサアリ（*L. nipponensis*），テラニシケアリ（*L. orientalis*）を宿主とします。ムモンアカシジミの幼虫は宿主のアリを臭いで誘引し，宿主が発散するデンドロラシンと呼ばれる防衛フェロモンを利用して天敵から身を守ります。ムモンアカシジミの幼虫はアリに対し分泌液などの栄養物質を何ら与えません。ムモンアカシジミは卵から孵化する過程から宿主のアリを誘引します。幼虫はクリオオアブラムシなどから甘露をもらって成長し，4齢になるとアブラムシを食べるようになります。

2-4-3．居候動物

アリの巣は非常によく防衛されているのですが，それでも昆虫，ヤスデ，ダニ，ワラジムシなどに属する多種多様な小動物がアリのコロニーの防衛機構をすり抜け，ちゃっかり居候し，巣の中のさまざまな餌資源を利用し生活しています。これらの動物は先の栄養共生の半翅目昆虫，ササラダニ，そしてシジミチョウの幼虫と合わせて好蟻性動物と呼ばれます。彼らは硬い甲羅を備える，素早く動き回る，アリの好きな蜜を分泌する，コロニー固有の臭いを移し取り身にまとうなどして宿主の働きアリからの攻撃を避けています。

巣内居候型の好蟻性動物の多くは巣内のゴミだめをあさっているだけなので，宿主のアリのコロニーに迷惑をかけない（片利共生）か，「掃除屋」として多少貢献していると考えられます（弱い相利共生）。しかし中には，アリが備蓄している食糧をかすめ取ったり，ねだったり（盗食），さらにはアリの卵，幼虫，蛹，あるいは成虫を捕食したり，それらに寄生したりする好蟻性動物もいます。また，アリが巣の中で大切に養育している共生アブラムシに寄生する寄生蜂も知られています。

職蟻型女王を擁する巨大コロニーを形成し，定住せず分封により新コロニーを作るといういわゆる「グンタイアリ」的生活をおくるアリ，例えばグンタイアリ亜科（Ecitoninae），サスライアリ亜科（Dorylinae），ヒメサスライアリ亜科（Aenictinae），ハリアリ亜科のハシリハリアリ属（*Leptogenys*）の一部などからも，多種多様な好蟻性動物が報告されています。好蟻性動物にとって「グンタイアリ」は大量の餌資源を永続的に供給するという点で理想的な宿主なのですが，移動性の極めて高いコロニーに随伴するためには特別な能力を獲得する必要があります。それでも，節足動物の多くの分類群（ダニ，クモ，ヤスデ，ダンゴムシ，トビムシ，シミ，多種多様な甲虫，ハエ，チョウ）に属する種が「グンタイアリ」的生活に適応してきました。

ウォルカー・ヴィッテら（2002）はマレー半島南部でハシリハリアリ属の一種のビバーク（一時的な巣）内で残飯を漁るオカクチギレガイ属の好蟻性陸生貝類（有肺亜綱オカチョウジガイ科 *Allopeas myrmekophilos*）を発見しました。軟体動物門に属する好蟻性動物の初めての報告です。身近な陸生貝類，例えばカタツムリやナメクジ，を想像すると，彼等がものすごいスピードで移動するハシリハリアリ類の隊列について行けるとは思えません。寄主コロニーが移動する際に，なんと彼等は特別な分泌物により働きアリを誘引し，幼

虫・蛹や餌同様に運搬されるのです。その後、ベトナムでトゲオオハリアリの一種（*Diacamma* sp.）やニショクマガリアリ（*Gnamptogenys bicolor*）の巣内のゴミだめで暮らす多様な陸貝が見つかりました。これらの陸貝がどの程度宿主のアリに依存しているかは不明ですが、トゲオオハリアリ類やニショクマガリアリは新しいコロニーを出芽創設するので、永続的な随伴を可能にする何らかの適応（働きアリによる運搬の誘発など）が生じている可能性もあります。

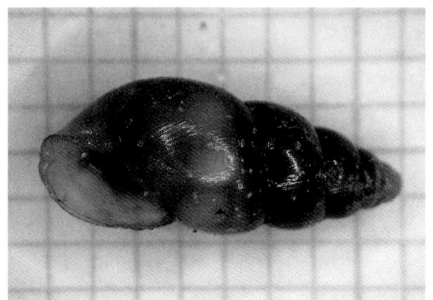

写真8. トゲオオハリアリの一種（*Diacamma* sp.）の巣の中のゴミ捨て場から見つかったオカクチキレガイ科（Subulinidae）の陸貝。ベトナム北部・バクザン省標本（2004年7月10日撮影）

2-4-4. アリ擬態

熱帯雨林でアリの採集をしていると、アリ学者でさえ一瞬だまされてしまうほどアリそっくりに擬態した徘徊性のクモにしばしば出合います。その多くはアリグモの仲間です。「おっ、こいつはトゲアリ属（*Polyrhachis*）に擬態しているな、こいつはマガリアリ属（*Gnamptogenys*）か」といった具合です。しかし、標本にしてしまうとそれほど似ていないように思えてくるので、形だけでなく「アリらしい仕草」も重要なのでしょう。

鋭いトゲや非常に強力な毒針で武装したり、まずい味の液体を分泌したりするアリも多いので、アリに擬態することで鳥などの学習能力の高い動物からの捕食をある程度回避することができると考えられています（ベーツ型擬態）。別の意味もあります。地表や植物上には複眼が良く発達していて、臭覚のみならず視覚に頼って巣外活動をするアリの種もたくさんいます。例えば、トゲアリ属（*Polyrhachis*）、オオアリ属（*Camponotus*）、ツムギアリ（*Oecophylla smaragdina*）、ナガフシアリ属（*Tetraponera*）、マガリアリ属（*Gnamptogenys*）の一部、トゲオオハリアリ属（*Diacamma*）などです。アリが同じコロニーの仲間であるかを確認するには相手に触角で触れる必要がありますが、視覚の良いアリでは姿形や動きも遠隔コミュニケーションに用いられているに違いありません。たとえば、尻上姿勢は警戒シグナルとしてさまざまなアリで用いられています。アリグモは姿形や動きでアリを誘引し、餌を奪ったり、アリ自体を捕らえて食べていると考えられます。

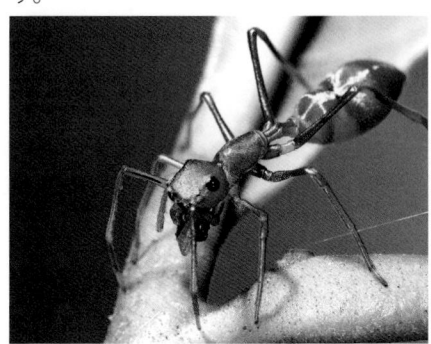

写真9. ツムギアリ（*Oecophylla smaragdina*）に擬態したアリグモ。ベトナム中北部・ゲアン省にて（2006年3月28日撮影）

クモ以外にもカメムシ類、キリギリス類、カマキリ類の若齢個体やハエ類や甲虫類の成虫などにアリ擬態がしばしば見られ、その効果は主として捕食者回避と思われます。

写真 10. アリに擬態したカメムシの若虫。ベトナム南部・ドンナイ省にて（2004 年 10 月 12 日撮影）

2−4−5. アリを利用する植物

　多種多様な植物が植食動物を追い払うための用心棒として，アリを利用しています。一番普通に見られるのは蜜などの食物を介した関係です。植物の中には花以外にも蜜を分泌する器官（花外蜜腺）を持っている種が数多く知られています。それらの蜜腺は普通葉の付け根や周縁部，花芽の周辺などに分布しています。その蜜を目当てに植物上を歩きまわるアリによって，植食動物（主に昆虫）は追い払われたり，食べられたりします。地上徘徊性で蜜に誘引されやすい種が用心棒となるので，関係を持つアリの種は植物の生えている場所によってふつう異なります。また，複数種のアリが 1 本の植物に誘引されるのが普通です。

　食物を報酬とする場合，アリのコロニーの食糧事情によって，アリの働き具合が変化してしまうので，あてにならない面もあります。そこで，食物のみならず住居までも提供することで，特定の 1 種ないし少数種のアリと一層強固で永続的な関係を結んでいる植物も，特に熱帯地域には，数多く存在します。巣の防衛は餌場の防衛よりも激しい攻撃性を誘発しますので，アリへの住居の提供は非常に効果的な植食動物対策です。

　空洞あるいは柔らかい芯をもつ茎を住居として提供するというのが一般的ですが，中空のトゲ，密着した葉の隙間，堅い果実の表面に刻まれた深い皺などが住居になる場合もあります。このような構造を持つ植物を総称して，アリ植物と呼びます。

　アリの側でも特定の植物の特定の部位にしか巣を作ることができないところまで植物への依存を強めた種も知られています。このようなアリを総称して植物アリと呼びます。東南アジアではフタフシアリ亜科シリアゲアリ属トフシシリアゲアリ亜属（Myrmicinae: *Crematogaster*: *Decacrema*）に属する植物アリとオオバギ属に属するアリ植物，ヤマアリ亜科エダアリ属（Formicinae: *Cladomyrma*）に属する植物アリと多種多様なアリ植物の関係についてよく研究されています。

　オオバギ属アリ植物は種子から発芽して間もない幼樹の段階でトフシシリアゲアリの交尾を済ませた新女王をパートナーとして誘引します。誘引に失敗した幼樹は植食昆虫の食害を受け，枯れてしまいます。またアリ植物にたどり着けなかった新女王も巣を創設できずに死んでしまいます。トフシシリアゲアリのコロニーは茎の内部に創設され，植物そしてアリのコロニーの成長に伴い，巣穴は末端の枝へどんどん掘り進められ，一本の木全体が一つの植物アリのコロニーの勢力圏となります。働きアリは植物上を歩きまわり，あらゆる侵入者を攻撃し，追い払います。アリ植物が提供する脂肪体，そして巣の中で共生するカイガラムシの分泌する甘露を食物として利用します。

　アリは種子散布者としても重要です。糖分や脂肪分を多く含む果肉は多くのアリ類の重要な餌資源です。働きアリは地面に落下した果実や，鳥やほ乳類の糞の中に残っている未消化の果実の断片を巣に持ち帰り，果肉を食べ，中に入っていた種子はゴミとして巣の外や巣内部のゴミ捨て場に

捨てます。結果としてアリは種子の分散に貢献していることになります。これまで鳥獣散布と考えられてきた植物の果実、種子の行方を追跡することにより、アリ類による二次分散（糞からの種子の持ち出し）が好適な発芽場所への到達とその後の発芽・成長に重要な役割を果たしていることが判明したケースもあります。鳥獣分散のみだと、1つの糞の中からたくさんの種子が発芽し、幼樹の間で激しい資源争奪戦が起こり、共倒れになってしまうかもしれません。アリにより果肉がきれいに取り除かれないとうまく発芽できない植物もあります。また、アリの巣周辺には巣から排出されるゴミ由来の栄養分が豊富に含まれていて、幼樹の初期成長を促進するという報告もあります。

　植物の中には一次分散にアリを利用している植物もあります。これらの植物の種子にはアリを誘引する物体（カランクルとかエライオゾームと呼ばれる細胞由来の物体）が付着しており、それを回収するアリによって種子が分散されるのです。例としては、カタクリやケマン類などが挙げられます。

2-4-6. 病原生物

　我々人間と同様、アリも寄生虫、真菌、細菌、ウイルスなどに感染し、病気になります。感染を避けるため、アリの成虫は頻繁に身繕いをします。幼虫たちは働きアリにより身繕いを受けないとすぐに病気になり、死んでしまいます。

　アリのような小型の生き物は体積に対する体表面積の割合が大きく、体内の水分が失われやすいので、概して乾燥に弱く、湿った環境を好む傾向にあります。そのため、大部分のアリは土中や落葉層の中、朽木の中、着生植物の根の周りなど湿った場所に巣を作ります。しかしそのような環境は病原体の温床でもあります。感染を避けるため、働きアリは頻繁に身づくろいをし、病原体を巣内にまき散らさないようにします。また、食べ残し、排泄物や仲間の死骸を巣内や巣外のゴミ捨て場に捨て、巣内を清潔に保ちます。アリは進化の過程のごく初期に後胸側板腺という抗菌物質を分泌する器官を獲得し、それは現生のアリの大半の種に受け継がれています。

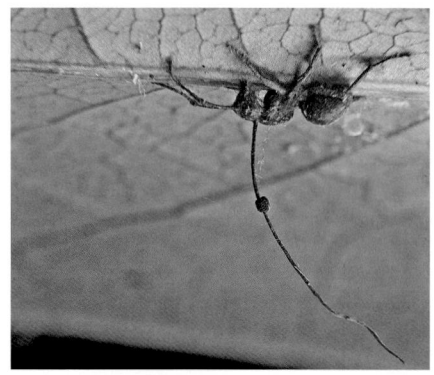

写真11. 寄生性真菌に感染して死んだトゲアリの一種（*Polyrhachis* sp.）。首から子実体（キノコ）が生えている。ベトナム南部・ドンナイ省にて（2005年1月1日撮影）

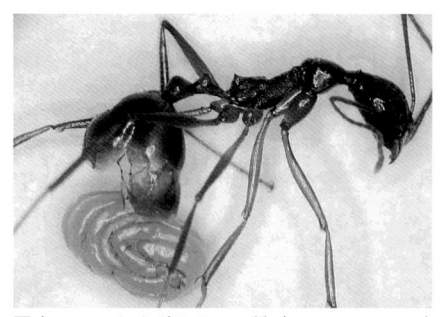

写真12. アシナガアリの一種（*Aphaenogaster* sp.）の腹部内に寄生した線虫。ベトナム北部・ラオカイ省産標本（2004年8月5日撮影）

　熱帯地域ではアリのコロニーは非常に頻繁に引っ越しすることが知られています。その理由の一つがやはり感染予防なのかもしれません。アリのコロニーが同じ場所にとどまり続けると、時間と共に病原菌や寄

生虫が巣内や巣周辺部に侵入，定着していくからです。農業や家庭菜園を営んでいる方なら「連作障害」を思い浮かべるかもしれません。

写真13. 触角や足の手入れをするクロオオアリ（*Camponotus japonicus*）の働きアリ。鹿児島大学郡元キャンパスにて（2005年4月23日撮影）

2-5. 捕食者からの防衛手段

巣の外で餌集めに奔走する働きアリのまわりには命を脅かす生き物がたくさんいます。カエル，トカゲ，鳥などにとっては働きアリは格好の獲物なのです。そこで毒針，鋭い大顎，トゲ，蟻酸，「まずい味」，「まずいにおい」などを駆使し，身を守っています。

「庭いじりをしていてアリに刺された」，「寝ているときにアリに咬まれた」といった話をしばしば耳にします。まず始めに，この「刺す」と「咬む」について掘り下げてみましょう。

アリはハチの仲間から進化しました。従って，ハリアリ亜科，ノコギリハリアリ亜科，カギバラアリ亜科，ムカシアリ亜科，そしてフタフシアリ亜科やクシフタフシアリ亜科の一部の働きアリは機能的な毒針を持っており，狩りのみならず自己の「攻撃的防衛」にも使用します。ですから，「庭いじりをしていて，アリに刺される」ことは「アリ」得る話です。ただし，「庭いじり」というシチュエーションで候補としてあがってくるのは，オオハリアリやツシマハリアリ（学名未決定の種）ぐらいですので，他の昆虫やクモ，ムカデなどの仕業かもしれません。

働きアリは「口」をまるで手足のように駆使してコロニー維持のためのあらゆる仕事をこなします。口（口器）はさまざまな「部品」の組み合わさってできた，非常に複雑な器官です。そのうち一番外側にある一対の大顎が，物を「挟む」「噛み砕く」，「切り裂く」，「齧る」などの動作を担います。これらは，「巣の建設」，「狩り」，「餌の解体」，「幼虫の世話」，そして自己の「攻撃的防衛」における基本動作です。

南九州において家屋内に侵入するアリの候補として，アワテコヌカアリ（カタアリ亜科コヌカアリ属），ルリアリ（カタアリ亜科ルリアリ属），サクラアリ（ヤマアリ亜科アメイロアリ属），イエヒメアリ（フタフシアリ亜科ヒメアリ属）などが挙げられます。これら4種は基本的に「咬む」アリです。自己防衛のため，あるいは皮膚を餌と認識して咬むのでしょう。従って，「寝ているときにアリに咬まれる」こともまた「アリ」得る話です。ただし，家屋内には貯蔵食品を食害する甲虫類に寄生するアリガタバチ類が発生することがあります。微小ながらもハチの仲間ですので刺します。翅を持たないため一見アリにそっくりなので，アリによる咬害と誤認されている可能性があります。

ところで，東南アジア地域において家屋に頻繁に侵入するアカカミアリ（フタフシアリ亜科トフシアリ属）に刺されると非常に痛いです。このアリはもちろん咬みもしますが，「不快要因」はやはり刺されることでしょう。そう考えると「アカカミアリ（赤咬み蟻）」という和名はちょっとおかし

いかもしれません。

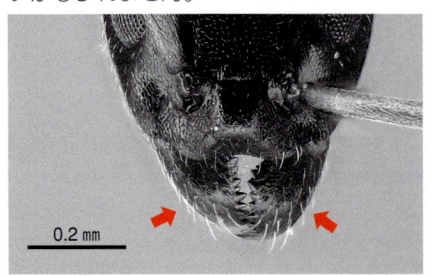

写真 14. ルリアリ（*Ochetellus glaber*）の働きアリの小さいながらも頑強な大顎。鹿児島県産標本（2008 年 2 月 2 日撮影）

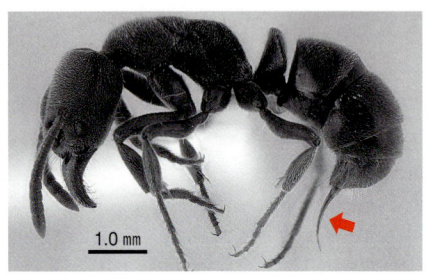

写真 15. ツシマハリアリ（*Pachycondyla javana*）の働きアリは体も大きく、よく発達した毒針を持つ。鹿児島県産標本（2007 年 12 月 30 日撮影）

トゲアリ属（ヤマアリ亜科）に属するアリの体表は非常に厚く堅くなっており、そして多くの種では胸部や腹柄節、あるいは両方に鋭いトゲを持っています。これは明らかに鳥、トカゲ、カエルのような小型脊椎動物からの捕食を避けるために進化したヨロイでしょう。東南アジアの熱帯林のギャップ（木漏れ日が降り注ぐ多少とも開けた空間）に繁茂する低木の上には多種多様なトゲアリがせわしなく歩き回っています。素早いためピンセットでは捕まえにくく、痛い思いをしながら指でつまみ採ります。イプシロントゲアリのトゲは先端がカーブしているため、指に深く食い込むとはずれにくく、指を離してもアリが落ちずに指からぶら下がります。

もしかすると、「カメムシ＝臭い」のように、「アリ＝酸っぱい（蟻酸を出す）」というイメージを持たれている読者も結構いるかもしれません。実は蟻酸を出すアリはヤマアリ亜科に含まれる種に限られるのですが、ヤマアリ亜科が日本の温帯域において優勢であるため、我々日本人の中にこのようなアリのイメージが広がっているのでしょう。ヤマアリ亜科のアリはお尻の先に毒針の代わりに蟻酸を噴射するノズルを持ちます。ケンカや防衛の際、ここから蟻酸を敵めがけて吹き付けます。敵がアリと同じくらいの小さな動物であれば、蟻酸をまともに浴びると戦闘能力を奪われるか場合によっては死に至るでしょう。敵が自身よりずっと大きい場合でも、蟻酸の強烈な臭いや味によって、戦意を失い、立ち去るかもしれません。

吸虫管という小さな昆虫を採集するための道具があります。字を見ても明らかなように、採集者が息を吸う力によって、掃除機のように小さな昆虫を捕虫管へと吸い込みます。私がまだアリの研究を始めたばかりの頃、ボルネオの熱帯雨林でミツバアリ属の一種（ヤマアリ亜科）の大きなコロニーを発見し、働きアリの大群を捕虫管で吸い込んだところ、大量に噴出された蟻酸もいっしょに吸い込んでしまい、半日ほど喉がかれてしまいました。ですから蟻酸は小型ほ乳類に対してもかなりの防衛効果を持つのではないかと思います。カタアリ亜科に属するアリは、蟻酸は出しませんが、代わりに体から不快な臭いを発し、身を守ります。

このようにアリはさまざまな手段を駆使し身を守っていますが、「アリとあらゆる」ところにおり、また巣に遭遇すれば大量に獲得できるため、アリはさまざまな動物にとって魅力的な餌であることには違いありません。

3．アリのすみか

3-1．アリのすみか

　アリは極地や高山などの極端に寒冷な気候帯を除く陸上生態系においてもっとも普通に見られる動物と言えるでしょう。熱帯地域の森林には，アリが巣を作るのに適した場所が多く，さまざまな種類の餌が豊富にあるため，多種多様なアリが生息しています。一方，緯度が高くなるにつれて種数は減少しますが，高緯度地域の森林や草原では巨大なコロニーを作る種が普通種となるので，やはりアリ類は依然として優勢な地上徘徊動物です。砂漠は一日のうちの寒暖の差が激しく，乾燥し，強烈な紫外線にさらされ，生き物にとっては過酷な環境ですが，そのような環境に適応したアリも数多く知られています。

　庭先や校庭の地面に開いたアリの巣穴をよく目にすると思います。土の中は温度や湿度の変化が少なく，また天敵の侵入を防ぎやすいので，アリにとっては格好のすみかです。大半の種では巣の深さはせいぜい数十cm程度ですが，日本に生息するクロナガアリの巣の深さはしばしば4mに達します。

　森林の中には朽木がたくさんあります。暖温帯から熱帯では，湿った木材の内部もアリにとって快適なすみかとなります。また朽木の中をすみかにしながら，その中に生息する食材性昆虫を専門に捕食する種もいます。アリはシロアリにとって一番の天敵です。シロアリの巣を襲い，シロアリを食べつくし，巣を乗っ取ることもしばしばあります。高温・湿潤な熱帯雨林では，小さな朽木のかけらや小指ほどの長さの枯枝さえ巣として利用されています。

　寒冷な地域では幼虫の成長に必要な温度条件を確保することがコロニーの成長に不可欠です。そのため日中は太陽に暖められた石の下で，夜は保温効果の高い土中で幼虫を養育する種もいます。ヤマアリ属の中には落ち葉，小枝，小石を集めて巨大なアリ塚を作る種がいます。アリ塚は，巣の中にたまった熱を閉じこめる天然の布団です。これによりコロニーは幼虫の成長に必要な温度条件を確保できます。

　東南アジアに広く分布するツムギアリは，幼虫の吐き出す糸を利用して植物の葉を綴り，ボール状の巣を作ります。トゲアリ属の中には自身の幼虫の吐く糸やクモが出す糸，そして木屑・枯葉屑を材料にして，植物の葉の裏に巣を作る種が多く含まれます。種によってテント状，つぼ型などさまざまな形の巣を作ります。シリアゲアリ属の樹上棲種も木屑・枯葉屑を固めて，さまざまな形状の巣を作ります。

写真16．ツムギアリ（*Oecophylla smaragdina*）の巣。タイ・カンチャナブリ州にて（2003年11月29日撮影）

　一方で，決まった巣を作らずに，放浪生活を続けながら，広い範囲で餌を集めるアリもいます。東南アジアに広く分布するヒメサスライアリの仲間などがよい例です。彼女らは放浪をしながら，他のアリの巣を襲い，幼虫や成虫を餌にする「アリ食いア

リ」です。そして，しばらく放浪すると，石の下や岩のくぼみ，倒木の内部などに野営陣地（ビバーク）を築きます。時には働きアリ自身が壁や天井となり，大切な女王アリや幼虫等の子供を保護します。この一時的な野営生活の間に女王は一気に産卵し，同時に放浪期に大量の餌を食べて十分に成長しきった幼虫は一斉に蛹を経て成虫となります。そしてまた放浪を始めます。ヒメサスライアリの仲間は日本（南西諸島）からも2種知られています。単為生殖を行うアミメアリも半放浪的な生活を送ります。

3-2. 地下に広がる未知の世界

2003年にブラジル・アマゾンの原生林の落葉層から1匹の奇妙な格好をした盲目のアリが見つかり，後に Martialis heureka と命名されました。ミトコンドリアDNAの解析結果から，このアリがこれまで知られている亜科のどれよりも早く共通の祖先から分かれた系統の生き残りであることがわかり，この1種のみに対して Martialinae 亜科が創設されました。このアリはおそらく土中，落葉層中あるいは朽木中に営巣し，夜間のみ狩りのために地表に現れると考えられています。

ベトナム国立自然史博物館のブイ・トゥアン・ヴィエット博士と私はベトナム北部の山中で土中に仕掛けた餌トラップにより見なれない微小なアリを採集しました。そして，私たちは2007年にこのアリを新属・新種サンミジンアリ（*Parvimyrma sangi*）として記載・命名しました。また2008年末にベトナム南部の海岸林の土中に餌トラップを再度仕掛けたところ，我々が10年間捜し求めていたヨツバヒラコシアリ（*Anillomyrma decamera*）をついに採集することができました。故ウィリアム・モートン・ホイーラーによりベトナムから初めて記録されて以来，インドシナからは約80年ぶりの再発見です。サンミジンアリやヨツバヒラコシアリは体色が薄く，眼を持たず，細身なことから，営巣のみならず餌探しも地中で行う「完全土中棲種」に違いありません。このように，地下には未発見のアリがまだたくさん隠れ住んでいると予想されます。そしてその中には *Martialis heureka* のようにアリの進化の解明の鍵となる種も含まれているはずです。

地上に出てこないアリを採集するのはきわめて困難です。スコップや採土管を使って落葉層の下の土壌を採集し，丹念にふるいにかけ，白色の角皿の上に落ちるアリを収集するという方法が一般的ですが，骨が折れる割に収穫が少なく，精神的にも辛い方法です。

私たちは，夜間に土中餌トラップを仕掛けるという方法を推奨します。この方法では，働きアリしか採集できませんし，特殊な採餌習性を持つアリは採集できないでしょう。しかし，時間を効率的に使うことができ，労力も土壌採集・ふるいがけよりははるかに少なくて済みます。

私は，生化学実験に使うポリプロピレン樹脂製の15 mℓ遠沈管側面に直径4 mmの穴を8個開け，ねじ式のキャップには紐を取り付けてトラップとしています。中に入れる餌として粉チーズ，ポーク・ソーセージや煮干を使ったことがありますが，においが強く，油の少ない食材を探しているところです。油が多いと，標本の洗浄に相当の手間が掛かります。畑などに支柱を立てるための小型のハンドドリルを使って，直径25 mm，深さ20 cmほどの穴を開け，トラップを埋め，土をかぶせ，紐を目印に結び付けます。20個を仕掛けるのに要する時間は30分くらいです。一晩放置し，翌朝回収します。紐を掴んで引き抜いたト

ラップを白色の角皿の上で開け，アリを採集します。20個を回収するのに要する時間は，どのくらいアリが集まっているかにもよりますが，たいてい1時間以内でしょう。日本ではほとんど行われていない採集方法なので，挑戦してみると意外な発見があるかもしれません。

4．アリの食べ物

　アリは甘いものを食べるというイメージがありますが，私たちと同様に幼虫の成長にはタンパク質が欠かせません。なぜなら，タンパク質は筋肉となったり，細胞・組織・器官で行われるさまざまな化学反応をつかさどる酵素となるからです。昆虫やその他の小動物の死骸はアリにとって重要なタンパク源です。蛹から羽化した働きアリは，数週間は巣の中で女王や卵，幼虫，蛹の世話などの「内勤」に励みますが，やがて数々の危険が待ち構えている外の世界に出て餌を集めてくるようになります。大きな餌を解体・運搬する際には多数の働きアリが力をあわせる必要があります。多くの種では道しるべフェロモンを利用した「臭いの道」で巣の仲間を呼び寄せます。

　アリの多くの種は小動物の死骸を漁るだけでなく，生きた小動物を積極的に狩ります。その際，多種多様な小動物を狩る種がいる一方（広食性），特定の分類群に属する小動物を狩る種もいます（狭食性）。東南アジアに広く分布するヒメサスライアリ（*Aenictus*）の仲間は「アリ喰い」アリ，狭食の典型です。ヒメサスライアリの種によって獲物とするアリの種類が異なります。巣の外で餌を探し回っている働きアリを襲う天敵はさまざまですが，ヒメサスライアリはアリの巣を襲い，若い成虫や未成熟個体を根こそぎ略奪するので，アリのコロニーそのものを再起不能にすることもあります。

　捕食性の種の中には狩りに特化した形態的，生化学的，行動的特徴を備えている種も数多く知られています。落葉層の中で生活するフタフシアリ亜科のウロコアリ属（*Strumigenys*）はトビムシという非常に微小な土壌動物を狩ります。トビムシはその名のとおり，危険を察知すると跳躍器官を使って飛び跳ねて逃げますが，ウロコアリは特殊化した大顎と上唇を使って巧みに捕らえます。先に数本の歯をもつ細長い大顎を180度以上広げ，上唇を跳ね上げて大顎をロックし，獲物にゆっくりと近づきます。上唇から前方に延びる長い毛に獲物が触れると，上唇が下がり，ストッパーが外れた大顎が瞬く間に閉じ，獲物を挟み捕ります。

　カギバラアリ亜科（Proceratiinae）のカギバラアリ属（*Proceratium*）やダルマアリ属（*Discothyrea*）はクモやムカデの卵を主食とします。これらのアリの腹部は前方に湾曲していますが，この形状が球形の卵を取り扱う際に役立っていると考えられます。

写真17．ハエの死骸を運ぶオオズアリ（*Pheidole noda*）。鹿児島大学郡元キャンパスにて（2005年4月28日撮影）

　糖類や脂肪は体の構成要素となるだけでなく，働きアリが活動するための「燃料」となります。糖類の供給源として花や花外蜜腺，カイガラムシやアブラムシが分泌する甘露があげられます。果物の果肉や種子内部の胚乳は燃料になる糖分や脂肪分，そして体を形作るタンパク質に富んでお

り，一部のアリにとっては主要な食糧源となっています。鳥の糞の中に含まれる未消化物は特に木の上で暮らすアリにとっては重要な食物です。

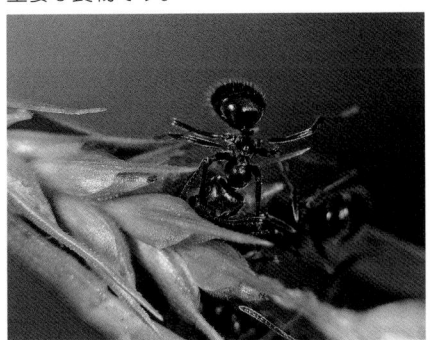

写真 18. イネ科草本の種子を収穫するトビイロケアリ（*Lasius japonicus*）。鹿児島市平田にて（2005 年 5 月 15 日撮影）

写真 19. 鳥の糞に集まるナガフシアリの一種（*Tetraponera* sp.）。ベトナム北部・バクザン省にて（2004 年 5 月 22 日撮影）

特殊な例として，南米に生息するハキリアリによるキノコ栽培があげられます。働きアリは植物の葉や花を集めて巣に持ち帰ります。巣の中で葉は細かく砕かれ，キノコを育てる「畑」となります。この畑で育つキノコが食料となります。さまざまな大きさの働きアリが葉の採集からキノコ栽培までの複雑な作業を分業しています。

5. 我々の暮らしとアリ

　アリは極地や高山を除くほぼあらゆる陸上生態系で個体数，生物量（単位面積あたりの重量）の両面で優勢な生き物です。ほかの生き物を食べたり，逆に餌になったり，巣を掘る過程で土を耕したり，植物の種子を分散したり，一方で植物の種子を食害したり……なんせ数が多いので，彼らの活動は生態系の中の物質やエネルギーの循環に大きな影響を及ぼしていると考えられます。

　人間の作り出した人工的な環境の典型といえる農地でも本来草原や裸地に棲むアリが活動しています。農地では耕耘，除草，収穫などの作業が頻繁に行われることから，自然の草原や裸地以上に高頻度かつ大規模な攪乱にさらされる傾向にあります。したがって，そのような環境でも耐えられる比較的少数種のアリによって占有される傾向にあります。農地に生息するアリの中には農業害虫の天敵（＝益虫）となる種もいれば，逆に作物を食害し，病害を広めるカイガラムシやアブラムシと共生関係を結ぶことで，間接的に農業害虫となる種もいます。南米に生息するハキリアリ属（*Atta*）の一部は農作物，特に基幹作物であるコーヒーの大害虫です。大半の種は益虫と害虫の両方の顔を持っており，作物の種類や農業環境の特性により，益虫になったり害虫になったりするというのが本当のところでしょう。

　近年，温暖化の影響で，熱帯性の動植物の北上が報じられています。アリに関しては，小さく目立たないせいもあり，あまり良くわかっていませんが，身近な例としては，アシジロヒラフシアリの北上が挙げられます。このアリの鹿児島県内での北限は，2000年ごろまでは薩摩半島の南部でした。しかし，2004年に鹿児島大学郡元キャンパス内の植物園で生息が確認されるやいなや，翌年には植物園の最普通種となってしまいました。現在も北上を続けています。

写真20. 近年急激に九州を北上しているアシジロヒラフシアリ（*Technomyrmex brunneus*）。鹿児島大学郡元キャンパスにて（2005年12月27日撮影）

　世界規模での物流の活発化に伴い，荷物に紛れて意図せず運ばれてきた熱帯性外来生物が温暖化傾向のもと定着する可能性も増しています。種類によっては農業経済や公衆衛生に重大な悪影響を及ぼす可能性も指摘されています。その筆頭は本書冒頭で触れましたヒアリ（*Solenopsis invicta*）でしょう。このアリはすでに台湾や中国大陸南部に定着しており，南西諸島や九州本土へいつ侵入してもおかしくない状況と言えます。アルゼンチンアリは南米温帯地域原産のアリですので，温暖化傾向とはあまり関連がありませんが，物流により意図せず山陽地方に運ばれ定着し，現在は国内物流に便乗し中部地方や関東地方にまで分布を広げつつあるようです。私たちは今，いったん定着してしまった外来生物の根絶が如何に難しいかを経験しているところですが，一方で，定着する可能性のある外来生

物の監視と水際での駆除のための体制作りも資金的・人員的に容易ではないと思われます。ですから大学や研究機関，民間企業，在野の研究者，そして生き物に関心のある一般の方々が協力しながら取り組んで行く必要があるのです。

　ヒアリに関しては「ヒアリの生物学―行動生態と分子基盤」(東・緒方・ポーター著, 2008年, 海游舎) という良書があります。少々難しい内容も含まれていますが，一読をおすすめします。この本の中にはヒアリの特徴がわかりやすくまとめられています。その部分を，若干言葉をおぎないながら以下に引用します。

(1) 2.5～6 mm程度のアリで，働きアリの大きさに連続的な変異（多型）が見られる。体色は赤褐色。攻撃的で人間に対しても立ち向かってくる。

(2) 針で刺されると痛い。多くの場合，1匹が続けて数回刺すので，刺し痕がかたまってできる。

(3) やがて刺された痕がかゆくなり，10～12時間後には細菌に感染していなくても膿疱（中に膿のたまった白っぽいできもの）ができる。

(4) ハチに刺された経験のある人は，初めて刺されてもアレルギー反応を起こすことがあり，激しい場合はアナフィラキシーショックに陥る。

(5) ごく小さなコロニーをのぞくと，巣の上の地表に土で高さ5～30 cmの「丘」のようなアリ塚をつくる。南九州にはそのようなサイズの土のアリ塚をつくる種はいないので，わかりやすい特徴である。しかし，小さなコロニーはアリ塚をつくらないか，つくっても目立たない。

第2部

南九州のアリの生活

Life of Ants in South Kyushu

原田　　豊
Yutaka HARADA

1．日本南限のブナ林に棲むアリ

　日本を代表する植生の1つに落葉広葉樹林（夏緑樹林）があります。雨量の多い西日本では落葉広葉樹林は照葉樹林の上限に接し，ブナ林によって代表されています。不思議なことに屋久島では照葉樹林の上にブナ林はなく突然ヤクスギの林が現れます。そのため，日本におけるブナ林の南限は鹿児島県本土にあります。紫尾山や高隈山の山頂付近，霧島山系の標高1000-1300mの範囲に見られます。

写真1．高隈山の環境（1000m付近）

　ブナ林は日本における縄文文化のふる里とも考えられており，日本人の歴史や文化と深い関わりをもってきました。さて，日本南限のブナ林にはどのようなアリが生息しているのでしょうか。山根・津田・原田「鹿児島県本土のアリ」に紹介されている調査結果に，今回新たに行った調査の成果を加えながら，みていくことにしましょう。

1-1．紫尾山のブナ帯：珍種の宝庫!?

　鹿児島県北部の紫尾山ブナ帯（標高約1000m）で1992年に行われた調査では，合計57個のシロップベイトのうち，52個に少なくとも1種のアリがきていました。その中でも多くのベイトで見られた種は，アズマオオズアリ（29個）とアメイロアリ（27個）で，地表徘徊性のアリの中ではこれら2種が優占種であることがわかりました。それ以外には，ヒゲナガケアリ，トビイロケアリ，アシナガアリ，シワクシケアリの4種が見られましたが，結局57個ものベイトを置いたのに集まったアリはわずか6種でした。もう少し詳しく調べてみる必要はありますが，このような森の中では地表性のアリ相は意外に単純なのかもしれません。ただ，樹上性のアリを調べていませんので，地上部に生息するアリの種相はもっと豊かである可能性があります。

　それでは土の中のアリについてはどうなのでしょうか。土壌を掘って，ふるいでふるって受け皿に落ちたアリを集めてみると，期待どおりアメイロアリやアズマオオズアリの他にハリアリの仲間が多く出てきました。特に，テラニシハリアリが豊富で，28個の土壌サンプルのうち10個から得られました。その他のハリアリ亜科では，ニセハリアリ，トゲズネハリアリ，ベッピンニセハリアリ，ノコギリハリアリ亜科ではノコギリハリアリが，ヤマアリ亜科ではミナミキイロケアリ，ハヤシケアリ，ヒゲナガケアリ，トビイロケアリ，クサアリモドキが確認されました。特筆すべきは，これまで全国的にも採集例のきわめて少なかったムカシアリ亜科のジュズフシアリとキバジュズフシアリがそろって見つかったことです。さらに調査が進めばまだいろいろな種類の土中性のアリが出てきそうな予感がします。結局，紫尾山ブナ帯の2回の調査で合計19種のアリが確認され，そのうち土中性のアリと考えられるものは9種を占めました。

1-2. 高隈山のブナ帯：優占種はアメイロアリ

高隈山は1万年前のビュルム氷河温帯植物が，アカガシ等の暖温帯植生の中に隔離・遺存されていて，ブナ，ミズナラ等の冷温帯落葉広葉樹やゴヨウマツ，イチイ等，冷温帯植物の南限になっています。700m以上は，気温が低く日射量も少ないため北方系の昆虫が，山麓部には南方系の昆虫が豊富に生息しています。1万年も他の地域と隔離された状態で生息する動植物は遺伝的な多様性を保存する上では貴重な地域であると考えられます。

高隈山では，SSH課題研究生物班の活動の1つとして，2007年に照葉樹林（標高約700m）とブナ帯（標高約1000m）においてアリ相の調査が行われました。いずれも2調査地点ずつ，1つの調査地点につき30mのライントランセクト3本をとり，3mおきに粉チーズベイトトラップを設置して，計30個に集まってきたアリを採集しました。また，ラインの左右それぞれにできる9×30mのベルト内で見つけ採りとリター・土壌ふるいを組み合わせて採集を行いました。その結果，照葉樹林からは15種，ブナ帯から9種のアリが確認されました（表1）。ブナ帯では，土中性種が多くふくまれるハリアリ亜科のアリは，ニセハリアリ，テラニシハリアリ，トゲズネハリアリの3種でした。地表徘徊性のアリは，アズマオオズアリ，アメイロアリ，トビイロケアリ，ヒゲナガケアリ，ムネアカオオアリの5種で，これまで他の地域の照葉樹林内で行った調査結果と比べてきわめて少ない種数でした。このことは紫尾山のブナ帯で指摘されているように，高隈山のブナ帯でも地表徘徊性のアリ相は単純なようです。

一方，700m付近の照葉樹林では，4亜科15種のアリが採集されました。2地点の調査で，カギバラアリ亜科1種，ハリアリ亜科5種と土中性種の多い2亜科のアリが6種採集されました。照葉樹林の方が土中性種，地表徘徊性種ともにアリ相が複雑なようです。今回の調査で，高隈山の標高の違う2か所で計17種のアリが採集されました。カギバラアリ亜科とハリアリ亜科の2亜科のアリが全体の約35%と高い割合で採集されましたが，カタアリ亜科のアリは採集されませんでした。

粉チーズベイトトラップ30個に集まってきたアリの出現頻度によって優占種をみると，優占順位1位は4つの調査地点ともアメイロアリでした。ブナ帯2地点では2位，3位が同じで，それぞれオオハリアリ，ムネアカオオアリでした。照葉樹林

表1．高隈山の標高の異なる2地点で採集されたアリ

種　名	調査地点1 (1000m付近)	調査地点2 (700m付近)
ハリアリ亜科		
オオハリアリ		○
ニセハリアリ	○	○
ワタセカギバラアリ		○
テラニシハリアリ	○	○
マナコハリアリ		○
トゲズネハリアリ	○	○
フタフシアリ亜科		
アズマオオズアリ	○	
キイロシリアゲアリ		○
アシナガアリ		○
ウロコアリ	○	○
ヒラタウロコアリ		○
ヤマアリ亜科		
アメイロアリ	○	○
トビイロケアリ	○	○
ヒゲナガケアリ	○	
ハヤシクロヤマアリ		○
ムネアカオオアリ	○	○
ミカドオオアリ		○

では2地点とも2位がアズマオオズアリ，3位がヒゲナガケアリとトビイロケアリでした。アメイロアリの優占度は4つの調査地点で最小24個（0.80）から最大27個（0.90）ときわめて高いものでした。

　比較的人里に近く標高300m以下の低い照葉樹林で実施されたこれまでの調査結果と比べると，予想よりもかなり少ない種数でした。特に標高1000m付近のブナ帯の2地点の調査では極端に種数が少なく，このことは屋久島の調査において，標高1000m以上で追加種が少なかった結果と一致しているようです。高隈山ブナ帯では，おそらく気温や餌などの条件によって生息できるアリの種類が限定されていると思われます。しかしながら私，山根氏，江口氏が1000m付近で予備調査を行った際に採集されたミゾガシラアリやカドフシアリはSSH生物班の調査では採集されておらず，新たな珍種の発見の可能性も十分にあると考えられます。

2. 桜島溶岩地帯のアリ

　皆さんは、ゴツゴツした溶岩と火山灰に覆われ、餌の乏しいと考えられる桜島溶岩地帯にいったい何種のアリがいると思いますか。また、桜島溶岩地帯のアリは、いったい何を食べて生活しているのでしょうか。

2-1. 噴火による撹乱が続く桜島

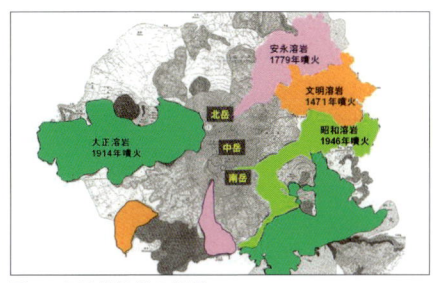

図1. 各溶岩地帯の位置

　鹿児島県錦江湾北部に位置する桜島は、約1万3千年前に火山活動によって姿を現して以来、歴史時代以後にも30回以上の噴火が記録に残されており、特に文明（1471-78）、安永（1779-80）、大正（1914-15）、昭和（1946）と四次にわたる大噴火をくり返してきました。特に、大正の大噴火では、約30億トンもの溶岩が流れ出し、瀬戸海峡が埋め立てられ、それまで島であった桜島が大隅半島と陸続きになりました。近年では、1978年6月から1987年10月までの113か月間で、桜島とその周辺地域にかけて、推定1億トンもの火山灰が降っており、火山灰の堆積、硫酸

写真2. 各溶岩地帯の環境
　　A：昭和溶岩　B：大正溶岩　C：安永溶岩　D：文明溶岩

2. 桜島溶岩地帯のアリ　35

イオンや塩化物イオンなどの火山ガス成分によって，動植物相にも大きな影響を与えてきたものと考えられます。各年代に流れ出た溶岩は時とともに風化し，植物の侵入や降灰で土壌化も進んで，現在溶岩上にはさまざまな程度に発達した植物群落が見られます。安永・文明溶岩地帯では，腐植質の堆積した土壌に森林が形成され，林内には耐陰性の強いアラカシ，ネズミモチ，ヤツデ，アオキなどが生育し，南九州における極相林の構成樹種の1つと考えられるタブノキの林も見られます。一方，約20年前，形成年代の新しい昭和・大正溶岩地帯では，ススキとイタドリが優占し，クロマツなどの見られる単純な植生でしたが，現在，クロマツは大きく成長し，ハゼノキ，ノリウツギなど多くの種類の植物の侵入が見られるようになりました。また，以前には見られなかった撹乱地に適応したセイタカアワダチソウの大規模な群落もところどころ見られるようになりました。特に昭和・大正溶岩地帯の環境は，クロマツ林の成長，他種の木本類の侵入などによって遷移の進行を実際に目で確認できるほど当時より多様性を増しています。一方，森林を形成する安永・文明溶岩地帯では，外見上約20年前の環境とほとんど変わりはないようです。

屋久島環境文化村センター館長の田川日出夫先生はまだお若かったときに，桜島の異なった溶岩原で植物相の変遷を詳しく研究され世界的な評価を受けられました。形成された年代の異なるそれぞれの溶岩上には，植物の遷移と結びついた特有の動物相が存在すると考えられますが，残念ながら昆虫を含む多くの動物分類群で未調査のままでした。

2-2. 桜島でのアリ相調査始まる

約20年前の1985-89年に，私は鹿児島大学理学部の山根正気氏（第3部筆者）とともに4つの溶岩地帯でアリ類の生態分布調査を行いました。私たちは，10m四方の方形区（コドラート）の中で2人1時間の見つけ採りを行いました。地表を歩いているアリはもちろんですが，土中や植物体上のアリも採集します。特に開けた溶岩上では，日陰がなく，真夏のかんかん照りの日はとても大変でした。調査の結果，コドラート以外で採集された種も含めて，ハリアリ亜科3種，フタフシアリ亜科19種，カタアリ亜科1種，ヤマアリ亜科10種の計33種が採集されました。これは鹿児島県本土で確認されていたアリ102種のおよそ1/3に相当します。当時と現在の各溶岩地帯の植生を比較すると，安永・文明溶岩地帯では目立った変化を確認することができません。

私は2006年に山根氏の指導のもと，池田高校の生徒達と一緒に現在の桜島溶岩地帯のアリの種相が植生の遷移にともなってどのように変化したかを明らかにするために再調査を行いました。また，桜島全体のアリ相を把握するために，4つの溶岩地帯以外にこれまで未調査であった人的影響の大きい公園内，民家周辺及び果樹園などの

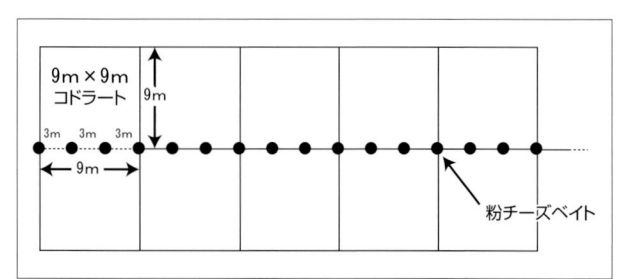

図2．ライントランセクトの概念図

調査も行いました。

　調査は,気温が高くアリの活動が活発で,アリの行動,生態に影響のない5月から10月にかけて行いました。溶岩別の調査では,溶岩ごとにそれぞれの環境を代表する場所を3か所ずつ選び,30mのライントランセクト3本を設置し,そのライン上に3m間隔で餌を設置し,左右それぞれにできる9m四方のコドラート内で採集を行いました。誘引する餌としては粉チーズを用いました。森林化した安永・文明溶岩では4つの方法(粉チーズベイトトラップ,見つけ採り,リターふるいと土壌ふるい)を組み合わせて行いました。リター(落葉・落枝)や土壌を集めることが困難な昭和・大正溶岩では粉チーズベイトトラップと見つけ採りだけを実施しました。一方,コドラート外での環境別調査では,民家周辺(見つけ採りのみ)を除き,粉チーズベイトトラップと見つけ採りの2つの方法で採集を行いました。

写真3. ライントランセクト設置の様子

2-3. アリ相の変化を追う

2-3-1. 42種ものアリが生息

　2006年の調査で4つの溶岩地帯から採集されたアリは,昭和溶岩地帯から12種,大正・安永溶岩地帯からそれぞれ19種,文明溶岩地帯から20種の計4亜科23属34種でした。これまでに桜島の4つの溶岩地帯から記録がなく新たに追加された種は,ダルマアリ,アワテコヌカアリ,ノコギリハリアリ,ケブカハリアリ,マナコハリアリ,ハリナガムネボソアリ,アミメアリ,コツノアリの計8種でした。また,4つの溶岩地帯以外から新たに追加された種は,アシジロヒラフシアリとハリブトシリアゲアリの2種でした。1985年以来の調査結果も合わせると,これまでに桜島全体から採集されたアリはなんと42種(鹿児島県本土で確認されているアリの40%)にもなりました。

写真4. 粉チーズベイトに集まるキイロシリアゲアリ

2-3-2. 植生遷移とともに種数が増加

　1985-89年と2006年の調査で増加した種を溶岩別にみると,昭和溶岩地帯が7種から12種,大正溶岩が12種から19種,安永溶岩が18種から19種,文明溶岩が19種から20種という結果になりました。昭和溶岩地帯で5種,大正溶岩地帯で7種と大幅に種数が増加しています。一方,安永・文明溶岩地帯ではそれぞれ1種ずつでした。1985-89年とは調査地点,調査方法が異なっていますが,昭和・大正溶岩でより多くの種が採集されたことは,おそらく植生の遷移によって環境が多様化したことに一因があるものと考えられます。昭和・大正溶岩では,1985-89年の調査で採集されなかったハリアリ類を含め4亜科のアリが採集されました。しかしな

がら，2006年に採集されたハリアリ亜科5種のアリのうちツシマハリアリ，オオハリアリは，森林内だけでなく広い生息環境をもつアリで，単純に昭和・大正溶岩の環境が約20年間で森林環境に近づいたと結論づけることはできません。

2-3-3. 優占種が変化

優占種についてみると，1985-89年の調査では，昭和・大正溶岩地帯がそれぞれトビイロケアリ，安永・文明溶岩地帯がそれぞれアメイロアリで，2006年の調査では前者がそれぞれクロヒメアリ，後者がそれぞれオオズアリでした。優占種は，前回の調査では60分間に採集されたアリの個体数によって，今回は粉チーズベイトトラップへの出現頻度によって決定しました。優占種の決定方法，調査地点の違いなどによって結果が変わった可能性もありますが，筆者は優占種が実際に変化したのではないかと考えています。

2-3-4. 依然として昭和・大正溶岩と安永・文明溶岩との間に大きなギャップ

生態学でよく使われる野村・シンプソン指数（0から1の間で1に近いほど類似度が高い）によって溶岩地帯間の種構成の類似度をみると，昭和・大正溶岩地帯間（0.79）と安永・文明溶岩地帯間（0.73）で高く，それぞれ共通する種が多く採集されました。すなわち，昭和・大正溶岩地帯では開けた環境に生息する地表を徘徊して採餌を行うアリが，安永・文明溶岩地帯ではハリアリ亜科やフタフシアリ亜科のアリで土中や落葉の下で生活する森林性の種が多く採集されました。一方，大正溶岩地帯と安永溶岩地帯間（0.37）では，両溶岩地帯間で採集されたアリの種数は同じ19種でも種構成に大きな違いがみられます。大正溶岩地帯では，1985-89年の調査時

表2．桜島から採集されたアリ

種 名	採集地点
カギバラアリ亜科	
1 ダルマアリ	B
カタアリ亜科	
2 ルリアリ	S T
3 アワテコヌカアリ	T
4 アシジロヒラフシアリ*	
ノコギリハリアリ亜科	
5 ノコギリハリアリ	B
ハリアリ亜科	
6 ツシマハリアリ	T
7 オオハリアリ	S T A B
8 ケブカハリアリ	T
9 マナコハリアリ	A
10 ニセハリアリ	A B
フタフシアリ亜科	
11 アシナガアリ	T B
12 イソアシナガアリ	T
13 オオズアリ	A B
14 インドオオズアリ**	
15 ヒメオオズアリ**	
16 ヒラセムネボソアリ**	
17 ハリナガムネボソアリ	S T
18 ハダカアリ	S T
19 オオシワアリ	B
20 トビイロシワアリ	T
21 キイロオオシワアリ	A B
22 ウメマツアリ	A B
23 クロヒメアリ	S T A B
24 ヒメアリ	S T A
25 トフシアリ	T A
26 アミメアリ	A B
27 ツヤシリアゲアリ	T
28 ハリブトシリアゲアリ*	
29 キイロシリアゲアリ	B
30 コツノアリ	B
31 ウロコアリ	A B
32 トカラウロコアリ**	
ヤマアリ亜科	
33 アメイロアリ	S T A B
34 ケブカアメイロアリ**	
35 サクラアリ	S T A
36 トビイロケアリ	S T
37 ハヤシクロヤマアリ	S T B
38 クロヤマアリ	S A B
39 クロオオアリ	S A B
40 ナワヨツボシオオアリ	A
41 ウメマツオオアリ	T A B
42 ヒラズオオアリ**	

採集地点
S：昭和溶岩　T：大正溶岩
A：安永溶岩　B：文明溶岩
* コドラート以外で採集されたアリ
** 1985-1989年の調査では採集されたが，今回採集されなかった種

に比べて樹高の高くなったクロマツ林や他種植物の侵入も見られるようになりましたが、種構成の類似度から示されるように大正溶岩と安永・文明溶岩との間にはアリの生息環境としての大きなギャップが依然として存在するものと考えられます。

写真5. 1998年当時の大正溶岩地帯の様子
（11月3日、山根正気氏 撮影）

2-4. 溶岩地帯での餌は何か

2-4-1. 帰巣するアリから餌をとりあげる

アリはエネルギー源となる炭水化物、幼虫の発育のために必要なタンパク源としていろいろな虫やその体液などを巣へ運んできます。植生が貧弱で餌となる昆虫類の数がきわめて少ないと考えられる桜島の昭和、大正溶岩地帯では、いったい何が餌となっているのでしょう。吉本徹さんは、桜島港からそう遠くない袴腰を調査地として大正溶岩地帯に生息するアリの餌資源の解明をテーマに研究に取り組みました。この調査地ではトビイロケアリ、クロヤマアリ、クロオオアリの3種が優占し、大正溶岩という植生の貧弱な土地としては想像できないほどの個体数でした。以下の記述は主に山根・津田・原田「鹿児島県本土のアリ」（1992）に依ります。

トビイロケアリは体長約3mm、調査地にたくさん生えているススキの上や地面を歩き回る個体が多く見られ、ススキの根ぎわの土中や火山灰中に営巣していました。クロヤマアリは体長約5mm、やはり地上を活発に歩き回っており、巣は裸地に近い所に穴を掘ってつくられていました。クロオオアリは3種の中で最大（7-12mm）で、クロヤマアリと似たような場所に営巣していました。

吉本さんは、アリの持ち帰る餌を調べるために、巣穴の前で帰ってくる働きアリをじっと待ち、何かをくわえていたらアリごと捕獲し餌だけを取り上げて逃がしてやりました。同時に液状物を腹部にためて帰巣した個体も数えます（腹部がふくらんでリング状のしま模様が見えるので見分けがつきます）。この作業を延々と続け、集めた餌を大学に持ち帰り実体顕微鏡でおおまかに分類して種類ごとに数（頻度）を数えます。さらに乾燥器でそれらの餌を十分に乾かし、乾燥重量を測定しました。運ばれてくる餌の大きさは実にバラバラなので、餌としての重要性をみるには重量の方がより現実を反映していると考えられるからです。調査は1986年と1987年の春と秋それぞれ1回ずつ計4回行われました。

その結果、餌の種類は9つの目にわたる昆虫類、クモ類、多足類、鳥の糞と思われるものなど、かなり多様でした。しかし、3種のアリともアブラムシや同種・他種のアリを運んでくる頻度が高いのが特徴でした。たとえば、クロヤマアリのある巣では、獲物のうちでアリが占める割合は4回の調査でそれぞれ46、48、56、72％に達しました。アブラムシもたいてい20％前後を占めました。重量でみても、同じくクロヤマアリの場合、アリが最低の時でも全体の26％を占め、きわめて重要な餌になっていることがわかりました。一方、アブラムシは最大で10％、それ以外の時はわずか3％に過ぎませんでした。つまり、アブラムシは頻度でみると高いのですが重量に

してみるとわずかしかないのです。

クロオオアリではやはりアリが高い頻度を占めましたが、アブラムシは少なくたいてい10％以下でした。また、鳥の糞と思われるものがしばしば運びこまれ、とくに重量でみるとほとんどの場合50％を超えていました。これが栄養源としてどの程度の価値をもつものかは不明です。トビイロケアリについてはデータが少ないのですが、アリそれも自分と同種のアリを運んでくるのが目立ちました。

袴腰の大正溶岩地帯においてこれら3種のアリに餌として利用されているアリは全部で少なくとも16種はいます。中にはトカラウロコアリのようなめずらしい種もふくまれていました。どうやら私たちが採集するよりもアリに採集してもらった方が能率が良いようです。ところで、これら3種のアリがたくさん運んでくる餌のうち、アブラムシは一般にはアリと共生関係にあることで有名です。しかし、吉本さんのデータを見るかぎり、アリの餌として捕食されていることは疑いもありません。一方、アリがアリの重要な餌になっていることも意外なことでした。それも運ばれてくるのは死体だけでなく、明らかにまだ生きているものさえあったのです。

2-4-2. お互いに食べ合う

トビイロケアリ、クロヤマアリ、クロオオアリはいずれもヤマアリ亜科にふくまれ、比較的乾燥した場所に適応しています。大きさには極端な差があり、一番大きなクロオオアリは明らかに最も獰猛で、一番小さなトビイロケアリを狩るために巣の近くまでおしかけることが観察されました。し

表3. 3種のアリに運ばれてきたアリ（吉本，1987より）

運ばれてきたアリ	運んできたアリ		
	クロヤマリ	クロオオアリ	トビイロケアリ
ヤマアリ亜科			
クロヤマアリ	●	●	●
クロオオアリ	●	●	●
トビイロケアリ	●	●	●
アメイロアリ	●		
サクラアリ	●	●	●
アメイロアリ属有翅虫	●		
フタフシアリ亜科			
トビイロシワアリ	●	●	
オオシワアリ	●		
イソアシナガアリ	●	●	●
アシナガアリ	●	●	
クロヒメアリ	●	●	
オオズアリ	●	●	
トフシアリ	●		
ハダカアリ			●
ウロコアリ属の1種	●		
トカラウロコアリ	●		
カタアリ亜科			
ルリアリ	●	●	

かし，トピイロケアリも負けておらず，クロオオアリの脚などにかみつき，逆に捕獲してしまうこともありました。このような戦闘で死んだり弱ったりしたアリは，敵や味方のアリに運ばれて餌にされるようです。

クロヤマアリはちょうど中間の大きさですが，臆病で走るのが速く，たいてい死んだり死にかけたアリをすきをみてかすめ取ってくるようです。先ほどこれら3種によって餌とされるアリが16種にものぼるといいましたが，実際にはアメイロアリとサクラアリがかなり頻繁に捕食されているのを除けば，上記3種のアリが餌となっているケースが大部分でした。その中で，クロヤマアリは戦闘を好まず逃げ足が速いので，捕まることが少ないようです。この3種のアリが，新しい溶岩地帯以外のふつうの生息地でもお互いに食べあっているのかどうかはわかりませんが，ただ，餌資源の少ない溶岩地帯でアリがアリを重要な餌としていることは確かなようです。

2-4-3．蜜源は何か

さて，動物質の餌はほとんどが幼虫に与えられます。この他，活動するためのエネルギー源として，アリの成虫はアブラムシやカイガラムシの甘露，花の蜜，植物が出す花蜜以外の蜜などを利用します。一方，アブラムシや植物はアリの保護を受けて天敵からの攻撃をまぬがれていると考えられます。

岡村章子さんは吉本さんと同じ調査地でアリの成虫の餌を調べました。吉本さんの予備調査で，クロマツにはクロオオアリが，イタドリにはクロヤマアリが，ススキにはトピイロケアリが多いことがわかっていました。これら3種の植物はそこの植生の大半を占めていましたから，それらにつくアブラムシについて季節を通じて調べまし

表4．大正溶岩の調査地内におけるアリの潜在的蜜源（岡村，1989より）

アブラムシ・カイガラムシの甘露
 アブラムシの1種（メラナフィス・ヤスマツイ）
 タイワンススキアブラ　　　　　　　　　ススキに寄生
 カンショワタムシ
 コナカイガラムシの1種
 ワタアブラムシ（？）　　　　　　　　　イタドリに寄生
 マツノホソアブラ
 トウヨウハオオアブラ（？）　　　　　　クロマツに寄生
 タイワンオオアブラ
 アブラムシの1種　　　　　　　　　　　マサキに寄生
花　蜜
 マサキ
 ノブドウ
 ノリウツギ
 スイカズラ（アリによる吸蜜みられず）
 ヘクソカズラ（アリによる吸蜜みられず）
 イタドリ
花外蜜腺
 イタドリ（アリの訪問はほとんどみられず）

た。花をつける植物としては，イタドリ，マサキ，ノブドウ，ノリウツギ，スイカズラ，ヘクソカズラなどが見られましたので，アリがきているかどうか確認しました。また，イタドリの葉のつけ根のすぐ下にある穴からは蜜が分泌されてアリがなめにくることが知られていましたので，イタドリの株を数本選んで葉の数の季節変化と，訪れるアリの数を調べました。約2週間に1度の桜島通いが1年間続きました。

クロマツの葉にマツノホソアブラとトウヨウハオオアブラ，枝にタイワンオオアブラの寄生が見られました。マツノホソアブラは7月下旬から11月にかけて少数見られましたが，アリが近寄るのはほとんど観察されませんでした。このアブラムシは体がワックスで覆われており，それをアリが嫌うからかもしれません。6月から11月まで見られたタイワンオオアブラは枝につく大型のアブラムシで，数は多くありませんでしたが，体が大きいため蜜源としては無視できないものでした。このアブラムシはクロオオアリがほぼ独占的に利用していました。

イタドリの新葉の裏に寄生していたワタアブラムシと思われるアブラムシは，甘露をよく出しクロオオアリとクロヤマアリがしばしば訪れていました。しかし，コロニーの分布はかなり局所的でしかも出現がほぼ5-6月に限られていたため，安定的な資源とはいえませんでした。

ススキには数種のアブラムシ，カイガラムシが見られました。その中で年間を通じて（夏を除いて）最も安定して存在したのは，葉裏にコロニーを形成しワックスを身にまとうメラナフィス・ヤスマツイという種でした。奇妙なことに，このアブラムシが甘露を出すところは一度も観察されたことがなく，アリもまったくきません。それに，アブラムシのコロニーには必ずといってよいほど見つかる，天敵のヒラタアブの幼虫もいません。つまりこのアブラムシは他の多くのアブラムシと違い，アリとの共生関係がなくても立派に繁栄しているといえるのです。

同じ属のタイワンススキアブラはやはりススキにつき，葉のつけ根に近い部分に寄生していました。コロニーの分布は局所的でしたが冬や真夏を除いて見られ，甘露を大量に分泌することもあって，ほとんどのコロニーがトビイロケアリに利用されていました。トビイロケアリはタイワンススキアブラのいるススキの近くに巣を構え，独占的に利用するようです。

花の中では，筒状の花であるヘクソカズラとスイカズラではアリの吸蜜は観察されませんでした。マサキは6月中旬から7月中旬まで開花が見られ，ルリアリが吸蜜に訪れました。ノブドウは6月中旬から8月中旬まで開花し，トビイロケアリとクロヤマアリが訪れました。最も量の多かったイタドリは9月に開花し，訪れたアリの大半はクロヤマアリでした。クロオオアリは花には全くといっていいほどきませんでした。

イタドリの花外蜜腺はアリを誘引することで有名ですが，大正溶岩のイタドリは環境が厳しいせいか，葉に生気がなく花外蜜腺の開口部もいつも乾いており全くアリには利用されていませんでした。夜の観察をしていませんので蜜の分泌がないとはいいきれませんが，重要な餌となっているとは思えません。

全体を見渡してみますと，季節を通じて安定した蜜源はありませんが，アリはいろいろな種類のアブラムシの甘露や花の蜜をうまく組み合わせて利用しているようです。また，アリの種類によって主に依存する蜜源には違いがありそうです。

2−5. アリの生活の全容をつかむ

　さて，この辺で桜島のアリのお話を終えたいと思いますが，アリの生活を理解するには何を調べたらよいか少しはわかっていただけたと思います。アリが生活を成り立たせるには，まず巣を作る場所が必要です。そして，もちろん餌がなければ住めません。餌といっても幼虫に与えるタンパク質と，成虫のエネルギー源である炭水化物（蜜）の両方が必要です。また，アブラムシの甘露がタンパク質の原料となるアミノ酸をかなりふくんでいるという研究結果もありますから，この点にも気をつけなければなりません。餌をめぐっての種と種，コロニーとコロニーの争いがあります。このようなことについて，不十分ながら説明しました。

　しかし，桜島大正溶岩地帯の物理的環境については何も述べられませんでした。真夏の地表温度はいったいどのくらいまで上がるのか。酷暑期にはアリは昼と夜のどちらに活動するのか。これから調べなければなりません。また，アリ自身がアリの天敵であることは少し述べましたが，それ以外の捕食者については何も触れられませんでした。このようなことがすべてわかってくれば，溶岩上のアリの生活はもっとよく理解されるでしょう。そしてもちろん，桜島以外でのアリの生活と比べてみなくてはなりません。こうしたテーマは，日本ではまだまだ手つかずの状態ですから，皆さんの活躍の場は無限といってよいでしょう。

3. 校庭のアリ

みなさんは身近にいるアリを何種ぐらいご存知でしょうか。誰でも漠然と赤っぽくて小さなアリ，黒くて大きなアリの2種ぐらいは区別できるでしょう。おそらく前者は，オオズアリの仲間，後者はクロオオアリやクロヤマアリの仲間のことだと思われます。じっくりと身近なアリを観察すると，家屋内や庭で餌探しをしているアリを少なくとも5種は区別することができます。私たちの身近な存在であるアリはそれぞれ名前をもっています。ぜひ，皆さんも家の庭や校庭，公園などに見られる身近なアリの名前を覚えてみましょう。そうすればもっと自然に対する興味・関心が高まり，思わぬ発見や驚きを体験することができるかもしれません。

私が勤務する池田中学・高等学校は，平成17年度に文部科学省よりスーパーサイエンスハイスクール（SSH）に指定され，これまでさまざまな科学関連の事業に取り組んできました。SSH事業の1つである課題研究では，スーパーサイエンスクラス（SSクラス）の生徒が数学班・物理班・化学班・生物班の4班に分かれて，鹿児島大学やその他の研究機関と連携して研究者の指導・助言を受けながら独自のテーマで研究に取り組んでいます。これまで私の担当する生物班では，藺牟田池周辺地域，桜島溶岩地帯，種子島，屋久島等でのアリの定量的な調査，校庭や家屋に侵入してくるアリの調査を行ってきました。ここでは，鹿児島市立山下小学校と池田中学・高等学校の校庭で行ったアリ調査の結果についてご紹介します。

3-1. 校庭にも意外に多くのアリが生息

3-1-1. 山下小学校のアリ

鹿児島市立山下小学校は，鹿児島市の繁華街にあり，学校の周りには商店やビルが立ち並んでいます。創立131周年を迎えた鹿児島県内で伝統ある小学校の1つです。調査は，校庭の一角にある創立百周年の記念としてつくられた雑木林（山下の森）と校舎の前面にある花壇や植込みの周辺で実施しました。雑木林は，クヌギ，タブノキ，クスノキがまばらに植栽され，地面には多量の落ち葉が堆積していました。林内はところどころ日が差し込むものの日中を通じて日陰がありますが，それでも自然にある林にくらべて乾燥していました。一方，植込みや花壇周辺は日当たりがとても良く，地面はさらに乾いていました。また，毎日の掃除によってきちんと管理され，特に人為的影響の強い場所であると思われます。雑木林では，ライントランセクト（10m×3本）を設置し，直線状に3mごとにアリを誘引するための餌として粉チーズを置いて，集まってくるアリを種類ごとに数個体ずつ採集しました。また，ラインの左右それぞれにできる10×3mの方形区（コドラート）内で見つけ採りとリター（落葉や落枝）ふるい，土壌ふるいを組み合わせ

写真6. 雑木林内の環境（山下小学校）

写真7. 花壇や植込みの調査（山下小学校）

て採集を行いました。その結果，山下小学校の校庭の2つの環境から計15種のアリが採集されました。落葉の下からはハリアリ亜科のツシマハリアリが多数採集されました。その他雑木林からハリブトシリアゲアリ，ツヤシリアゲアリ，クロヒメアリ，インドオオズアリ，アミメアリ，オオシワアリ，トビイロシワアリ，ハリナガムネボソアリ，アメイロアリ，ウメマツオオアリなどが採集されました。また，見つけ採りのみを行った花壇や植込みからアワテコヌカアリとハダカアリが追加されました。

3-1-2. 池田中学・高等学校のアリ

市街地から10 kmほど離れ，かつて山林であった場所に20年ほど前に創立された池田中学・高等学校の校庭からは12種のアリが採集されました。山下小学校と池田中学・高等学校との共通種は8種で，池田中学・高等学校のみで採集されたアリは，オオハリアリ，ムネボソアリ，ルリアリ，クロオオアリの4種でした。逆に，山下小学校のみで採集されたアリは，ツヤシリアゲアリ，インドオオズアリ，ウメマツオオアリの3種でした。池田中学・高等学校の場合，学校の周りの環境を考えると，もっと多くの種が採集されるのではないかと予想されましたが，意外にも市街地にある山下小学校より少ない種数でした。おそらく，池田中学・高等学校の校庭には，外周に沿って数mおきにソメイヨシノが植栽されているものの，終日一定の広さをもった日陰はなく，アリの生息に必要な湿った土壌や落葉層がないために，周辺の山林に見られる森林性のアリが侵入できないものと思われます。

3-2. 校庭の優占種はどのアリか

粉チーズベイトへの出現頻度は，地表活動性のアリの優占種を決める一つの方法です。山下小学校の雑木林では，60分間の調査時間内に30個の粉チーズベイトのうち29個（約97%）でアリが誘引されました。最も多く誘引されたのはトビイロケアリで26個（約90%）のベイトに出現しました。2番目に多く誘引されたアリは，オオズアリで6個（約21%）のベイトに出現しましたが，その頻度はトビイロケアリよりも極端に低くなりました。このことからトビイロケアリは山下小学校の雑木林を代表するアリと考えられます。一方，池田中学・高等学校の校庭の調査では粉チーズベイトトラップによる採集を行っていませんので優占種を特定することはできませんが，見つけ採りのときに最もよく目についたトビイロシワアリが優占種であると考えてまず間違いないと思います。

学校の校庭に生息するアリの種類や優占種は，立地条件や環境によって多少異なっているようです。一般的に校庭は，日当たりがよく，乾燥して，人為的影響の強い環境であると考えられます。都会のコンクリートで塗り固められた校庭は別として，どの学校の校庭にもその環境に適応した10種前後のほぼ決まった種類のアリが見られるでしょう。ぜひ皆さんも校庭でアリの採集に挑戦してみてください。きっとこれまで気づかなかったアリの存在を目の当たりにすることでしょう。

4. アリと植物の関係

アリとアブラムシは，持ちつ持たれつの関係でよく知られています。アブラムシはアリに餌として甘露を提供する代わりに，アリは天敵であるテントウムシの成虫や幼虫，ヒラタアブ，クサカゲロウの幼虫などからアブラムシを守っています。大害虫であるアブラムシを保護するため，アリは間接的に植物に害をもたらす側面もありますが，一方でアリは植物を食べる昆虫などを追い払って，植物に益をもたらしてもいます。このように，アリ−アブラムシ−植物の関係は複雑です。また，アリと植物が緊密で相利的な共生関係を保っているケースも知られています。特に熱帯でみられるトウダイグサ科オオバギ属の植物は，アリに餌と住居を提供する代わりに，アリをガードマンとして雇うことによって食植性昆虫からの防衛を受けます。このような植物はアリ植物と呼ばれ，特定の限られた種類のアリ（植物アリ）と種特異的な共生関係（防衛共生と呼ばれる）を結んでいます。

写真 8. アブラムシを訪れるキイロシリアゲアリ

温帯ではこのようなアリと植物の厳密な関係を見ることはできませんが，種特異的ではないもう少しゆるい関係は知られています。バラ科，マメ科，アオギリ科，トウダイグサ科の若干の種は，茎や葉に花外蜜腺をつくり，周りから不特定の種類のアリをひきつけます。例えば，鹿児島でもよく見られるトウダイグサ科のアカメガシワは，葉身の基部と周辺に花外蜜腺があり，アリが頻繁に蜜を求めて訪問してきます。

4−1. 多くの種が樹上で採餌

秋山孝子さんは，鹿児島大学理学部の卒業論文（2001年度）でアリ類とアカメガシワとの相互関係について研究を行いました（未発表）。調査は2001年の4月から12月にかけて，鹿児島市の市街地から少し離れた鹿児島大学農学部附属農場唐湊果樹園内の作業道沿いと果樹園に隣接する照葉樹二次林の林縁という，異なった2つの環境に生えているアカメガシワの低木30本（園内20本，林縁10本）で行われました。

写真 9. アカメガシワの花外蜜腺に集まるシリアゲアリの一種

アカメガシワの樹上の調査は，2週間に一度，樹木全体をくまなく調べ，すべてのアリの種数と個体数を記録しました。一方，アカメガシワの周囲のアリは，見つけ採り，土壌ふるい，砂糖水によるベイトトラップを組み合わせて実施しました。その結果，果樹園内・林縁の30本の合計として，アカメガシワの周囲（アカメガシワを中心

に半径1.5m内）から4亜科22属31種，樹上のみから3亜科13属18種のアリが確認されました。つまり，周囲で見られたアリの種の58%もの種がアカメガシワの樹上でも見られました。アカメガシワの樹上で見られたアリを亜科別にみると，カタアリ亜科のアリはアワテコヌカアリ，アシジロヒラフシアリ，ルリアリの3種（17%），フタフシアリ亜科のアリはミナミオオズアリ，オオシワアリ，ツヤシリアゲアリ，キイロシリアゲアリ，アミメアリ，ヒメアリ，クロヒメアリ，ハダカアリの8種（44%），ヤマアリ亜科のアリはウメマツオオアリ，ナワヨツボシオオアリ，ヒラズオオアリ，アメイロアリ，サクラアリ，ハヤシクロヤマアリ，トビイロケアリの7種（39%）でした。なお，アカメガシワの周りでハリアリ亜科のアリが4種採集されましたが，樹上では1種も採集されませんでした。フタフシアリ亜科とヤマアリ亜科では樹上で見られた種数に大差はみられませんでしたが，周りで確認されている種数との比率でみると，前者が53%であるのに対して後者は73%でした。カタアリ亜科のアリは周囲で見られた3種すべてが樹上でも確認されました。

この樹上で見られたアリを営巣特性別にみると，アカメガシワの樹上で見られたアリのうち，樹上営巣の種は4種（22%），主に地表営巣の種は7種（39%），主に土中営巣の種は7種（39%）でした。すなわち，アカメガシワの樹上で見られたアリの6割が樹上や地表営巣の種ですが，意外なことに土中営巣の種も登っています。

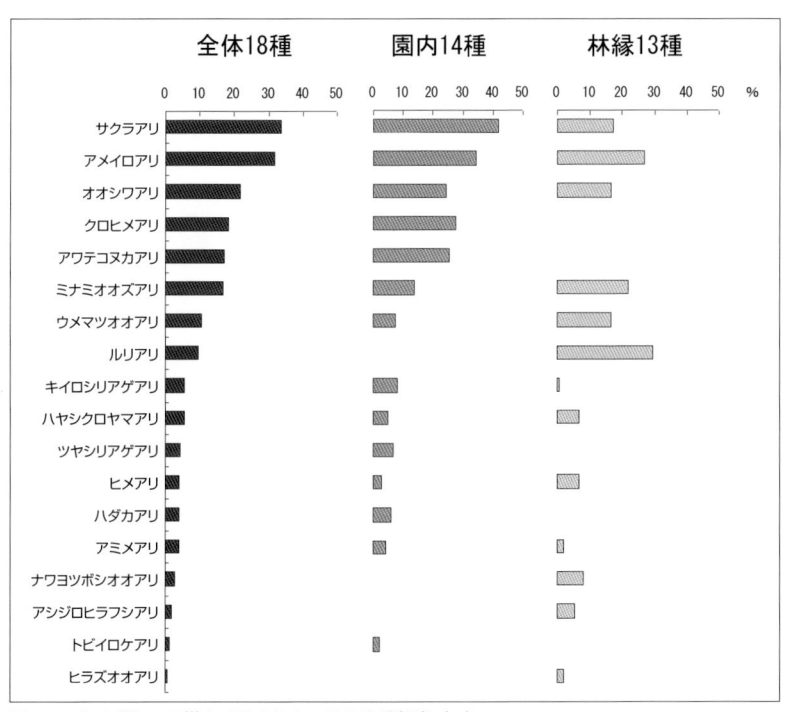

図3．アカメガシワの樹上で見られたアリの出現頻度（%）
（秋山，2001年度卒業論文を改編）

4．アリと植物の関係

亜科別にみると，樹上に登る比率が高いのは比較的行動範囲の広いヤマアリ亜科のアリでした。アカメガシワの樹上で観察されたアリを出現頻度別の高い順に3位までみると，園内でサクラアリ，アメイロアリ，クロヒメアリ，林縁でルリアリ，アメイロアリ，ミナミオオズアリでした。特に，サクラアリとアメイロアリは季節を問わず高い頻度で見られました（図3）。

　福元慶太さんは卒業論文（2003年度）のテーマに花外蜜植物のソメイヨシノ，アカメガシワとアリとの関係をとりあげ，鹿児島県国分市（霧島市国分）で調査しました（未発表）。ソメイヨシノはオオシマザクラとエドヒガンとの雑種で，日本各地の学校の校庭や公園などに広く植栽されています。サクラの中では比較的耐病性が強く，開花が葉の展開に先立つなどの特性をもちます。花外蜜腺は葉柄，托葉，葉身鋸歯，鱗片，苞，ガク片にあり，その形状は楕円，球形，紡錘形などです。一方，アカメガシワはトウダイグサ科に属し，暖温帯から亜熱帯の平地や丘陵などに普通に見られる落葉高木です。葉身基部と葉の縁に花外蜜腺をもっています。

　調査結果によると，ソメイヨシノ，アカメガシワともに3亜科11属14種のアリが植物体上で確認されました。出現頻度が高い順に3位まで並べると，ソメイヨシノではハリブトシリアゲアリ（31%），トビイロケアリ（22%），ウメマツオオアリ

表5. ソメイヨシノに登るアリの種数（国分市）
（福元，2003年度卒業論文を改編）

種名	総出現個体数	割合（%）
フタフシアリ亜科		
ハリブトシリアゲアリ	177	31
キイロオオシワアリ	49	9
アミメアリ	38	7
ヒメアリ	31	5
オオズアリ	30	5
トビイロシワアリ	*	
オオシワアリ	*	
カタアリ亜科		
ルリアリ	8	1
ヤマアリ亜科		
トビイロケアリ	122	22
ウメマツオオアリ	56	10
アメイロアリ	36	6
ハヤシクロヤマアリ	13	2
サクラアリ	5	1
ナワヨツボシオオアリ	*	

* 予備調査のみで採集されたアリ。数的調査を行っていないため出現個体数には含まれない。

表6. 日置市城山公園で採集されたアリ

種　名	樹上採餌が確認された種	樹上営巣が確認された種	竹筒で営巣が確認された種
ハリアリ亜科			
オオハリアリ			
テラニシハリアリ			
ニセハリアリ			
カタアリ亜科			
ルリアリ	○	○	
アワテコヌカアリ	○		
フタフシアリ亜科			
キイロシリアゲアリ	○		
ツヤシリアゲアリ			
ハリブトシリアゲアリ	○	○	○
クボミシリアゲアリ	○	○	○
ムネボソアリ			
クロナガアリ			
クロヒメアリ	○		
オオズアリ	○		
コツノアリ			
アミメアリ	○	○	
ヒラタウロコアリ			
トカラウロコアリ			
セダカウロコアリ			
ウロコアリ			
トビイロシワアリ			
キイロオオシワアリ	○	○	
ウメマツアリ			
タテナシウメマツアリ			
ヤマアリ亜科			
クロオオアリ	○		
クサオオアリ			
ウメマツオオアリ	○	○	○
ハヤシクロヤマアリ	○		
トビイロケアリ	○	○	
アメイロアリ	○		
サクラアリ	○		
	15	7	3

(10%)で，アカメガシワではアミメアリ（32%），オオズアリ（29%），アメイロアリ（8%）でした（表5）。

一方，筆者は鹿児島県日置市伊集院町の城山公園に植栽されたヤマモミジやソメイヨシノ，ヤマザクラ等の樹上で採餌及び営巣するアリについて調べました。調査した224本の樹木のうちなんと204本（91%）でアリの採餌が確認されました。照葉樹二次林，クヌギ林，草地など，城山公園を代表する5つの環境から30種のアリが確認されていますが，このうちの50%に相当する15種が樹上での採餌を行っていました（表6）。特にアミメアリ，ハリブトシリアゲアリ，ハヤシクロヤマアリは高い頻度で観察されました。おそらくアブラムシの甘露や花外蜜腺（サクラ類）からの分泌物を求めて多くのアリが樹上での採餌に訪れるものと思われます。また，キイロオオシワアリ，アミメアリ，ハリブトシリアゲアリ，クボミシリアゲアリ，ルリアリ，ウメマツオオアリ，トビイロケアリの7種は，幹や枝の腐朽部での営巣が確認されました。特にシリアゲアリ属のハリブトシリアゲアリとクボミシリアゲアリ，オオアリ属のウメマツオオアリの3種は樹上営巣種で，高い割合で営巣が確認されました。

4-2. アブラムシは重要な餌資源

次に鹿児島大学理学部の卒業論文（1993年度）で，鹿児島県桜島においてアリの種によるタイワンアブラムシコロニーへの影響や時間的変化を調べた，小牟

表7. タイワンススキアブラムシを訪れていたアリ（小牟礼，1993年度卒業論文を改編）

亜科名	種名	桜島	鹿児島市 1	2	3	4	5	6	7	錫山	知覧 1	2	3	4
フタフシアリ亜科	アシナガアリ	○		○					●		○	○		○
	インドオオズアリ	○	○	○					●		○			
	オオズアリ	●					○							○
	ヒメオオズアリ													
	ムネボソアリ			○										
	ヒラセムネボソアリ	○												
	ハダカアリ	●			○									
	オオシワアリ	●	○		○	○	●							○
	トビイロシワアリ	○								○	○			○
	クロヒメアリ	●				○								
	トフシアリ			○										
	アミメアリ										●	●	●	○
	ツヤシリアゲアリ				○	○	○							
	ハリブトシリアゲアリ			○										
	キイロシリアゲアリ					●								
	ウロコアリ						○							
カタアリ亜科	ルリアリ	○		○							○			
	アシジロヒラフシアリ													●
ヤマアリ亜科	アメイロアリ					○	○						○	
	サクラアリ				○									
	ケブカアメイロアリ	○		○		○	○		○					
	トビイロケアリ	●	●	●	●			●		●	○	○		
	クロヤマアリ	●	○											
	クロオオアリ	●		○										
	ウメマツオオアリ				○	○								

● アブラムシを訪れていたアリ　　○ ススキの周辺にいたアリ

礼美都子さんの研究（未発表）を紹介します。タイワンススキアブラムシは，ススキに寄生するアブラムシです。このアブラムシは，餌資源の乏しい鹿児島県桜島溶岩地帯においてアリの重要な食糧源となっていることがわかっています。

　タイワンススキアブラムシは，台湾から初めて記載，報告されたアブラムシで，ススキ属に寄生します。このアブラムシにはススキ以外の寄主植物は知られておらず，おそらく一次寄主植物をもたず，ススキ上で生活環を閉じていると思われます。

　調査の大部分は，桜島の西側に位置し海岸に隣接する袴腰大正溶岩地帯で，1993年9月から1994年1月までの期間に行われました。この地域は，桜島の大正の大噴火（1914）の時に流出した溶岩によってできた地域で，植生は乏しく，優占的に見られるのはススキ，イタドリ，クロマツです。この区域内に，方形区A（2×2m），B（1×4m）を取り，その中に生えているすべてのススキに，ビニールテープでマーキングし番号をつけました。約1週間おきに，それぞれの方形区の中のススキをチェックし，タイワンススキアブラムシが寄生しているススキの番号，その時にいたアブラムシの個体数，アブラムシを訪れているアリの種と個体数を調べました。また，アブラムシを訪れているアリの巣穴とアブラムシが寄生しているススキとの距離を測るために，アブラムシのコロニーから帰るアリを肉眼で追跡し，巣穴を確認しました。桜島と6月から8月に鹿児島市，錫山，知覧で行った調査のデータを加えた結果，3亜科25種のアリが採集され，そのうち12種のアリがアブラムシを訪れていました。鹿児島県本土からは102種のアリが確認されていましたので，そのうち1／4がタイワンススキアブラムシの生息する環境に出現していたことになります。

鹿児島市（アスファルト道路や鉄道線路の脇）では21種のアリが採集されましたが，このアブラムシを訪れていたのは，トビイロケアリ，キイロシリアゲアリ，オオシワアリ，ケブカアメイロアリ，インドオオズアリの5種，錫山（車道の脇）では3種のアリが採集され，クロヤマアリとトビイロケアリの2種，知覧（造林地の斜面）では10種のアリが採集され，ツヤシリアゲアリ，アシジロヒラフシアリの2種でした。このように，アブラムシは多くのアリの種によって利用されていることがわかります。ただし，桜島の大正溶岩地帯のススキに寄生する近縁のアブラムシには，アリがほとんど訪れないことが岡村章子さんの研究からわかっています。

5．夜行性のアリの生態　―アメイロオオアリ―

　アリは，私たち人間と同じように昼間活動して夜間休んでいると思っていませんか。実は多くのアリが昼夜を問わず活動しています。日本産のアリの中には昼間のみあるいは夜間のみ活動するものもみられますがごくわずかです。

写真 10．城山の森林内の環境

　鹿児島市城山公園の森の中には，昼間はまったく活動せずに夜間に活動する夜行性のアリが見られます。市街地にあるにもかかわらず，城山には人の手がほとんど加わっていない森林が残されています。夜間，森の中では昼間は目にすることのできないさまざまな昆虫との出会いが待っています。懐中電灯で地面を照らすと，さかんに動き回りながら餌探しをしている薄茶色をした大型のアリを観察することができます。このアリが，日本産オオアリ属の中では数少ない夜行性種であるアメイロオオアリです。城山はめったに観察することのできない夜行性種を身近に観察できる絶好の場所なのです。以下の記述は主に山根・津田・原田「鹿児島県本土のアリ」(1992)に依ります。

5-1．隠蔽的な生活

　アメイロオオアリは，昼間巣内にいて外での活動をほとんど行いません。林内が薄暗くなる夕方から活動を始め，夜が明けて明るくなると巣へ帰っていきます。本種の巣は，朽木や枯枝の中など既存の空間を利用してつくられることが知られていますが，城山では駆除されて林床に放置された枯竹の筒の中にしばしば見られます。巣として利用している竹筒の表面には，数か所小さな孔が見つかることがあります。これはアメイロオオアリが出入りのためにあけた巣口です。

写真 11．巣として利用した竹筒内部の様子

　竹筒を割って中を観察してみると，内部はきれいに掃除がされており，内側の壁はつるつるしてわずかながら光沢が見られるほどです。竹の節とは別に，おそらく土や植物の繊維などを集めてつくったと思われるカートン（ボール紙のような材質）の壁が見られることがあります。節や壁によって仕切られた複数の空間が部屋として利用されており，それらは通路用の小さな孔で相互に結ばれています。部屋は，卵や小さな幼虫，大きな幼虫，蛹といったように，成長の度合いによって大まかに区分して利用されていることもあります。竹筒内では，働きアリは節やカートンの壁にある小さな穴を通って部屋を移動し，幼虫や蛹の世話をしているものと思われます。

コロニー（アリの1家族全体）の構成を調べるために、アメイロオオアリのいる城山の林床にトラップとして枯竹をまいて、一定期間後に回収し、竹筒中の卵、幼虫、蛹、成虫のすべてを数えてみました。巣としてコロニー全体が1本の竹筒を利用している場合には全個体採集は比較的簡単にできます。しかし、竹筒には空間的な制約があり、コロニー全体を収容しきれない場合には巣を何か所かに分ける可能性があります（多巣性）。ここでは1本の竹筒を1つの巣として考えましたが、61巣中で女王がいたのは14巣だけでした。アメイロオオアリは1つのコロニーに1匹の女王がいる単雌性のアリと考えられるので、女王のいない竹筒では1本の竹筒内にはコロニーの一部しか含まれていないことを強く示唆し、本種が多巣性を採用していることがうかがわれます。

写真12. 竹筒内のコロニー

5-2. 大型働きアリの役割

アメイロオオアリの働きアリは、大きさによって3つの亜階級（サブカスト）に区別されます。ここでは、大きい順に大型働きアリ（メジャーワーカー）、中型働きアリ（メディアワーカー）、小型働きアリ（マイナーワーカー）と呼ぶことにします。大型働きアリの仕事はアリの種類によってさまざまですが、彼女らは一般的には兵隊ア リと呼ばれるように餌場や巣を外敵から守ることを主な仕事としています。隠蔽的な生活を送っているアメイロオオアリでは大型働きアリがどのような役割をもっているのかたいへん興味がもたれます。他種に見られない特徴的な役割を担っていることも考えられます。

一般的に蜜はアリにとって重要な餌資源で、アメイロオオアリにとっても重要であるらしく、夜間薄めた蜂蜜をしみこませた脱脂綿を巣の近くに置いておくとたくさん集まってきます。アメイロオオアリは刺激に対してとても敏感に反応するので、夜間観察のときは身動きをせず、また、懐中電灯の光が強すぎると行動に影響を与える可能性があるので、光源に赤いセロファンを取りつけて刺激を与える波長の光をカットした方がよいでしょう。

蜂蜜に集まってくる働きアリを観察すると、大型働きアリが積極的に餌集めに参加して蜜をお腹にためこんでいることがわかります。働きアリが2つのサブカストに分かれるオオズアリの大型働きアリなどでは餌場の防衛や大きな餌の解体が主な仕事でほとんど餌集めには参加しないことを考えると、これはとても意外なことでした（ただしヒメオオズアリの大型働きアリは蜜の貯蔵を主な仕事にしている）。大型働きアリは小型働きアリよりもいっそう腹部をふ

写真13. 蜂蜜希釈液を吸って大きくふくれた働きアリの腹部

52　第2部　南九州のアリの生活

くらませて巣に帰ってきます。飼育条件下では，蜜を吸って腹部が十分にふくれた場合，小型働きアリであれば2, 3日で元の状態に戻ってしまうのですが，大型働きアリでは少なくとも5日以上同じ状態が続くことが観察されています。また，一般的にアリの社会では冬期には大型働きアリがほとんどいなくなりますが，アメイロオオアリでは年間を通じてほぼ同じ比率で存在します。これらのことより，アメイロオオアリの大型働きアリは防御よりもむしろ蜜の貯蔵（リプリート）のための役割を担っていると考えられます。野外で大型働きアリが巣に持ち帰る餌を調べてみると，お腹にためて持ち帰る液状物のほか，固形物としては甲虫類や双翅類などの昆虫の断片や鳥の糞などが多く，生きた餌としては他種のアリやシロアリが多いようです。

採餌については，アメイロオオアリの大型働きアリは液状物の運搬や貯蔵，シロアリの捕獲に向いているようです。

巣が外敵の攻撃を受け撹乱されると，巣を捨てて逃げることがありますが，その際，卵，幼虫などの幼個体をくわえて運搬するのはふつう小型働きアリで，大型働きアリはさっさと逃げてしまいます。ところがアメイロオオアリの場合，女王の終齢幼虫が存在すると，それを運ぶのはおもに大型働きアリです。女王の終齢幼虫の大きさは8.5 mmほどにもなります。小型働きアリがこれを大顎でくわえて運搬するのは物理的にきわめて困難です。

アメイロオオアリは，地上にある朽木や枯竹などを巣として利用することが多く，土中営巣性のアリの巣に比べてきわめて不安定なために，外敵の攻撃や環境悪化あるいは空間的な制約などによりしばしば巣の引っ越しを余儀なくされるでしょう。このような場合に，大型働きアリは女王の終齢幼虫の運搬という，コロニーにとってきわめて重要な役割を担っているのではないでしょうか。

飼育下で観察していると，引っ越しの際に働きアリが他の働きアリを大顎で上手にくわえて運んでいるのを目にします。このような成個体の運搬をアダルトトランスポートと呼んでいます。471回のアダルトトランスポートのうち，470回は小型働きアリによるもので，たった1回だけ大型個体によるものが観察されました。アダルトトランスポートについては大型働きアリは重要な役割を担っていないと考えられます。

5-3. 生活史

季節性のある気候帯に生息するアリ類では特定の時期になると，コロニー内に新しく生まれた雄と女王（有翅虫）がいっせいに大空へ飛び立つ結婚飛行が行われます。鹿児島では，アメイロオオアリの有翅虫は7-9月に羽化したあと，9月初旬まで巣に待機しているのが確認されています。9月下旬には有翅虫が見られなくなるので，9月中旬頃に結婚飛行が行われているものと考えられます。同じくオオアリ属に含まれるクロオオアリは，4-6月に結婚飛行を行います。

結婚飛行を終えた女王がいつ頃新しいコロニーを創設するかはわかっていません。しかし，1985年4月に，女王1個体，小型働きアリ3個体，幼虫3個体からなる小さなコロニーを採集しました。創設女

表8. 女王幼虫運搬における分業（原田，1996より）

	幼個体運搬	うち女王幼虫運搬
小型働きアリ	193	3
中型働きアリ	7	2
大型働きアリ	41	14
計	241	19

王自身によって最初に育てられる働きアリは，栄養不足で特に小さいことが一般に知られていますが，このコロニーの働きアリ3個体は明らかにその特徴を示していました。おそらく，この女王は前年の秋に巣づくりを始め，越冬したのち春までに最初の働きアリを育てたことになります。

　普通，気温が低下して巣外での餌集めができなくなる冬期（鹿児島では11月下旬から3月上旬頃）には，活動期に比べてコロニー内の幼個体の数が著しく減少します。ところが，アメイロオオアリのコロニーでは，巣内に年間を通じてほぼ一定の割合で幼個体が見られます。冬にも夏と同じくらいたくさんの幼虫がいます。冬には働きアリによる採餌は行われていませんし，巣内に餌の蓄えらしきものはありません。よって，冬の間は幼虫の発育はほとんどないと思われます。もしかしたら冬期の幼虫に休眠性があるのかもしれませんし，あるいは低温のために単に発育が止まっているだけなのかもしれません。巣内における各サブカストの割合も年間を通じてあまり変わりません。つまり，コロニー構成には有翅虫の生産のとき以外はあまり顕著な季節性がないように見えます。生活史にみられるこれらの特徴は，アメイロオオアリの起源や分布の拡大の経路を考える上で，大変興味深いことです。

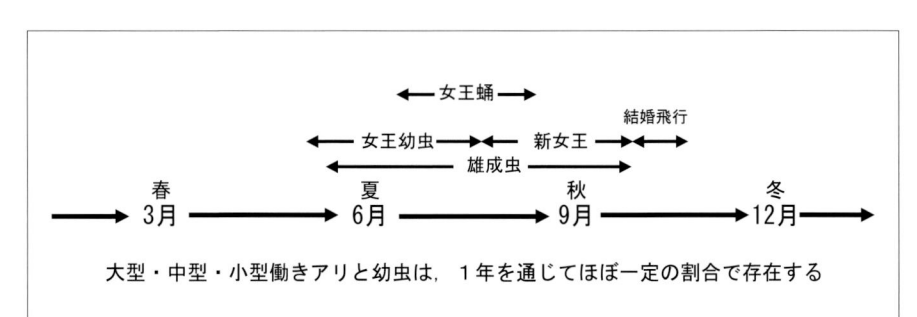

図4．アメイロオオアリの生活史

第 3 部

採集から名前調べまで
Collecting, preparing and identifying ant specimens

山根　正気
Seiki YAMANE

身の回りの自然を観察するとき，生きものの名前を知っているとより深い理解が可能となります。最近は植物や動物についてのさまざまなタイプの図鑑がでていて，生きものの名前調べがずいぶん楽になりました。少し訓練すれば，樹木，鳥，チョウなどの名前をそうとう正確に当てることが可能です。しかし，アリなどの小さい昆虫は，種の数が多いうえに肉眼で細かい特徴がたしかめられないので，一般の人にとって名前調べは依然として容易でありません。第1，2部で述べたように，アリは興味のつきない社会構造や行動をもっているのにくわえて，生態系の中で重要な役割をはたしています。アリ抜きに陸上生物の相互作用を論じることは不可能なくらいです。また，外来生物法にリストアップされている特定外来生物種にも数種のアリがおたずねものとして名を連ねています。専門家以外の人でもアリの名前を知っていることは今後ますます重要になってくると考えられます。

　第3部では，南九州に生息が確認されているアリの種を調べるための手ほどきを試みますが，名前調べに先立つ採集と標本作製の方法についても多少詳しく解説したいと思います。というのは，標本の質が低いと名前調べがむずかしくなったり，ときには不可能になってしまうからです。

1．アリの採集

　昆虫採集をしたことがある人でも，アリの採集経験はあまりないと思います。昆虫に詳しい人にアリの採集を依頼しても，お土産にもらえるのは地表活動性の目立つアリが大半です。多くのアリの種を見つけるには，アリが巣をつくる場所，採餌する場所などをよく知っていなければなりません。そこで，まずアリはどこにいるのかということからお話しします。

　アリの営巣場所は地中，地表，樹上におおまかに分けることが可能です。地中に巣をつくる代表選手はクロオオアリ，クロヤマアリ，クロナガアリ，アシナガアリなどの中型から大型のアリ，キイロシリアゲアリ，クロヒメアリ，サクラアリなどの小型のアリです。しかし，これらのアリは，地上にでてきて採餌するので，多くの人の目にとまります。一方，トフシアリ，ムカシアリ類などは土中に生活し，めったに地上に現れないのでほとんどの人が気づかずにいます。樹上に営巣するアリとしては，ヒラズオオアリ（枯枝），ハリブトシリアゲアリ（腐朽部）などが代表格でしょう。しかし，これらの種は採餌のため地表に降りることもあるので，気をつければ出会うチャンスがあります。この他にもアシジロヒラフシアリ，ヒメアリ，ウメマツオオアリ，オオシワアリなども樹上（枯枝，腐朽部）に営巣しますが，地表部に営巣することも多いので，樹上専門というわけではありません。日本には生活の場が高い樹冠に限定されるアリはいないので，ほとんどすべての種に手の届く範囲で出会うことができます。

　圧倒的に多いのは地表営巣種です。倒木（朽木）の中や下，木の根ぎわ，石の下，落葉の中や下，落枝，枯れた竹の茎などが格好の営巣場所となります。多くの場合，巣の一部は浅い土中にものびており，土中営巣と厳密に区別はできません。オオハリアリなどのハリアリ類，キイロオオシワアリ，カドフシアリ，ウメマツアリ，ウロコアリ類，アメイロアリ，ミツバアリ類，アワテコヌカアリなどがこの型に入ります。アメイロアリ，アワテコヌカアリ，ルリアリのように地表の明るいところにもでてく

る種は目立ちますが，落葉や朽木の中で採餌する種は一般の人にはほとんど知られていません。

多くのアリの種を採集するコツは，このような生息場所の隅々まで探すということにつきます。しかし，朽木くずしなどは自然破壊につながりますから節度をもってすべきです。巣を探し当てることによって，同じコロニーから多数の個体を採集することができ，個体変異を調べたり，交換用の標本をえることができます。また，運がよければ雄アリや新女王アリ（羽アリ）が採集でき，分類学や生態学のための貴重な資料が手に入ります。

アリの採集にあたっては，80%アルコール入りのサンプル管（1 cc – 10 cc），先のとがったステンレス製のピンセット，仮ラベル用の紙片と鉛筆が最低必要です（写真1）。アルコールはサンプル管の9割以上を満たすようにしてください。底にわずかだけ入れておくと，ピンセットで捕獲したアリを入れるのに手間取ります（逃げられることもあります）。アルコールの節約は容量の小さなサンプル管（ふつうは3 cc以下で十分です）を使うことで達成されます。

まずこれだけあれば，見つけたアリをつまんで，収容し，ラベルを入れることがでできます。しかし，アリは小さいうえ，しばしば非常にすばしっこく，また暗い林内では落葉や土にまぎれて見つけることすらむずかしいことがあります。そこで登場するのが，メッシュ（篩）と白いバット（皿），そしてショベルです。メッシュは目が5-6 mmくらいのがアリの採集に適しています。園芸用品店で売っている篩で代用できます。それに大きさや形のあったバットを組み合わせるといいでしょう。私たちは，新越金網株式会社が野菜の水切り用につくっている長方形のステンレス製ザル（ピシャット角深ザル No. 1008）と理科実験で使うポリプロピレンまたはポリエチレンのバット（32.4 × 23.4 × 5.2 cm）をセットで使っています（写真2）。大きさがちょうどいいのと，長方形であるためリュックなどにぴしゃっと収まるのがとりえです。

写真2．アリの採集を効率よくするための道具。メッシュ（篩），白いバット，ショベル，剪定バサミ

アリを見つけるには，土，落葉，朽木などをくずしたものをザルに入れバットの上でふるいます（写真3）。一度にあまり大量にふるわないのがコツです。白いバットに落下したアリは目立ちますから見逃す心配がありません。また，足の速い種であっても，バットの壁をよじ登るのに時間がかかりますから，逃げる前に捕獲できます。アリはピンセットで1匹ずつつまんでもいいのですが，ピンセットにアルコールをつけておいてアリを付着させてしまうのが効

写真1．アリの採集に最低必要なもの。管ビン，ピンセット，鉛筆，紙片

1．アリの採集　57

率的です。吸虫管という道具を使ってアリをピンに吸い込む方法もありますが、そのあとアリをアルコール管に移さねばならないので二重の手間がかかります。

写真3. メッシュとバットを用いてのアリ採集

　落葉層や土中のアリを抽出するには、ウィンクラーバッグやツルグレン装置など土壌動物のサンプリングに使う装置があり、しばしば非常に効果的ですが、これらについてはもう少し高度な昆虫学や土壌動物学の本を参考にしてください。

　地表性のアリを効率よく探すにはベイト法があります。蜂蜜や砂糖を水でうすめたものをカット綿にしみこませて、地表部に置いておくと30分もたたないうちに近くで餌を探していたアリが発見して、巣仲間を動員してきます（写真4）。地表にはこんなに沢山のアリがいるのかと驚くほど集まってきます。最初にカット綿を占拠した種が満腹すると、それまでは近づけなかった劣位の種がやってきますから、1つのベイトで3–4種を採集できることもあります。ベイトとしては粉チーズもすぐれています。粉チーズを口にくわえた働きアリは暗い林床でも目立つので、追跡すると巣を発見できます。巣の密度を調べたりする生態学的な研究に向いています。もちろん、ウロコアリ類のようにこのようなベイトでは採集できない種もあります。

　地面に穴を掘り、紙コップなどを埋めておくと地表を歩いているいろいろな小動物が落下します。ふつうは、夕方に仕掛けて翌日の午前中に回収します。夜間に活動する種を採集できるのが利点です。アリの中には紙コップの壁を平気で登って逃げてしまうものがあるので、中にベイトを入れておくとアリの滞在時間を長くできます。しかし、いろいろな虫が落下し中であばれて傷ついたり、ベイトにまみれて汚れてしまうことが多く、きれいな標本をえるには適切な方法とはいえません。

写真4. ベイトに集まったアリ（モンゴルで）

　1種のアリを何個体採集すればよいかは、目的によります。もし巣や採餌集団を見つけた場合には、10個体以上採集することをお勧めします。確実に同種である個体が多数あると、形態、サイズ、色彩にどのような変異があるか知ることができます。ユーラシア大陸のケアリ類やヤマアリ類では、1コロニーから最低30個体は採集しないと同定できないという場合もあります。同じコロニーから採集した個体は同じサンプル管に入れて、仮のコロニー番号をつけておきます。それ以外の場合は、複数の種を同じサンプル管に入れて持ち帰ってもかまいません。2 ccのサンプル管であれば30–50個体のアリが入ります。最低必要なデータを鉛筆で記入した仮ラベルは必ずサンプル管の中に入れてください。管の外側やフタにマジックで記入すると、字が消えたり、フタを取り違える恐れがあります。

2．アリの標本作製

昆虫などの体が固い外皮でおおわれた小動物の標本を保存するには，大きくわけて2つの方法があります。固い外皮の性質を生かして乾燥標本にする方法と，アルコールにつけて液浸標本として保存する方法です。いずれにも一長一短があって，どちらを採用するかは目的によってことなります。ただ，名前を調べるために標本を観察するには乾燥標本の方がずっと便利です。ここでは，まず採集してから標本作製までのプロセス，乾燥標本の作り方，液浸標本の種類と用途について順次解説していきます。

これから読み進んでいくと，アリ乾燥標本の作成がとてもめんどうに感じられ，やる気がでなくなるかもしれません。しかし，標本作りは「**針に刺した三角台紙にアリを貼りつけて，観察しやすい標本をつくる**」ということにつきるのです。この目標が達せられる自信があれば，極端なはなし以下は読みとばしてもいいのです。

2-1．準備するもの

研究上の使用にたえうる昆虫標本を作製するには，かなり専門的な器具が必要となります。以下にアリの標本作製に必要な器具について解説します。理科器具を販売する業者に問い合わせたり，インターネットで検索してみてください。鹿児島昆虫同好会の会員に相談するのも時間の節約になるでしょう。また，100円ショップなどで販売している日用品で代用できるものもありますから，工夫しだいでそうとうコストを下げることができます。

双眼実体顕微鏡：採集して持ち帰ったアリを洗浄したり，アリを三角台紙に貼りつける（マウントする）ときに使います。現在入手できるもっとも安価な機種はカートン光学㈱のM9197で，税込み価格が37,000円（写真5）。拡大倍率は20倍と40倍の固定。標本作製にはこれで十分です。名前調べにはもう少し上級の機種がほしいところですが，私たちの経験ではこれで多くの種の同定が可能です。照明は，標本作製のときであればゼットライトや卓上の蛍光灯で十分ですが，名前調べのときには蛍光灯やLEDのリング照明装置があるにこしたことはありません。リング照明装置の価格は20,000 – 50,000円。三角台紙へのマウントは肉眼でもできますが，美しい標本を作製するためには顕微鏡を使うことをおすすめします。ちょっと高くつきますが，大切に使うと20 – 30年もちます。

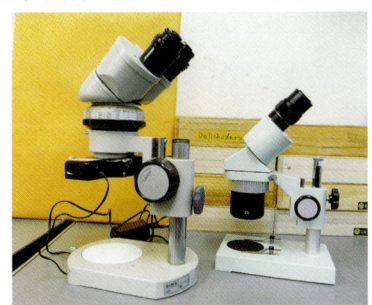

写真5．アリの標本を作ったり名前調べに用いる実体顕微鏡。左：ニコン製ズーム式と照明装置。右：比較的安価なカートン製

1 – 3 ccの管ビン：標本を持ち帰ったり，保存しておくために使います。ガラス製，プラスチック製いずれでも使用できますが，使いやすさの点から口の内径がビンの内径と同じものが便利です。口の内径が小さいとアリをピンセットで取り

出すときに苦労します。大きなアリ用に5cc程度のビンも便利ですが、アルコールの節約のためには、できるだけ小さいビンで間に合わせた方がいいでしょう。インターネットで「サンプル管」「スクリュー管」などを検索してみましょう。値段ははりますが、ふたのパッキングがしっかりしたものを選びましょう。

エチルアルコール（エタノール）：標本の持ち帰り、洗浄、保存などに使います。液浸標本のまま保存する場合でも、あとで乾燥標本にする場合でも、80-85%の溶液がいいでしょう。一般の教科書類には70%アルコールを使うよう書いてあるものもありますが、私たちの経験からは70%では標本の質に悪影響を及ぼすことがあります。薄める場合にはできるかぎり蒸留水を使って下さい。水道水や井戸水を使うと溶液が濁ることがあります（とくに保存用には不純物の少ない水を使ってください）。密閉度の高いビンに入れて保存し、使用する時は洗浄ビンに入れるか、小さいスポイトで吸い上げるなどして管ビンや小皿に移してください。大学などの研究機関以外ではアルコールを安価で購入することは困難です。試薬を販売している業者に相談してみてください。また、博物館のボランティア活動の一環として昆虫の採集を行う場合、博物館で購入したアルコールを使用させてもらえることがあります。濃度の高いアルコールは強い引火性がありますので、使用時や運搬のさい火気には十分注意してください。

ピンセット：アリをピンから取り出したり、洗浄、整形、マウントするさいに使います。ステンレス製の先のとがったものが便利です。K-10 No.1が比較的安価（1000円以下）であり、解剖以外の作業はこれで十分です。洗浄、整形などは両手でおこないますので、2本用意してください。

絵具筆：アリを小皿にいれたアルコール中で体の汚れているアリの洗浄をするときに使います。毛が柔らかい、小形の筆がお勧めです。保存のふてぎわで乾燥標本にカビが生えてしまった場合に、カビを取り除くのにも使えます（濃度の高いアルコールをしみこませて使います）。

小皿：採集してきたアリを実体顕微鏡の下で洗浄・整形したり、大雑把に種に分けたりするときに使います。もっとも入手しやすいのは、径が約5cmのプラスチック製シャーレです。しかし、アルコールの節約、顕微鏡下でピンセットを使ってのサンプルの扱いやすさの点では、陶器またはプラスチックの小皿（中央が深くなっているもの）が最適です。色は白、クリーム、淡いグリーンまたはブルーで、無地のものを使ってください。私たちはマレーシアの食堂で使っている小皿を愛用していますが、残念ながら日本では手に入りません。マレーシアではほとんどのスーパーや雑貨店で入手できますので、マレーシアへ行くときは大量に仕入れてきましょう（1個15円程度）。日本では陶器製のものがみうけられます。

写真6. アリをマウントするときに使う道具。小皿、絵筆、ピンセット、ピペット。この他に、80%アルコールを入れる洗浄ビンと濾紙を敷くシャーレがあると便利

ダイソー100円ショップ（大型店）で販売されている「K2 洋風陶磁器－白」（ニューボーン中華風ソース丸皿約6.5 cm HM）（写真6，左側の皿）をお勧めします（105円）。

濾紙：アルコールから取り出したアリをマウントする前に一時的に置いておくために使います。シャーレに敷いておくといいでしょう。アリからアルコールや水分が吸いとられて，接着剤がつきやすくなります。ティッシュペーパーや和紙で代用することができます。

三角台紙：アリを貼りつける（マウントする）台紙です。白あるいは薄い色つきの厚紙（200g/m）を使います。製図用ケント紙（A304）は薄すぎてしかも粘性が低いので，お勧めできません。まず紙を7－10mm幅の短冊形に切ります。短冊の幅（台紙の長さ）はアリの大きさにおうじて変えます。マウントしたあと，標本を観察するには，台紙は短い方がいいのですが，標本写真を撮るときには少し長めがいいようです。短冊をハサミあるいは小形カッター（コクヨのペーパーカッター・ミニDN－10が便利）で切り，三角台紙をつくります（写真7）。小さなアリ用には先のとがった台紙を，大きなアリ用には先をいろいろな幅に裁断した台紙を使います。アリの大きさ別に何種類かの台紙を，シャーレなど小さな入れ物に別々にとっておきます。

昆虫針：三角台紙に刺して，標本を扱いやすくします。私たちは，志賀昆虫普及社のステンレス製，有頭3号針を使っています。2号でもいいのですが，1号以下は細すぎて標本を扱うさいに不便です。また4号は太すぎてラベルに大きな穴をあけてしまいます。有頭針というのは，針の頂部がふくらんでいて，指で持ちやすくなっている針のことをいいます。無頭針は絶対に使わないこと。

平均台：三角台紙に昆虫針を刺すときに使います（写真7）。自作もできますが，既製品は安価ですから，とりあえず一つ買ってみましょう。使っているうちに穴が大きくなってきます。あまり大きくなると三角台紙を刺すのがむずかしくなりますから，とりかえましょう。

写真7．アリをマウントする時に使う道具。ミニカッター，三角台紙（小皿の中），有頭3号針，平均台，ホワイトボンド，耐水性ペン

接着剤：アリを三角台紙に貼りつけるのに使います。私たちは木工用ボンドを使っています。安価なのと，安全で取り扱いが楽なためです。速乾性でないので，あわてないでマウントできます。ただ，木工用ボンドは使用の歴史が浅いため（まだ100年たっていない），変質，劣化せずにどれくらいもつのかがわかっていません。この点を考慮して長持ちすることが立証されている膠（にかわ）を使用する専門家もいます。

筆記用具など：アリをマウントしたあと，標本に仮のラベルをつけておきます（正式なラベルについてはあとで説明します）。採集したときに入れた仮ラベルをそのまま使用してもかまいません。一部の標本を当面液浸のまま保存するときも紙に書いたラベルを入れておきます。情報は鉛筆または耐水性インクを使用した細いペンで手書きします（ボー

2．アリの標本作製　61

ルペンは使わないこと）。耐水性インクを使用したペンはさまざまな太さのものが安価で市販されています（たとえば，Staedtler 製の Pigment Liner，COPIC の Sultiliner SP）。紙は通常のコピー用紙でかまいません。作業をすばやくするためにハサミはよく切れるものを準備してください。

標本箱など：正式なラベルをつけるまでの間，標本を保存しておく箱が必要です。全体が木製のインロー箱を使うと便利です。

2-2. 採集してから標本作製まで

採集の方法についてはすでに述べましたから，ここではくりかえしません。採集したアリは，アルコール（およそ 80％）の入った管ビンに入れてもち帰ります。甲虫やハチなどでは，殺したあとパラフィン紙に包んだり，脱脂綿シートにならべてもち帰るのがふつうですが，アリではこの方法は勧められません。マウントするときに整形できませんし，アリの体に脱脂綿の繊維が付着すると標本の質が著しく低下して，名前調べにも支障をきたします。液浸標本として保存する場合は，できるだけパッキングのしっかりしたサンプル瓶に入れて暗所に置いてください。

乾燥標本を作製する場合は，持ち帰った標本をできるだけ早く処理することをお勧めします。なぜかというと，ビンに入れたまま放置しておくと，アルコールが蒸発して標本が著しく劣化したり，ビンを暗所で保存しなかった場合にアリの色が抜けてしまったりするからです。また，アルコールに土の粒子や木屑が混じっていると，アリの体表のくぼみにそれが付着してとれなくなり，重要な特徴が見えなくなることがあります。もし，すぐに乾燥標本作成にとりかかれないときは，アルコールを入れた小皿のなかでアリをきれいに洗って，新しいアルコールの入ったビンに移して保存します。アルコールをビンに入れるには小さいスポイトを用意しておくと便利です。

ビンの中身をアルコールごとすべて小皿の上にあけるには，ふたをとったビンの口を右の親指でしっかりふさぎ人差指をビンの底にあてがい，ビンを逆さにもって静かにふり内容物のすべてが底や壁からアルコール中に移ったのを確認したのち，左手の指でビンを軽く支えながら小皿の上で右手親指を瞬時にはずします。うまくいけば一度でビンの中身をすべて小皿の上に出すことができます。そのさい，右手親指にアリが付着していることがありますから，必ず確認して下さい。ピンセットをビンにつっこんでアリを取り出す場合にはアリを破損させることがありますから，注意してください。アリを小皿の中で洗浄するさいには 2 本のピンセットを上手に使って実体顕微鏡の下で丁寧にゴミを取り除きます（顕微鏡の倍率は 10-20 倍）。細かい粒子は柔らかい絵具用小筆を使うときれいにとれます。しかし，体を筆で強くこすると，名前調べのさいに重要なてがかりとなる毛が抜けてしまうことがあります。洗浄したアリは先のとがったピンセットで脚などを丁寧にはさみ，新しいアルコールを入れたビンにもどします。

2-3. 乾燥標本の作り方

昆虫を保存するさいのもっともありきたりな方法が乾燥標本の作成です。乾燥標本を長期間安全に保管するには，カビ対策，害虫（コナチャタテなど）対策，ホコリ対策など厄介なことが多いのですが，アリの体の特徴をいろいろな角度から観察するには，乾燥標本にまさるものはありません。
ここでは，専門的な使用にたえうる本

格的な標本作製の方法を説明します。外国の博物館に送ってもはずかしくない標本です。そこまで気にしない人は適宜「手抜き」をしてくださって結構です。

さてそれでは乾燥標本作製の手順を述べることにします。三角台紙，3号の有頭針，平均台，小皿，先のとがったピンセット2本，底の平たいシャーレ，シャーレの底に敷く濾紙，実体顕微鏡，照明装置を用意してください。

ステップ1：台紙に針を刺す まず，平均台を使って昆虫針（以下ピンと呼びます）を台紙の底辺に近いところに刺します。1本のピンには台紙1枚が原則ですが，同じコロニーから採集した個体が多数ある場合は，1本のピンに2-3枚の台紙を刺してもかまいません。一番上の台紙がピンの頂部（頭）から10-13mmのところにくるようにしてください。台紙の位置が高すぎると標本を取り扱う時に指でアリの体を壊す危険がありますし，低すぎるとラベルをつけるスペースが不足します。台紙つきの針を少し多めにつくっておいて，箱に並べておきます。

ステップ2：アリの洗浄，整形 次に，管ピンからアリをアルコールごと小皿に出します（その方法はすでに述べました）。アリの体がよごれているのにまだ洗浄していないときは，アリを台紙に貼る（マウントする）前に必ず洗ってください。小皿の中でピンセットを使いアリの脚，触角，腹部などをマウントしやすいようにできるだけ整えます。大腮の形態，歯の数や形状が名前調べの決め手になることがありますので，この段階で大腮を開いておくとあとで助かります。ただ，アルコール中のアリはときに体が硬直していて，大腮を無理に開こうとすると壊してしまうことがあります。標本数が少ないときは無理をしない方がいいでしょう。台紙にはアリの胸部の腹側をのせますので，前脚と中脚の間，または中脚と後脚の間を少し広げておくとマウントしやすくなります。

ステップ3：マウント さていよいよ一番むずかしい作業です。整形が終わったら，小皿に入っているアリをピンセットで脚をていねいにつかんで，シャーレの底に敷いた濾紙（テッシュペーパーでもよい）の上にのせて放置します。小さいアリの場合1-2分で十分ですが，アリが大きい場合は，体についているアルコールや水分が濾紙に吸収されるまで少し長くかかります。乾かしている間に，台紙の先端に針の先などを使って木工用ボンドを少量ぬりつけます（ボンドの量はアリの重さによって加減します。量が多すぎるとアリがボンドにまみれてしまいます）。ボンドが乾く前，少し粘りが強くなったころをみはからって，アリをピンセットでつかみ実体顕微鏡の下で上手に台紙の先端にのせます。そのさい，アリを真上から下ろすようにのせるのではなく，前脚と中脚の間あるいは中脚と後脚の間に台紙の先端がうまく入るように，横からのせた方がいいでしょう。アリの体が台紙のちょうど先端にのるようにすると，顕微鏡下での観察や写真撮影がしやすくなります。アリが大きいとボンドが乾く前に体重で台紙から落ちてしまうことがあります。台紙の幅や先端の裁断幅を大きくしたり，ボンドをつけてから少し時間をおいてマウントするなど工夫してみてください。マウントの難易はアリの種類やマウントまでの保存状態によって大きくことなります。十分な経験を積むことによってより質の高い標本をつくることができます。

ステップ4：仮ラベルをつける データの

ない標本は価値がありません。マウントの終わった標本には，必ず仮ラベルをつけましょう。鉛筆やボールペン書きでかまいません。1ピンごとにつけてもいいのですが，同じ場所で同じときに採集した複数の個体や同じコロニー由来の個体の場合，最初のピンに仮ラベルをつけて，その後に残りのピンを並べます。いちばん最後のピンに仮ラベルをつけるのを好む人もいます。どちらにするにせよ，一貫していることが大切です。仮ラベルは採集したときにサンプル管に入れておいたもので代用することができます。

ステップ5：マウント後の処置 マウントした標本にはまだ水分が残っています。密閉度の高い箱に入れてふたをすると，スムーズに乾燥しないことがあります。標本の乾燥が悪いと，のちにカビが生える原因ともなります。マウント後数日間は箱のふたをずらしておくなどして，アリを完全に乾燥させてからしっかりふたをしましょう。マウント後の半日～1日間はアリの体がまだ柔らかいので，顕微鏡の下で先の細いピンセットや針を使って，体の姿勢，脚や触角の位置などを調整することができます。2本の触角のうち1本の柄節を頭部の正面にそって後へまっすぐのばしておくと，名前調べのときに非常に重宝します。

ステップ6：データラベルをつける 標本

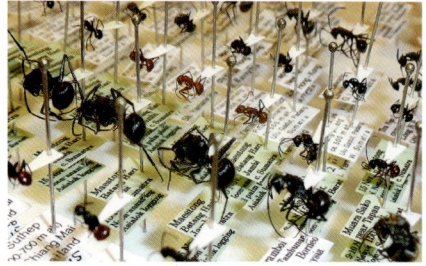

写真8．アリの標本。三角台紙上のアリの位置やラベルの付け方に注目

が乾いたら，すべての標本に正式なデータラベルをつけます（写真8）。データラベルは標本のいのちですから，以下に詳しく述べます。めんどうくさがらずにしっかり読んでください。

2-4．データラベルは標本のいのち

昆虫や植物を採集し標本をつくり終えると，すぐに名前をつけたがる人がいます。名前ももちろん重要ですが，名前はいつでも調べられるのです。一方，標本の情報，つまり採集場所・状況，年月日，採集者などのデータはすみやかにつけておかねば，忘れてしまいます。しばらくたってから思い出しながらつけると大きなミスをおかす危険性があります。

原則1：どんなラベルでも，ないよりあった方がよい 以下に好ましいラベルについて詳しく述べますが，そんなめんどうなことはやってられないという人もいるでしょう。そのときは，どんなラベルでもいいですから，ともかくすべての標本にデータをつけましょう（**データ－標本一体の原則**）。ないよりはましです。

原則2：厚紙を使う 三角台紙に使ったのと同じ程度の厚さの紙を使いましょう。一般に普及している製図用ケント紙（A304）は薄すぎてしかも粘性に乏しいためラベルには向きません。標本を長く扱っていると，ラベルがピンのまわりをクルクルまわりだします。これを避けるには，標本を扱うさいにラベルに手をふれないことはもちろん，少しでも粘り気のある紙を使うことも重要です。中性紙を使えば耐久性が増します。節約のため新聞に入ってくるチラシの裏を使ったりしないように。

原則3：小さい方がよい ラベルが大きい

64　第3部 採集から名前調べまで

と，場所をとりますし，標本を取り扱うときに不便で危険です。ラベルの大きさは，書きこむ字の大きさと情報量できまります。手書きの場合はできるだけ小さな文字で，コンピュータで打ち出す場合は，タイムス（Times）なら9-10ポイントで製版して，50-60%で打ち出すといいでしょう。ラベルにはいろいろな情報を書きこみますが，情報量をふやすほどラベルが大きくなります。情報量は多いほど標本の価値は高まりますが，ラベルのサイズを適正にするための妥協も必要です。できあがったサイズは縦8 mm以下，横15 mm以下が標準です。書きこむ量が多い場合は，2枚に分けることもあります（2枚を限度としてください）。1枚の行数は4-5が標準です。行間をとりすぎるとラベルの縦が長くなります。ただし，展示するなどの目的で作成する標本には，少し離れても肉眼で読めるくらい大きなラベルをつけることがあります。

原則4：長持ちのするインクを使う ラベルは標本の情報ですから，最低標本と同じくらい長持ちする必要があります。学術昆虫標本の寿命をおよそ200年と考えると，それがひとつの目安となります。しかし，一般には100年が最低の目標です。インクは100年もつものを使用せねばなりません。手書きの場合は，膠の入った製図用インク（Indian ink）または耐水性の顔料インクが理想です。顔料インクを使ったペン（たとえば，Staedtler 製の Pigment Liner, COPIC の Sultiliner SP）は安価で市販されています。0.1-0.2 mmのものを使います。ボールペンは使用しないこと。鉛筆も勧められません。コンピュータのプリンターで打ち出す場合は，インクジェット式で顔料インクを充填したものを使ってください。レーザープリンターは使わない方がいいでしょう。プリンターで打ち出したものをゼロックスでコピーするのもだめです。

原則5：採集地名，採集年月日，採集者名
最低これだけは記入します。採集地としては，県，郡，市町村，国立公園などの中地域名のほか必要に応じて小地域名も役に立ちます。大地域名としての国名（日本）を入れるかどうかは，標本がどのような人によって使われる可能性があるかにより判断します。国際化が急速に進んでいますから，国名も入れるほうがいいでしょう。緯度・経度を秒までいれると地図上での地点をかなり正確に特定できます。地名と緯度・経度の両方を入れればベストですが，かなりのスペースをとってしまいます。どこかで妥協せねばなりません。緯度・経度だけを使うのは危険です。記入ミスがあると場所の特定に決定的な誤りが生じます。採集年月日の書き方はいく通りかあります。12 May 2002, 12 v 2002, 12/05/2002, 2002年5月12日等がありますが，最初の二つをお勧めします。年は西暦を使ってください。

上記以外の情報として重要なのは標高と生息地タイプ（植生など）です。アリの場合，営巣場所の情報も役に立ちます。コロニーから採集した個体にはコロニーコードをつけておくと標本の価値があがります。たとえば，RY09-SKY-012のように表します。ここでは，RYは琉球列島，09は2009年，SKYは私のイニシャル，012は12番目のコロニーを表しています。標本には，標本番号のみを記入し，データはコンピュータファイルに入力しているケースがありますが，これは絶対に避けること。標本に必須データを付したうえで，コンピュータファイ

ルにさらに詳しい情報を書き込むことには意義があります。

原則6：ローマ字を使う　データラベルの表記に日本文字（主に漢字）を使うか，ローマ字を使うかは，標本がどのような目的でつくられるかに依存します。もし，日本人以外が使用する可能性がほとんどなければ日本文字でかまいません。しかし，国際化が進行する現在，誰がつくった標本であっても，外国人が見る可能性があります。したがって，地名，採集者名など重要な部分はローマ字で記入するようにお勧めします。ローマ字は他の文字（たとえば，キリル文字，ギリシャ文字，アラビア文字）にくらべ，より多くの人が読めるからです。ただ，日本の地名には同音異字のものが多いので，とりちがいの可能性がある場合にはその部分だけでも漢字でも表記するというのが現実的対応です。例えば，鹿児島県を例にとればAiraに相当する地名は2つ（姶良，吾平）あります。この場合は，ローマ字・漢字併記がいいでしょう。

原則7：面積最小の原則　アリの標本は，最終的にはピン，ピンを刺した三角台紙，その上にのっているアリ，1-2枚のデータラベルが一体となったものです。できあがった標本を上から見て，面積が細小になるようにデータラベルが配置されていれば合格です。つまり，ラベルが三角台紙と平行になるように刺すのです。もし，台紙とラベルが別の方向を向いていれば，標本全体の面積が増大します。標本の面積を細小にするということは，標本箱に収容するときの経済性でまさっているばかりでなく，標本取り扱い時に他の標本を損傷させる危険性を減らします。

原則8：一度つけたらとりかえない　大きすぎたり，格好の悪いラベルは，新しいのと取り替えたくなりますが，特別の事情がないかぎりそれは禁物です。書きうつすときにスペルミスが発生したり，数字の書き違いが生じたり，複数の標本をいじっているときは，違う標本につけてしまったりするからです。非常に古い日付が記入されている真新しいラベルは，研究者に信用されないこともあります。したがって，最初にラベルをつけるときに十分注意して，後でつけ替えの必要がないしっかりしたものにすることが肝要です。

原則9：取り外さない，手を触れない　標本撮影などやむを得ないとき以外はラベルを取り外してはいけません。ラベルの穴が大きくなって，再度ピンに刺したとき，ピンの周りをクルクル回りだすからです。ラベルに手を触れて動かしても，ラベルの穴が大きくなります。ラベルが回転すると標本の扱い勝手が非常に悪くなりますし，周囲の標本を損傷させる危険もあります。ラベルを動かさなくても，複数のラベルが横から読めるように，多少間をあけてつける必要があります。

　最後に，データラベル以外のラベルについても簡単に述べておきましょう。種名が判明してからピンの一番下につけるのが**同定ラベル**です。種の学名や和名を記入します。種名を覚えるのに有用ですし，そのときどきの自分の見解の記録ともなります。したがって，同定（種を決めること）した日付（年だけでもよい）も併記しておくとよいでしょう。同定ラベルはデータラベルにくらべてサイズが大きくなりがちですが，私は標本の扱いやすさを重視しているので，データラベルと同じくらいにすべく努力しています。しばしば，巨大な同定ラベルを見かけますが，標本取り扱いの経験が乏しい人がつけたものです。次に，博

物館などで見かける**登録ラベル**です。所蔵標本の全てに標本コードをつけて登録します。これは博物館業務としては非常に重要なものです。ただし，この登録ラベルもサイズの最小化をはかる必要があります。標本を実際に活用したことのない学芸員にかぎって巨大な登録ラベルをつけて，自館の所有物であることを誇示したがります。しかし，こんな標本は使用に耐えません。標本が活用されるべきだという前提に立つかぎり，あらゆるラベルは小さくあるべきなのです。また，集まった標本をやたらに登録したがりますが，一度登録されると備品に近い扱いとなります。標本収集には他の研究機関との交換が非常に効果的ですが，登録してしまうと交換等標本の移動が大きく制約を受けます。未登録の交換用標本を大量に保持していることが，コレクション充実のキーポイントなのです。

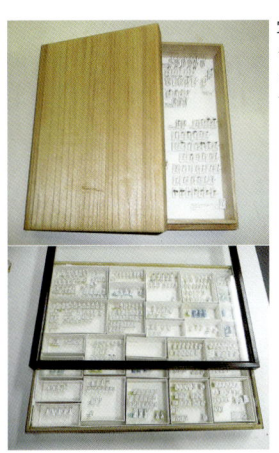

写真9
インロー型標本箱と蓋がガラスのドイツ箱

2-5. 標本の保存・管理

標本をいろいろな角度から観察するには，乾燥標本が液浸標本にまさると説明しました。しかし，乾燥標本の保存・管理には，湿潤で高温な夏をもつ西日本では大変な努力を要します。最大の敵はカビです。カビから標本を守るには，1) 密閉度の高い標本箱を使用する，2) 家の中でももっとも乾いている場所に置く，3) 高温多湿な日が続くときは，除湿器やクーラーを入れる，4) 湿度の低い日に標本箱のふたをはずして乾燥させる，などの工夫をしてみてください。カツオブシムシやコナチャタテなどの害虫が発生すると，標本の体や毛が食べられてしまいます。密閉度の高い標本箱を使用し，ナフタリンを入れる等の対策が必要です（写真9）。標本に光があたり続けると，脱色や劣化が起こりますから，暗所に保管することをお勧めします。家庭での乾燥標本保存法については，江口克之（鹿児島大学総合研究博物館ニュースレター No. 23, 2009）を参照してください。

乾燥標本の管理は大変ですから，標本をエタノールに入れたまま保存する（液浸標本）のも現実的な対応策の一つです。しかし，液浸標本は観察のたびにピンから取り出さねばならず，その度に標本がいたみます。またピンにもどすときに違うピンに入れてしまったりという事故も発生します。近縁な2種の個体を同じ皿（シャーレ）に入れて比較観察するときには，事故の発生率が上がります。液浸標本では標本ーデーター体の原則が守られづらいからです。しかし，液浸標本にはカビが生えないなどの利点もあります。以下の点に注意して一部の標本を液浸で残すのは有意義です。

1) 保存には80%のエタノール（エチルアルコール）を使う（メチルアルコールは避ける）。薄めるときはできるかぎり蒸留水を使う。将来DNA解析をする可能性があれば，無水アルコールに近いものを使います。
2) ピンはふたの密閉度が高いスクリュー管ピンを使う。理科器具を専門的に扱っている業者に相談してください。理想的

なスクリュー管ビンは高価ですが，長期にわたる管理を考えると結局は安くつきます。安物の管ビンを使用すると，アルコールが少しずつ蒸発し，ビンの中のアルコール濃度が減少するため標本が腐敗し始め，最後には劣化した標本がひからびた状態で残ります。

3） いかに質のいいスクリュー管ビンを使っても，アルコールは徐々に蒸発するので，定期的なチェックをして，アルコールの補充や入れ替えをします。多数のスクリュー管ビンを密閉度の高い大きなビンに入れておくと（二重液浸），大きなビンのアルコール管理だけで，中の全ての標本を安全に保管できます。ただし，底の方に入っているスクリュー管ビン内の標本を見たいときは取り出すのがとてもやっかいです。

4） 液浸標本はできるかぎり暗所に保存してください。標本に光があたり続けると，脱色したり劣化したりします。

　以上，アリの標本についてこまごま述べてきましたが，まだまだ不備が残っていることでしょう。皆さんも新しい工夫を重ねて，ネットなどで公表していただければ幸いです。

3. アリの名前調べ

　さて標本ができあがったので，そろそろ名前を調べましょう。アリは体の形や表面の彫刻が実に多様で，私がアリ研究にのめり込んだのもその美しさにとりこになったためです。しかし，ほとんどの種が 1 cm 以下で，一番小さい種はわずか 1 mm。肉眼でアリの造形美を鑑賞したり，種を同定するのはちょっと無理です。最低 20 倍，できれば 40–80 倍まで見ることができる実体顕微鏡が必要です。しかし最近，実体顕微鏡の値段がずいぶん下がってきて，ちょっと節約してお金を貯めれば買えるようになってきました。最低の機種は照明装置も入れて 6 万円といったところです。照明装置は家電ショップで LED ランプを探せば安価な代用品が見つかりますから，さらに 2 万円程度安くなります。

　アリの名前を覚えるには，まず野外で採集するさいにそれぞれのアリの行動をよく観察しておき，次に標本をつくり本書を参考にして名前を調べます。肉眼でとらえた生きたアリと実体顕微鏡で同定した種名をセットで記憶します。これをくり返していけば，たいていの種は肉眼で名前をあてられるようになります。そのうちに肉眼で「奇麗なアリだな」と，アリの美を鑑賞できるようになりますから不思議です。

　本書で扱った南九州（宮崎県，鹿児島県本土と近接する島嶼，甑島列島，屋久島，種子島，口永良部島，宇治群島，草垣群島）にはおよそ 120 種のアリが生息しています。名前調べは決して容易ではありませんが，これからの説明を順を追ってたどっていけば，一部の種を除いては同定できるようになるはずです。

まず亜科と属を同定する

　すべてのアリはアリ科（Formicidae）という一つの科に含まれます。科の下には亜科という区分がありますが，アリ科には現在のところ世界中で 22 の現生の亜科と 4 つの絶滅した亜科が知られています。現生する亜科のうち日本には 9 亜科（1 個体のみ採集されたことのあるナガフシアリ亜科を含めると 10 亜科），南九州には 8 亜科が分布します。

　これから皆さんがもっているアリの標本を亜科や属に分類し，最後は種まで同定するのをお手伝いするわけですが，そのためにはいくつかの約束ごとがあります。

約束ごと 1：これから述べることは，働きアリについてです。したがって，本書の検索表や解説にもとづいて雄アリや女王アリを同定することはできません。ただし，必要に応じて雄アリや女王アリに言及することはあります。

約束ごと 2：検索表や解説では日本産の種（とくに南九州産の種）を中心に述べています。したがって，日本以外の種には当てはまらないことがあります。ただし，必要に応じてアジア的あるいは世界的視野で解説している部分もあり，その場合はできるだけ断り書きをつけました。

約束ごと 3：アリを含む膜翅目昆虫の多くでは，腹部の第 1 節が胸部に融合し，見かけ上の胸部は前胸，中胸，後胸，腹部第 1 節（前伸腹節）の 4 節からなりたっています。しかし，本書では見かけ上の胸部を便宜的に胸部と呼ぶことにします。腹柄節は形態学的には腹部第 2 節です。また腹柄部が 2 節あるアリの場合，後腹柄節は形態学的には腹部第 3 節に相当します。

① 頭部 とうぶ / 複眼（眼）ふくがん / 頬 ほお / 触角 しょっかく / 前脚 ぜんきゃく / 中脚 ちゅうきゃく / 付節 ふせつ / 脛節 けいせつ / 腿節 たいせつ / 後脚 こうきゃく / 腹部 ふくぶ / 腹柄節 ふくへいせつ / 胸部 きょうぶ（前胸背・中胸背・前伸腹節）

ナワヨツボシオオアリ

② 後胸溝 こうきょうこう / 前伸腹節刺 ぜんしんふくせつし / 腹柄節 / 後腹柄節 こうふくへいせつ

アズマオオズアリ

③ 円形毛 / 後胸溝 / 海綿状付属物 / 触角収容溝 しょっかくしゅうようこう

セダカウロコアリ

④ 腹柄節と腹部第1節は幅広く接続 / 腹部末節背板に刺の列はない / 刺針（毒針）/ 腹柄節下部突起

ノコギリハリアリ

⑤ 腹部1,2節が肥大する / 尾端は前方を向く

イトウカギバラアリ

⑥ 腹部末節背板にある刺の列 とげ

ツチクビレハリアリ

形態説明図

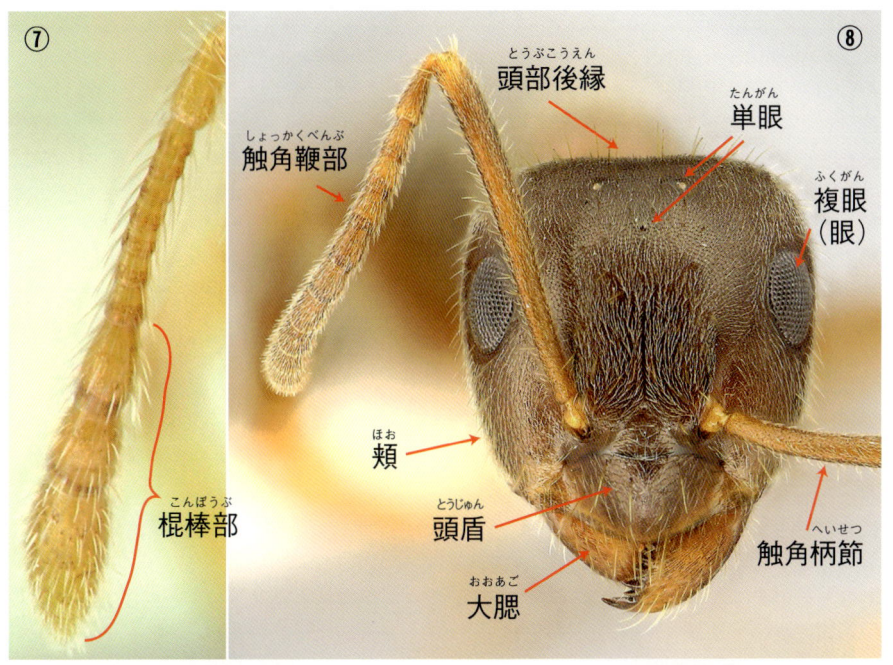

⑦ ヒメオオズアリの触角鞭節
- 触角鞭部 (しょっかくべんぶ)
- 棍棒部 (こんぼうぶ)

⑧ トビイロケアリの頭部正面
- 頭部後縁 (とうぶこうえん)
- 単眼 (たんがん)
- 複眼(眼) (ふくがん)
- 頬 (ほお)
- 頭盾 (とうじゅん)
- 大腮 (おおあご)
- 触角柄節 (へいせつ)

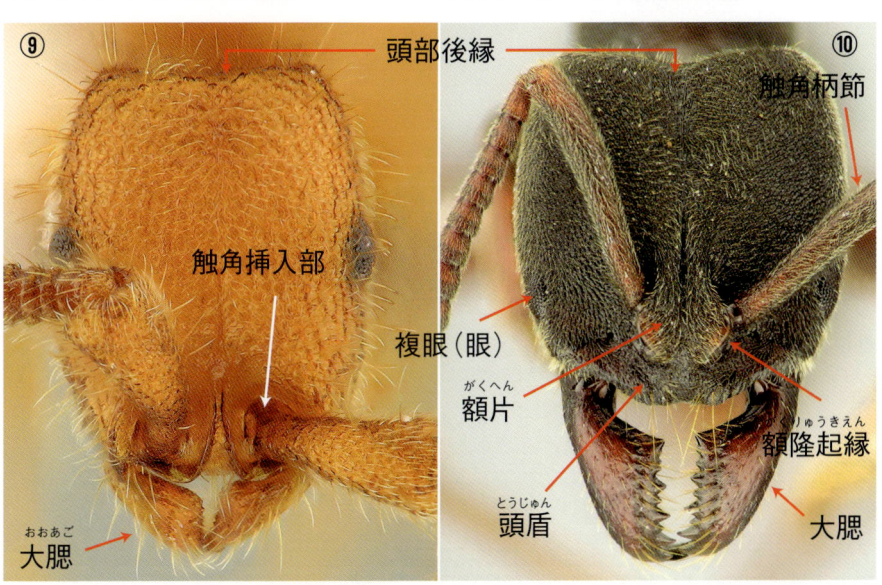

⑨ ツチクビレハリアリの頭部正面
- 頭部後縁
- 触角挿入部
- 大腮 (おおあご)

⑩ ツシマハリアリの頭部正面
- 頭部後縁
- 触角柄節
- 複眼(眼)
- 額片 (がくへん)
- 頭盾 (とうじゅん)
- 額隆起縁 (がくりゅうきえん)
- 大腮

形態説明図

3. アリの名前調べ 71

腹柄節（あるいは後腹柄節）につづく見かけ状の腹部は，正式には腹部第3節（あるいは第4節）以降に該当しますが，本書ではこの見かけ状の腹部を便宜的に腹部と呼びます。以下，本書の記述では見かけ上の胸部と見かけ上の腹部をそれぞれ胸部，腹部と呼びます。

約束ごと4：昆虫の成虫にはふつう1対の複眼と3個の単眼があります。ところが働きアリには一部のグループを除いて単眼はありません。複眼もない場合がまれにあります。女王アリと雄アリにはふつう複眼と単眼の両方があります。以下の記述では，複眼のことを眼と呼び，単眼はそのまま単眼とします。

約束ごと5：アリの頭部は，ふつう前から見える部分を背面，後側を腹面と呼ぶことになっています。本書でも基本的にはこの用語法に従いますが，形態の記述にさいして頭部の背面を正面から見ることを「背側から見ると」といわず「正面から見ると」と表現することがあります。この方が，実際の感覚に近いからです。

　亜科や属をざっと分けるには，腹柄部の節の数が重要です。つまり，腹柄節のみかあるいは腹柄節と後腹柄節の2節からなるかです。南九州産に限定すると，腹柄部が2節からなるのはフタフシアリ亜科とムカシアリ亜科だけで，他の亜科では腹柄部は腹柄節1節のみです。ただし，クビレハリアリ亜科だけは，腹部第1節が第2節と明瞭に分離するため後腹柄節のように見えることがあります。

　次に重要なのは，腹部末端の形状です。ハリアリ亜科，カギバラアリ亜科，ノコギリハリアリ亜科，フタフシアリ亜科では，腹部末端に刺針があります。ただしフタフシアリ亜科では刺針がなかったり見えづらいことがあります。ヤマアリ亜科とカタアリ亜科では刺針はありません。前者では腹部末端に蟻酸を放出するための円形に近い穴（しばしば周囲に毛が生えている）があいていますが，後者では穴はスリット状で周囲をとりまく毛もありません。しかし，腹部末端のようすは実体顕微鏡で観察してもよく見えないことがあって，両者の区別は初心者にはやっかいなハードルとなっています。それでは亜科を分けてみましょう。形態図を参照しながら，手元の標本を分けてみましょう。

腹柄部が2節（あるいはそのように見えることがある）（形態説明図2, 3）
　○フタフシアリ亜科
　　腹部末端節の背面後縁に刺の列がない。
　　触角挿入部は少なくとも部分的には額片により隠される。
　　ごくふつうに見られる。南九州に56種。
　○ムカシアリ亜科
　　腹部末端節の背面後縁に刺の列がない。
　　触角挿入部は露出する。
　　きわめて珍しい。南九州に2種。
　○クビレハリアリ亜科
　　腹部末端節の背面後縁に**刺の列がある**（説明図6）。
　　触角挿入部は露出する（説明図9）。
　　かなり珍しい。南九州に2種。

腹柄部が1節で腹部末端に刺針がない（説明図1）
　○ヤマアリ亜科
　　腹部末端には丸い開口部がある（時に周囲に毛がある）。
　　ごくふつうに見られる。南九州に34種。
　○カタアリ亜科
　　腹部末端の開口部はスリット状（周囲

に毛はない)。
やややふつうに見られる。南九州に6種。

腹柄部が1節で腹部末端に刺針がある(説明図4，5)
  ○ハリアリ亜科
  腹部末端節の背面後縁に刺の列がない。
  腹部第1節または2節が著しく肥大したり腹部が下方に屈曲することはない。
  腹柄節と腹部第1節の間にはかなりはっきりしたギャップがある。
  ふつうに見られる。南九州に15種。
  ○ノコギリハリアリ亜科
  腹部末端節の背面後縁に刺の列がない(説明図4)。
  腹部第1節または2節が著しく肥大することはない。
  腹柄節と腹部第1節は**幅広くつながり**(説明図4)，上から見て明瞭なギャップはない。
  珍しい。南九州に2種。
  ○カギバラアリ亜科
  腹部末端節の背面後縁に刺の列がない。
  腹部第1節または2節が著しく肥大

し，**腹部は下方へ屈曲し**，末端は体の前方を向く(説明図5)。
  腹柄節と腹部第1節の間のギャップは不明瞭。
  かなり珍しい。南九州に4種。
  ○クビレハリアリ亜科
  腹部末端節の背面後縁に**刺の列がある**(説明図6)。
  腹部第1節または2節が著しく肥大したり腹部が下方に屈曲することはない。
  腹柄節と腹部第1節の間には明瞭なギャップがある。

 以下に，亜科ごとの属の検索表を示し，属と種の解説をします。亜科や属の配列順序は，アリ分類学の権威である英国のバリー・ボルトン氏の2003年の総説に従いました。検索表で使用した写真は，すべての種を代表するものではありません。おもに矢印の箇所に注目して下さい。
 大部分の標本写真は江口克之(KE)撮影によりますが，一部はWeeyawat Jaitrong氏(WJ)，前田拓哉氏(TM)，原田豊(YH)によるものです。写真の下に標本の産地と撮影者名を記してあります。

カタアリ亜科とヤマアリ亜科

 カタアリ亜科とヤマアリ亜科の区別はむずかしいので，ここでは両方を合わせた属の検索表を示します。

属の検索表
1. 胸部と腹柄節に顕著な刺や突起をもつ[1] (1a) .... トゲアリ属
―. 胸部と腹柄節に刺や突起はない(1aa) 2

1a

1aa

カタアリ亜科とヤマアリ亜科　73

2. 触角は 10-11 節．（全身が黄色〜黄褐色）． ································· ミツバアリ属
―．触角は 12 節．（体色はさまざま）． ·· 3
3. 腹柄節は筒状で横に平たく，丘部がない（3a）（上からは見えないことがある）． ········ 4
―．腹柄節には上に盛り上がった丘部がある（3aa）（時に丘部が小さく目立たないことがある）． ··· 5

3a　3aa

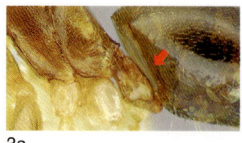

4. 腹部第 5 節は第 4 節の下にかくれ，腹部は見かけ上 4 節に見える．横から見て中胸背板と前伸腹節背板の間のくぼみは弱い（4a）． ······································· コヌカアリ属
―．腹部第 5 節背板は小さいが上からも見える．横から見て中胸背板と前伸腹節背板の間は明瞭にくぼむ（4aa）． ··· ヒラフシアリ属

4a　4aa

5. 胸部背面には明瞭に対になった剛毛が数対ある（5a）．（体長は 5 mm 以下．単眼が認められる）． ·· アメイロアリ属
―．胸部背面の立毛はより柔らかく数はさまざまで，ときにまったくない（5aa）．対になることは稀で，その場合でも剛毛とはいえない．（体長はさまざま．単眼をもつこともある．） ·· 6

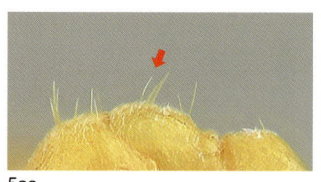

5a　5aa

6. 中胸の気門は側面に位置する（6a）．後胸側腺開口部はない．（体長は 2.5 mm 以上で，2 cm を超す大型種もいる[(2)]）． ··· オオアリ属
―．中胸の気門は背面あるいはごく背面近くに位置する（6aa）．後胸側腺開口部がある．（より小さな種が多く，最大でも 1 cm 程度） ·· 7

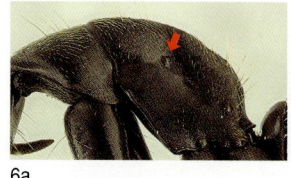

6a　6aa

7. 3個の単眼がある（7a）．（土中営巣性の黄〜橙黄色の種では単眼がなかったり，目立たないことがある）．体色は，黄色，褐色，黒褐色等さまざま． ………………………………… 8
—．単眼は認められない（7aa）（後単眼の痕跡と思われるものがかすかに見えることがある）．全身が黄〜橙黄色であることはない[3]．……………………………………… 11

7a　　　　　7aa

8. 前伸腹節側面にある気門は縦に長い楕円形かスリット状（8a）．……………………… 9
—．前伸腹節側面にある気門はより円形に近い（8aa）．………………………………… 10

8a　　　　　8aa

9. 大腮は略三角形（9a）．腹柄節は薄く，横から見て頂部は鋭くとがる．……… ヤマアリ属
—．大腮は細く鎌状（9aa）．腹柄節は厚く，横から見て頂部は丸みをおびる．
……………………………………………………………………………… サムライアリ属

9a　　　　　9aa

10. 頭部を正面から見たとき，後縁中央はわずかに湾入する（10a）．大腮の歯は7個以上．
……………………………………………………………………………………… ケアリ属
—．頭部を正面から見たとき，後縁は中央でくぼまない（10aa）．大腮の歯は6個．
…………………………………………………………………………………… ウワメアリ属

10a　　　　　10aa

カタアリ亜科とヤマアリ亜科

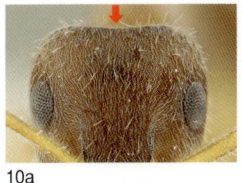

11. 表皮は固く，点刻がある[4]．前伸腹節後面は顕著にくぼむ（11a）．............カタアリ属
— . 表皮は柔らかく，ほぼ平滑で光沢がある．前伸腹節後面が顕著にくぼむことはない
（11aa）．...ルリアリ属

11a　　　　　　　　　　11aa

［注］
(1) 熱帯には全くトゲをもたない種もいる．
(2) 東南アジアの熱帯雨林に生息するモリオオアリ Camponotus gigas の大型働きアリはときに 3 cmに達する．
(3) 外国産のなかには全身が黄〜橙黄色である種がいる．
(4) 外国産のなかには表皮がほぼ平滑な種もある．

カタアリ亜科　　Dolichoderinae

　カタアリ属の種は硬い表皮と頑丈な体をもつが，それ以外の属では表皮は柔らかく，とくにコヌカアリ属では体が弱々しい．腹柄部は腹柄節のみからなり，カタアリ属，アルゼンチンアリ属，ルリアリ属では腹柄節はコブ状あるいは板状の丘部をもつが，他の 2 属では平たい円筒状で横に寝て腹部の下に隠れるため上からは見えない．日本産では胸部や腹柄節に刺はない．腹部末端に毒針はなく，スリット状の開口部がある；開口部が丸く突き出ることはない．
　人為的環境から原生林までさまざまな環境に生息し，土中，落葉層，朽木，枯枝，枯蔓，樹洞，葉裏などに営巣する．カタアリ属の種にはコナカイガラムシなど同翅目昆虫と密接な共生関係をもつものが知られる．ヒラフシアリ属の一部には女王アリ以外に産卵する中間カストをもつ種がある．コヌカアリ属やヒラフシアリ属などに著名な放浪種が知られる．
　世界の温帯と熱帯に広く分布し，23 属が知られる．日本にはカタアリ属，ルリアリ属，コヌカアリ属，ヒラフシアリ属が分布する．最近アルゼンチンアリ（Linepithema humile）が中国地方に導入され定着したため日本産は 5 属となった．南九州からはアルゼンチンアリ属を除く 4 属が見つかっている．

●カタアリ属　　Dolichoderus Lund, 1831
　働きアリは単型で，体長はアジア産では 2.5－7 mm．触角は 12 節で明瞭な棍棒部はない．体は頑丈．頭部はふつう前方で著しく幅が狭くなる．大腮は三角形で内側には 10 以上の細かい歯がある．胸部には刺や突起をもつことがある（日本産ではそのようなことはない）．前伸腹節後面はしばしば明瞭にえぐれる．腹柄節にはつねにコブ状あるいはやや厚い板状の丘部がある．
　林内，果樹園，公園など木の多い環境に生息する．営巣習性は多様で，葉裏にパルプの

巣を作るもの，葉をつづり合わせるもの，枯枝に入るもの，樹洞に住むものなどが知られる。同翅類昆虫との結びつきが強い。

　世界中の熱帯に分布し一部が温帯でも見られる。日本からはシベリアカタアリ1種のみが知られ，南九州でも見られる 。

シベリアカタアリ　*Dolichoderus sibiricus* Emery

　体長 2.5 – 3 mm。頭部と腹部が黒〜黒褐色，触角・胸部・腹柄節は赤褐色。大腮と脚は褐色ないし黄褐色。腹部第1, 2節にそれぞれ1対の黄色い斑紋がある。頭部から腹柄節までは明瞭に点刻されるが，腹部は平滑で光沢がある。体の背面には立毛がない。前・中胸背板と前伸腹節の間はくぼむ。前伸腹節の後面は強くえぐれる。腹柄節は比較的低く，後方はやや柄状になる。胸部にくらべて腹部は非常に幅広い。

　本州以北では朽木や枯枝内に営巣するというが，南九州での生態は不明。

　日本本土のほぼ全域，大隅諸島，朝鮮半島，中国，モンゴル，シベリアに分布する。南九州では屋久島から一度だけ採集例がある。

強くえぐれる　黄斑

北海道札幌市〈KE〉

●ルリアリ属　*Ochetellus* Shattuck, 1992

　働きアリは単型。体長は2mm前後。触角は12節で明瞭な棍棒部はない。触角柄節は短くふつうは頭部の後縁を超えない。眼は頭部のやや前方よりに位置する。大腮は三角状で内縁には6個以上の歯をもつが，基部に近づくと不明瞭になる。胸部は側方から見て，背面はほぼ平坦だが，後胸溝は明瞭で深い。前伸腹節後面はえぐれる。腹柄節は薄く板状。

　枯枝，枯竹，朽木などの既存の空隙に営巣する。

　アジアとオーストラリアの温帯から熱帯に分布し，10種弱が知られる。北米とニュージーランドにも人為導入されている。日本にはルリアリ1種のみが分布する。

ルリアリ *Ochetellus glaber* (Mayr)

　体長 2 mm 前後。体は全体が黒色。大腮，触角，脚などは褐色味を帯びる。腹部には青あるいは紫の光沢がある。頭部から胸部にかけ表面的な彫刻があり，弱い光沢をもつ。全身に微細な軟毛があるが，頭部前半と腹部を除き体の背面に立毛がほとんどない。頭部は正面観で長さ（大腮を除く）が幅よりわずかに大きい。大腮は三角状で内縁には 4-5 の明瞭な歯と基部近くに不明瞭な小歯をもつ。眼は大きい。触角柄節は頭部後縁をこえない。前伸腹節後面は弱くえぐれる。腹柄節は薄く，幅広い。

　捕食性が強く，アシナガバチの巣を襲うことが知られている。昆虫の死骸にも集まる。枯枝，枯竹などに営巣する。営巣場所をめぐってアシジロヒラフシアリと競合している可能性がある。人家にも侵入する。鹿児島県では 5 月下旬に有翅虫の飛出が見られた。かつては学名として *Iridomyrmex itoi* あるいは *Ochetellus itoi* が使われていた。

　本州以南の日本各地，韓国，東南アジア，オーストラリアなどに広く分布するが，これらすべてが同一種かどうかは更に検討の余地がある（日本の個体群は独立種 *O. itoi*（Forel）とされることがある）。南九州では，宮崎県，鹿児島県本土，甑島列島，種子島，屋久島，口永良部島，三島（竹島，硫黄島，黒島），草垣群島（上ノ島）から採集されている。

弱くえぐれる

眼は大きい

鹿児島県黒島〈KE〉

●コヌカアリ属　*Tapinoma* Foerster, 1850

　働きアリは通常単型だが，熱帯には二型を示す種もいる。単型の種では体長 1.5 mm 前後。日本産の種では体の背面に立毛はほとんどない。眼の発達は中程度。大腮は三角状で数個の歯とそれに続く数個の小歯がある。触角は 12 節で明瞭な棍棒部はない。触角柄節は頭部後縁にかろうじて達するかやや超える。腹柄節は平たい筒状で横に寝る。腹部第 1 節は前方にはりだし，腹柄節を隠す。腹部は上から見て背板は 4 個しか見えない。

　撹乱地から原生林まで幅広い環境に生息する。巣は石下，朽木，枯枝などおもに既存の空隙につくられる。アリ道による餌場へのリクルートがある。働きアリは非常にすばしこい。

　世界中の温帯と熱帯に分布し，60 種以上が知られる。日本からは 2 種が知られており，いずれも南九州にも分布する。

アワテコヌカアリ　*Tapinoma melanocephalum* (Fabricius)

　体長 1.5 mm 前後。体色は変化に富むが，頭部は暗色，胸部背面，腹部背面には黄色部が多い（腹部は全体が暗色のこともある）。大腮，触角，脚の大部分は黄色。頭部は長さ＞幅。頭部を正面から見た場合，触角柄節は頭部後縁を明瞭に超える。

　撹乱地に生息し，市街地や海岸にも見られる。石下，倒木下などに営巣し，しばしば人家にも侵入する。

　アジア熱帯の起原と考えられるが，人間により世界中の熱帯・亜熱帯にもちこまれた。日本では鹿児島県から南西諸島にかけてごく普通に見られる。南九州では，宮崎県，鹿児島県本土，甑島列島，種子島，屋久島から記録がある。

触角柄節が長い

鹿児島県小宝島〈WJ〉

コヌカアリ　*Tapinoma* sp.

　体長 1.5 mm 弱。前種に似るが，体は全体淡黄色から黄色。触角柄節が短く，頭部後縁にやっと届く程度。複眼は前種にくらべ小さく，長軸上に 6 個前後の個眼が並ぶ（前種では 9–10 個）。東南アジア熱帯に分布する *Tapinoma indicum* Forel に酷似する。

　枯枝の中や土中に営巣するといわれるが，鹿児島県における生態は不明。前種にくらべて珍しい。本州（神奈川県），四国，九州，南西諸島にかけて分布する。南九州では，鹿児島県本土と屋久島から採集例があるがまれ。

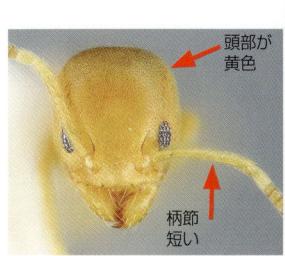

頭部が黄色

柄節短い

鹿児島県薩摩半島〈KE〉

カタアリ亜科　79

●ヒラフシアリ属　*Technomyrmex* Mayr, 1872

　働きアリは通常単型だが，熱帯の種にはコロニー内のサイズ変異が大きく，多型といってもよいものがいる。体長2-4.5 mm。腹柄節が平たい筒状である点でコヌカアリ属に似るが，頭盾前縁にしばしば明瞭な切れ込みがあること（日本産では切れ込みは弱い），前胸背板にふつう最低1対の立毛があること，腹部を背面から見ると第5背板まで見えること，などで区別できる。

　撹乱地から原生林まで多様な環境に出現する。巣は枯枝や朽木のような既存空隙のほか，落葉層，木の枝に引っかかった枯葉内につくられる。熱帯では葉裏にカートンで巣をつくる種がいる。形態的に働きアリと女王アリの中間を示し，交尾産卵する中間カストをもつ種がおり，社会構造は変化に富む。

　アジアとアフリカの温帯から熱帯にかけて種が多い。中米やヨーロッパにも少数の種が生息する。これまでに80種前後が知られるが，熱帯からはまだかなりの新種が発見される可能性がある。アシジロヒラフシアリなど数種の放浪種を含む。日本からは2種が記録されており，いずれも南九州に分布する。

アシジロヒラフシアリ　*Technomyrmex brunneus* Forel

白い立毛がある

働きアリは単型で，体長2.5 mm前後。一見働きアリに似る中間カストはやや大きい（痕跡的な単眼をもつことが多い）。体はほぼ全体が黒～黒褐色。大腮と触角はやや赤味を帯びる。

鹿児島県大隅半島〈KE〉

脚の先端（付節）と触角末節は汚黄色。触角柄節は全体の1/3以上が頭部後縁を超える。ルリアリに似るが，腹柄節は扁平であること，体の表皮が鮫肌上であって光沢が弱いことなどで区別できる。かつては学名として *T. albipes*（F. smith）が用いられていた。

　公園などの人為的環境から，道路脇，林縁，二次林などに生息する。竹筒，枯枝，朽木，生木の腐朽部などに営巣する。中間カストは梅雨期から，有翅虫は梅雨明けごろから現れる。

　インドシナなど東南アジア熱帯に分布の中心がある。日本では九州南部から南西諸島にかけてごく普通に見られる。南九州では，宮崎県（青島），鹿児島県本土，甑島列島，種子島，

屋久島から記録がある。2008年時点で三島には侵入していない。鹿児島県本土では近年北上する傾向が見られる。

ヒラフシアリ　　*Technomyrmex gibbosus* Wheeler

　体長2.5 mm前後。アシジロヒラフシアリに似るが，頭部・胸部は褐色から赤褐色，腹部は褐色，大腮・触角・脚は黄色みを帯びる。腹部に立毛がない（前種ではたくさんある）。
　林縁部等に生息するが南九州ではまれ。枯枝・枯竹などに営巣するといわれるが，南九州での生態は未知。
　北海道から九州までの日本本土に分布する。南九州では宮崎県と薩摩半島から得られているがまれ。

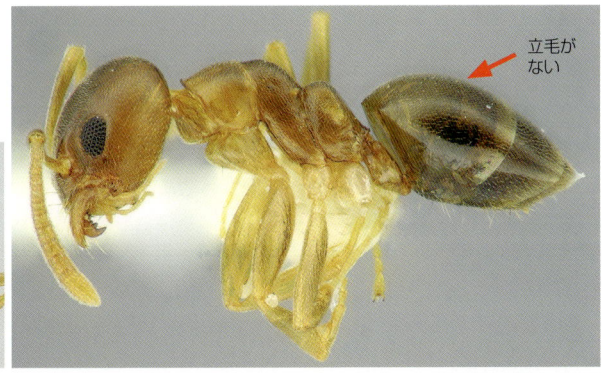

立毛がない

鹿児島市春山〈KE〉

ヤマアリ亜科　　Formicinae

　体長は1.5 mmから30 mmと変化に富む（日本産の最大種は12 mm）。腹柄部に1節（腹柄節）しかなく，腹部の末端に毒針がないことで，カタアリ亜科に似る。ヤマアリ亜科では腹部末端に蟻酸を噴射する円形の孔（開口部）がある。この開口部はしばしば周囲を毛列で取り囲まれ，またノズル状に突出することもある。一方，カタアリ亜科では腹部末端の開口部はスリット状で，ノズルとして突き出ることはなく，毛で取り囲まれることもまれである。ヤマアリ亜科の種で，毛列もノズルも明瞭でない場合は，判断に悩むことがある。また，標本のコンディションが悪く，腹部末端が変形しているときも注意が必要である。このような事情から，属の検索表は両亜科を合わせて作成した。
　属や種の数が多い巨大な亜科であるため，生態や習性も変化に富む。熱帯で最大の繁栄をとげているが，一方でもっとも寒冷な地域まで分布を延ばしている。砂漠や裸地の土中に営巣する種がある一方で，熱帯雨林の樹冠に局在する種もある。特定の植物やシジミチョウ幼虫と共生関係をもつ種も多数含まれる。
　極圏を除く全世界に分布する。日本には10属65種ほどが分布し，そのうち南九州からは7属34種が知られる。

●ミツバアリ属　*Acropyga* Roger, 1862

体長4mm以下の小さなアリで，全身が黄色～黄褐色。複眼は非常に小さいか，欠失する。単眼を欠く。触角は7－11節（日本産では10－11節）からなる。触角柄節は短く，ふつう頭部後縁を超えない。体はずんぐりしており，胸部は短い。腹柄節は薄く，低い。脚は短い。ケアリ族（Lasiini）に含まれる。

草地や林内の土中に営巣し，ほとんど地上に現れない。巣内にアリノタカラカイガラムシをかくまい，その分泌物を食料としている。

世界の温帯から熱帯にかけて分布し，37種が知られる。日本からは3種が記録されており，そのうち2種が南九州から採集されている。

イツツバアリ　*Acropyga nipponensis* Terayama

体長2mm前後。全身淡黄色～黄色。体表の大部分は平滑か非常に表面的な彫刻におおわれ，多少とも光沢がある。胸部背面にはまばらな立毛がある。頭部はやや縦長の長方形。眼は非常に小さい。大腮に5歯があり，一番基部の歯は他の歯から離れて位置し，先端が裁断される。触角は11節。

照葉樹林の林床に生活し，石下，倒木下，土中等に営巣するというが，南九州での生態は未知。

国内では本州（伊豆諸島），四国，九州，南西諸島（屋久島～沖縄島）に分布する。最近，フィリピン，マレーシア，インドネシアなど東南アジアからも見つかっている。南九州では，鹿児島市城山，屋久島から得られている。

頭部は縦に長い

鹿児島市城山〈KE〉

ミツバアリ　*Acropyga sauteri* Forel

　体長2-2.5mm。体は黄色。彫刻は非常に表面的で，全身に多少とも光沢がある。胸部背面に短い立毛が密にある。大腮を除く頭部は正方形に近い。複眼は非常に小さい。大腮に3歯があり，一番基部の歯は先端が鈍くとがる。触角は11節。
　草地，林縁の石下や土中に営巣するという。南九州では照葉樹林の林床から得られたことがあるが，稀である。
　本州（太平洋岸），四国，九州，南西諸島，台湾，中国南部に分布する。南九州では佐多岬から採集されている。

頭部は正方形

沖縄県沖縄島〈WJ〉

●ケアリ属　*Lasius* Fabricius, 1804

　体長2-5mmの中型のアリ。体色は黄色から黒色まで変化に富む（亜属によってある程度の規則性がある）。体表は表面的に彫刻されることが多く，普通光沢は弱い。胸部の背面にはほとんど立毛がないものから密な立毛が存在するものまで多様である。胸部の毛が，アメイロアリ属のように対になった剛毛になることはない。アメイロアリ属にくらべ，体形はいっそうずんぐりしていて，触角や脚は短い。眼は地表で採餌する種ではよく発達するが，生活の大半を地中ですごす種ではかなり退化している。単眼は3個（ときに不明瞭または欠失）。触角は12節で，柄節はアメイロアリ属に比べ短い。腹柄節は比較的薄い丘部をもつ。腹部末端の蟻酸を噴射するノズルはよく発達する。
　裸地から森林まで広い範囲の環境に生息し，おもに土中に営巣する。地上で採餌する種が多いが，地上にはほとんど現れない種もいる。アブラムシと強い関係をもつ種が多い。クサアリ亜属やアメイロケアリ亜属の種は他のケアリに一時的社会寄生をする。
　北半球の主として温帯域に分布し一部は亜熱帯の山岳地でも見られる。日本には4亜属16種が分布し，南九州からはそのうち4亜属9種が知られる。

ヤマアリ亜科

ミナミキイロケアリ　*Lasius sonobei* Yamauchi

　体長 2.5–3.5 mm。全身が濃黄色。眼は小さく，その長径は触角柄節の幅くらい。触角柄節と脚脛節には立毛がない。胸部背面には体表に密着する軟毛のほかに細い立毛がある。大腮には 6 歯があり，先端から 3 番目の歯が一番小さい（この他に第 4 番目と 5 番目の間，5 番目と 6 番目の間にそれぞれ微小な 1 歯がある）腹柄節は横から見て先端はやや鈍くとがる；後から見て背面中央部は直線的。（キイロケアリ亜属 *Cautolasius*）

　林内に生息し，土中や根ぎわに営巣する。

　本州，四国，九州，大隅諸島に分布する。

　南九州では，宮崎県，鹿児島県本土（紫尾山），屋久島から得られている。

鹿児島県紫尾山〈KE〉

ヒメキイロケアリ　*Lasius talpa* Wilson

　体長 2–3 mm。前種によく似るが，やや小さいこと，触角柄節と脚脛節に立毛があることで，区別される。眼はいっそう小さい。大腮の第 4 番目と 5 番目の間，5 番目と 6 番目の間に微小な歯はない。腹柄節の形は前種によく似る。（キイロケアリ亜属）

　林内に生息するといわれるが，南九州における生態的知見は皆無。

　本州，四国，九州，大隅諸島，朝鮮半島に分布する。南九州では，宮崎県と屋久島から採集されているがまれ。

宮崎県〈KE〉

アメイロケアリ　*Lasius umbratus* (Nylander)

　体長4-4.5㎜。全身が濃黄色〜黄褐色。前種に似るが，体が大きく，眼が大きいことによって区別できる。触角柄節と脚脛節には立毛がある。大腮には7歯が認められるが，先端から数えて5番目以降は小さく明瞭でない。近縁種であるヒゲナガアメイロケアリ *L. meridionalis*（Bondroit）とは，女王でしか区別できないという（ヒゲナガの女王では触角柄節が長く扁平で多数の立毛をもつという）。ここでは鹿児島県産を一応アメイロケアリとしておくが，女王を調べていない場合もあるのでヒゲナガアメイロケアリが含まれている可能性がある。（アメイロケアリ亜属 *Chthonolasius*）

　林内や林縁に生息し，木の根ぎわなどの土中に営巣する。トビイロケアリやハヤシケアリの巣に一時的社会寄生するという。鹿児島市では6月中旬から7月中旬にかけて有翅虫の飛出が見られた。

　北海道から九州までの日本本土，ヨーロッパ，中央・東アジア，北米に広く分布する。南九州では宮崎県と鹿児島県本土（紫尾山，鹿児島市）から知られる。

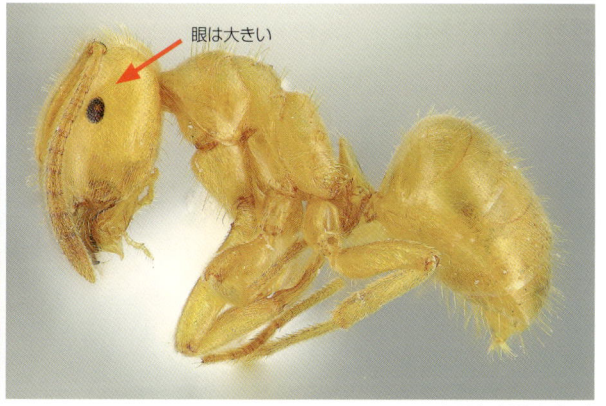

眼は大きい

鹿児島市郡元〈KE〉

クロクサアリ　*Lasius fuji* Radchenko

　体長4㎜前後。全身黒褐色から黒色。大腮，触角，脚は褐色を帯びる。体表には表面的な彫刻があり，中程度の光沢がある。触角柄節には短い斜立毛が密生する。前胸背，中胸背，前伸腹節背面後方にそれぞれ数本の立毛があるが，前伸腹節の立毛は短く目立たない。腹部背面の立毛は短くまばら。頭部は大きくハート型。前・中胸背は一つのドームを形成する。前・中胸背と前伸腹節の間には段差があり，前伸腹節は明瞭に低い。腹柄節を横から見ると，先端はせばまるがやや丸みをもつ。従来 *L. fuliginosus*（Latreille）と呼ばれてきた。（クサアリ亜属 *Dendrolasius*）

　アメイロケアリ亜属の種に一時的社会寄生するというが，南九州における生態は未知。北海道から九州までの日本本土に広く分布する。海外ではロシア極東部，中国北東部，

ヤマアリ亜科　85

朝鮮半島などに分布する。南九州では，鹿児島県南九州市頴娃町で得られているがまれ。

尖らない

鹿児島県薩摩半島〈WJ〉

クサアリモドキ　*Lasius spathepus* Wheeler

　体長は 3.5 – 4.5 mm。前種によく似るが，以下の点で区別できる。触角柄節の立毛はより直立し長い傾向がある。腹柄節を横から見ると，前方斜面に明瞭な角があり，先端はかなり鋭くとがる。腹部背面にやや長い立毛が密生する。(クサアリ亜属)

　林縁部や林内に多い。トビイロケアリに一時的社会寄生するというが，詳細はわかっていない。

　北海道から九州までの日本本土に普通。ロシア極東の南部，朝鮮半島からも知られる。南九州では，宮崎県と鹿児島県本土から採集されている。

尖る

鹿児島市平田〈KE〉

ハヤシケアリ　*Lasius hayashi* Yamauchi et Hayashida

　体長 2.5 – 4 mm。頭部と胸部が明褐色，腹部が暗褐色の 2 色性を示す。似た環境に生息するヒゲナガケアリとは，体色の違いの他に，本種の触角柄節が頭部の幅より少し短く，立毛をもつことで区別される。腹柄節は薄く，側面から見ると先端はかなり鋭くとがる。(ケアリ亜属 *Lasius*)

　林内に生息し，立木根ぎわの土中に営巣するといわれる。

北海道から九州までの日本本土と大隅諸島に分布する。国外では，ロシア沿海州，千島，朝鮮半島から知られる。南九州では，霧島山系，高隈山系，屋久島などの標高900m以上で見られる。

鹿児島県高隈山〈KE〉

トビイロケアリ　*Lasius japonicus* Santschi

　体長2.5-3.5㎜。全体的に暗褐色～黒褐色で，頭部と胸部はやや明るいことがあるが，ハヤシケアリのように明瞭な2色性を示すことはない。触角柄節は頭部の幅と同じくらいの長さがあり，多数の立毛をもつ。腹柄節は薄く，横から見ると頂部はやや鋭くとがり，前縁は弱い角をもつ。（ケアリ亜属）

　草地や裸地に近い環境から林内まで多様な環境に生息し，土中（草木の根ぎわのことが多い）や朽木中に営巣する。南九州ではもっともふつうに見られるケアリである。鹿児島市では有翅虫が5月には巣内で見られ，6-7月に飛出する。アブラムシとの関係が深く，しばしばアブラムシのコロニーを土壁で囲って保護（独占）する。

　北海道から九州までの日本本土と大隅諸島，トカラ列島に分布する。国外では朝鮮半島から知られるが，ロシア沿海州や中国から *L. niger* (Linnaeus) として記録されている種は本種である可能性が高い。南九州では，宮崎県，鹿児島県本土，甑島列島，種子島，屋久島，黒島などから記録がある。

鹿児島市平田〈KE〉

ヤマアリ亜科　87

ヒゲナガケアリ　*Lasius productus* Wilson

　体長3.5-4.5mm。頭部と腹部が暗褐色で，胸部は褐色。触角柄節は長く頭部の幅の1.2倍，立毛を欠く。脚の脛節にも立毛はない。腹柄節は薄く，横から見て頂部はやや鋭くとがる。
　南九州では標高900m以上の山地で見られ，林内に生息し朽木などに営巣する。
　本州，四国，九州に分布する。南九州では，宮崎県，鹿児島県本土の紫尾山，大隅半島の高隈山系，甫与志岳などから採集されている。

柄節が長い

鹿児島県大隅半島〈WJ〉

カワラケアリ　*Lasius sakagamii* Yamauchi et Hayashida

　体長2.5-3.5mm。全身が褐色から暗褐色だが，トビイロケアリに比べると全体的に明るい。胸部が目立って明るい個体もいる。触角柄節は頭部の幅とほぼ同じ長さで，多数の立毛をもつ。腹柄節はやや厚く，横から見て頂部は丸みを帯びる。
　河原や海岸の砂質土壌に営巣するといわれるが，南九州では生態的知見がない。多女王性で，分巣によって多巣性の巨大コロニーを形成するという。
　北海道から九州までの日本本土と大隅諸島に分布する。沖縄島からも記録があるが，人為導入と考えられる。南九州では鹿児島市谷山で採集された。屋久島からの記録は再検討の必要がある。

体色が明るい

鹿児島市谷山〈KE〉

88　第3部　採集から名前調べまで

●アメイロアリ属　*Paratrechina* Motschoulsky, 1863

　体長1-3㎜の小さなアリ。体色は淡黄色から黒褐色まで多様。熱帯には紫ないし藍色の金属光沢をもつ種もいる。胸部背面に対になった剛毛をもつ。体は概して軟弱。眼はよく発達するが，単眼はしばしば痕跡的。触角柄節は長く，頭部後縁をはるかに超える。腹柄節は低く，前方にはりだした腹部第1節にかくれ上からは見えないことが多い。野外ではコヌカアリ属（カタアリ亜科）の種と見間違えられるが，後者では胸部背面に対になった剛毛を欠くので容易に区別される。J. ラポラ（2009）によるウワメアリ群の系統学的な再検討にともない，旧来の *Paratrechina* 属は3属に分割された。しかし，私たちは日本産の種についてこの観点からの検討を十分に行っていないので，本書では従来の分類体系に従った。（ヒメキアリ族 Plagiolepidini）

　撹乱地から原生林まで多様な環境に生息する。土中，枯枝，朽木，樹皮下等に営巣する。
　世界中の温帯と熱帯に分布する。日本には11種が分布し，そのうち南九州には4種が生息する。

ケブカアメイロアリ　*Paratrechina amia* (Forel)

　体長は2-3㎜。ほぼ全身黒褐色，腹部は黒みが強い。大腮は黄褐色，触角と脚はやや淡い黒褐色。前・中胸背面には4対の長い剛毛と2-3対の短い剛毛がある（剛毛の数には変異がある）。前伸腹節に剛毛はない。腹部背面には多数の黒い剛毛がある。眼は大きく，その長径は触角挿入部の間の距離と同じ。単眼は小さい。体は表面的な彫刻でおおわれ弱い光沢がある。胸部はときにほとんど彫刻を欠き，強い光沢がある。体表面の軟毛や彫刻には変異があり，2種以上が含まれている可能性が強い。別名：ミナミアメイロアリ。

　南九州では，市街地，公園，道路脇などでごくふつうに見られる。土中に営巣する。
　本州，九州南部，南西諸島，小笠原諸島，台湾などに分布する。本種と同種あるいはきわめて近縁な種が東南アジア一帯に広く分布する。南九州では，宮崎県と鹿児島県本土の中南部，種子島，屋久島，口永良部島から得られている。

剛毛が多い

鹿児島県種子島〈KE〉

ヤマアリ亜科

アメイロアリ　*Paratrechina flavipes* (F. Smith)

　体長は1.5-2mmで，前種よりやや小さい。典型的な個体では，頭部と胸部が黄褐色，腹部は暗褐色で，2色性が明瞭。しかし，体色には変異が大きく，しばしば全身が褐色～暗褐色。大腮，触角，脚は黄褐色。体表面はほぼ平滑で光沢が強い。前・中胸には3対の長い剛毛と1-2対のやや短い剛毛がある。腹部背面の剛毛は密で黄褐色。眼は前種に比べ小さい。単眼はあるが，かなり退化していて見えづらい。体表面はほぼ平滑で光沢が強い。鹿児島県吹上浜の砂丘地帯に生息する集団では，体は全体褐色～暗褐色でとくに頭部が濃色；前・中胸には4対の長い剛毛と1-2対のやや短い剛毛がある。体色はリュウキュウアメイロアリ *P. ryukyuensis* Terayama に酷似する。今後の検討が必要である。

　森林性だが，かなり状態の悪い林にも生息可能。土中，落葉中，朽木など地表近くに営巣する。南九州における最普通種の一種。

　北海道からトカラ列島まで広く分布する。南九州では宮崎県，鹿児島県本土，甑島列島，種子島，屋久島，口永良部島，三島（竹島，硫黄島，黒島），草垣群島（上ノ島）から採集されている。

鹿児島県種子島〈KE〉

ヒゲナガアメイロアリ　*Paratrechina longicornis* (Latreille)

触角は
非常に長い

　体長2.5-3mm。体は全体が褐色から黒色，大腮，触角，脚はやや淡い。頭部と腹部に淡黄色から褐色の長い剛毛が多数ある。前・中胸背面に4対前後の剛毛がある。体は細長く，華奢で，触角と脚は非常に長い。触角柄節は半分以上が頭部後縁を超える。大腮の歯は5（日本産の他種では6）。

　鹿児島県本土では，南西諸島からもち込まれた記録があるが，定着しているかどうかは不明。撹乱地に生息し，人家に侵入することもある。動きがきわめて速くクレージーアント（crazy ant）と呼ばれる。

　九州南部（？），南西諸島，東南アジア一帯で見られる。現在は全世界の熱帯・亜熱帯

に広がっている。南九州では，鹿児島県本土に導入されたものが採集されたことがある。また，屋久島からも記録がある。

鹿児島県への導入個体〈KE〉

●サクラアリ　*Paratrechina sakurae* (Ito)

　体長1–1.5 mmの微小なアリ。体は一様に褐色～暗褐色，触角と脚はやや淡色。表皮は弱々しい。彫刻は表面的で光沢がある。中胸背板に1対のほかに，前伸腹節にも1対の剛毛をもつ（前伸腹節に剛毛をもつのは，日本産では本種のみ）。3個の単眼は認められるが，かなりぼやけている。

　裸地や撹乱地に生息し，土中に営巣する。クロヒメアリ，インドオオズアリなどと一緒に採れる。南九州では市街地，公園などでふつうに見られる。人家に侵入することもある。

　北海道～九州の本土全域，対馬，大隅諸島，朝鮮半島などに分布。南九州では，宮崎県，鹿児島県本土，甑島列島，種子島，屋久島，口永良部島，三島（黒島）などから採集されている。

前伸腹節に立毛

鹿児島市郡元〈KE〉

●ウワメアリ属　*Prenolepis* Mayr, 1861

　働きアリは単型で，アジア産の種は体長2–4.5 mmの比較的小さいアリ。体色は黄色から黒褐色まで。一見するとアメイロアリ属の種に似ているが，以下の点で区別できる。1) 複眼は頭部のやや後方よりに位置する，2) 胸部背面の毛はアメイロアリにくらべてはるかに弱く，黒くなることはない，3) 中胸は横から見て上辺が長い台形で，下方には前胸と後胸の間に明瞭な辺が認められる（アメイロアリではこの部分は三角形で下辺はない）。

ヤマアリ亜科　91

ただし，眼の位置には種間で相当の変異があるようである。触角柄節や脚の脛節には多数の斜立あるいは直立する毛がある。頭部や腹部の背面にある毛も，アメイロアリのように黒い剛毛となることはない。

攪乱地から状態のよい林内までいろいろな環境に出現する。営巣習性などについてはほとんどわかっていない。温帯よりも熱帯に種数が多い。

旧北区，新北区，東洋区に分布する。日本には1種のみ産し，南九州にも分布する。

ウワメアリ　*Prenolepis* sp.

体長はおよそ2mm。頭部，胸部，腹柄節，触角，脚（脛節まで）は暗褐色，腹部は黒褐色。触角先端近くと脚の付節は黄褐色。全身がほぼ平滑で光沢がある。頭部背面にはやや長さのそろった黄白色の立毛が多数ある。触角柄節には立毛が多数あり，それらに混じってやや短い斜立する毛がある。胸部背面には長い立毛がまばらに生える。腹部の背面と腹面には長い立毛がやや密に生える。後脚脛節の外面には斜立ないし直立する毛がある。頭部は正面から見てほぼ長さと幅が等しい。頭部後縁は丸く，中央のくぼみはない。頭盾の中央に縦に走る稜がある。後胸溝は広く，気門は背面にある。腹柄節は長く，丘部は低いが明瞭。腹部第1節の前面は明瞭に裁断され，わずかにくぼむ。

生態はわかっていない。

これまで四国と九州（熊本県天草）からのみ知られていたが，今回鹿児島市の公園で中野正太君により1個体が採集された。

鹿児島市多賀山公園〈WJ〉

●オオアリ属　*Camponotus* Mayr, 1861

体長は2.5-30mm。同種内のサイズ変異は大きい。触角は12節。眼はよく発達する。単眼はない。触角挿入部は頭盾の後縁から離れた位置にある。日本産の種では，胸部を横から見た場合，胸部背面のアウトラインは連続的な弧を描く（熱帯にはアウトラインに凹凸がある種も多い）。後胸側腺を欠く（例外は東南アジア熱帯に分布するモリオオアリ *C. gigas*）。

裸地から熱帯雨林までさまざまな環境に生息するが，主要な生息地は林内である。土中，枯枝，朽木，樹洞など種により営巣場所は多様。単女王性の種が多い。多くの種で働きア

リカストに多型や完全 2 型（サブカスト）が見られる。

世界中の温帯から熱帯に生息する。日本には 6 亜属 23 種が分布し，南九州にはそのうち 6 亜属 14 種が生息する。

ニシムネアカオオアリ　*Camponotus hemichlaena* Yasumatsu et Brown

　体長 7-12 mm でサイズは連続的に変化する（写真は中型個体）。頭部と前胸背は黒色で，前胸背を除く胸部と腹柄節は赤色。腹部は黒く，第 1 背板基部のみ赤色。脚は黒い。（オオアリ亜属 *Camponotus*）

　ふつう標高 500 m 以上の山地に生息し，林内の朽木の中などに営巣する。

　本州（中部山地），四国，九州，屋久島に分布。南九州では，宮崎県北川町，鹿児島県高隈山，屋久島などで採集されている。

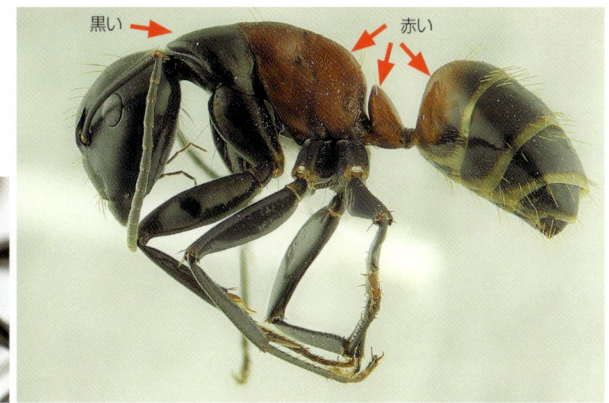

鹿児島県大隅半島〈KE〉

クロオオアリ　*Camponotus japonicus* Mayr

　体長 7-12 mm でサイズは連続的に変化する（写真は中型個体）。全身が黒色だが，ときどき脚などが赤褐色味をおびた若い個体が巣外で見られる。触角柄節に目立った立毛はない。腹部背面には長い金色の伏毛が密生する。（オオアリ亜属）

　低地から山地の裸地や草地など開けた環境を好み土中に営巣する。桜島の大正・昭和溶

鹿児島市桜島〈KE〉

ヤマアリ亜科　93

岩地帯のように激しく撹乱された場所にも生息する。他のアリや昆虫類を捕獲し，アブラムシの甘露も好む。4-5月に有翅虫が飛び出す。

　日本（北海道からトカラ中之島）及び朝鮮半島に分布する。近縁種であるタイリククロオオアリ *Camponotus aterrimus* Emery が中国北部，モンゴル，ロシア極東部に産する。南九州では宮崎県，鹿児島県本土，甑島列島，種子島，屋久島，口永良部島，三島（硫黄島）などほぼ全域に分布する。

ムネアカオオアリ　*Camponotus obscuripes* Mayr

　体長7-12 mmでサイズは連続的に変化する（写真は大型個体）。ニシムネアカオオアリに酷似するが，本種では前胸背板が赤い。体の構造ではニシムネアカオオアリと区別できない。両種の関係については再検討を要する。（オオアリ亜属）

　標高1,000m以上の森林で採集される。

　北海道から九州までの日本本土，大隅諸島，サハリン，千島に分布する。南九州では，宮崎県（霧島山系），鹿児島県北部の紫尾山，屋久島で採集されている。

北海道札幌市〈TM〉

ケブカクロオオアリ　*Camponotus yessensis* Yasumatsu et Brown

　体長7-10 mmでサイズは連続的に変化する（写真は大型個体）。体は全体が黒色で，クロオオアリにくらべ光沢が強い。触角柄節に多数の立毛がある。頭部や胸部背面にも多数の立毛があり，オオアリ亜属の他の種から

宮崎県小林市〈KE〉

簡単に区別できる。(オオアリ亜属)
　生木の腐朽部に営巣するといわれるが，南九州における生態は未知。
　北海道から九州にかけて広く分布するが，クロオオアリにくらべて局地的。南九州では，宮崎県小林市と北川町でのみ採集されている。

ヒラズオオアリ　*Camponotus nipponicus* Wheeler

　働きアリは完全二型。体長は，小型働きアリで2.5-3㎜，大型働きアリで5㎜前後。ほぼ全身が黒色だが，頭部と胸部はやや褐色をおびる。小型働きアリは一見ウメマツオオアリなどに似るが，前伸腹節を横から見ると後縁部がほぼ直角をなし，複柄節の先端がとがり，前脚腿節が異常に肥大することで区別できる。大型働きアリは頭部前方が裁断された形をしており，他の種と見間違えることはない。南西諸島（与論島以南の琉球列島及び大東諸島）には近縁種であるアカヒラズオオアリ *Camponotus shohki* Terayama を産する。(ヒラズオオアリ亜属 *Colobopsis*)
　低地から山地の林内や林縁に生息，生木の枯枝などに営巣する。大型働きアリはふつう巣外に現れず，巣の入り口を内部から巨大な頭で栓をしてガードする。
　本州（関東以南），四国，九州から奄美大島，小笠原諸島に分布する。南九州では，宮崎県，鹿児島県本土，甑島列島，屋久島，種子島から採集されている。

小型働きアリ　　　　　　　　　　　　　　　　　　　　鹿児島県種子島〈KE〉

大型働きアリ　　　　　　　　　　　　　　　　　　　　鹿児島市烏帽子岳〈KE〉

ヤマアリ亜科　95

ホソウメマツオオアリ　*Camponotus bishamon* Terayama

　体長 4 - 4.5 mm。大型働きアリと小型働きアリは，かなり明瞭に区別できる。体はほぼ全体が黒色だが，大腮，触角，脚は褐色味を帯びる。前胸背あるいは胸部全体が褐色になる個体もいる。前胸背にはほとんど立毛がなく，中胸背に 1 対の立毛，前伸腹節背面に 10 本以下の立毛がある。ウメマツオオアリに酷似するが，本種では前伸腹節背縁は横から見てほとんどくぼまないこと，腹柄節を横から見たとき完全な逆 U 字状ではなく後縁はほぼ直線状であること，などで区別できる。（ウメマツオオアリ亜属 *Myrmamblys*）

　林内や林縁に生息し，生木の枯枝や地上の落枝に営巣する。採餌は樹上，地上の両方で行う。

　本州南岸，四国，九州，南西諸島にかけて分布する。南九州では鹿児島県本土，甑島列島，種子島，屋久島，三島（硫黄島，黒島）に生息する。種の同定がむずかしいため，正確な分布域はわかっていない。

小型働きアリ　　　　　　　　　　　　　　　　　　　　　鹿児島県種子島〈KE〉

大型働きアリ　　　　　　　　　　　　　　　　　　　　　鹿児島県種子島〈KE〉

ナワヨツボシオオアリ　*Camponotus nawai* Ito

　体長 4 – 5 mm。大型働きアリと小型働きアリは，かなり明瞭に区別できる。体は黒から黒褐色だが，大腮，触角，脚は褐色。腹部第 1, 2 節背板にそれぞれ 1 対の黄斑がある（黄斑を完全に欠く個体もある）。黄斑を欠く個体をホソウメマツオオアリから区別するのは非常にむずかしい。前胸背板はしばしば赤褐色。ウメマツオオアリ亜属の種の中では，腹柄節がもっとも薄い。（ウメマツオオアリ亜属）

　生息場所や習性は，ホソウメマツオオアリとほぼ同じ。有翅虫は 7 月に飛出する。

　本州中部以南からトカラ列島宝島にかけて分布する。南九州では，鹿児島県本土，甑島列島，種子島，屋久島，三島（竹島）から採集されている。

小型働きアリ

鹿児島県種子島〈KE〉

大型働きアリ

鹿児島県種子島〈KE〉

ヤマアリ亜科

ウメマツオオアリ　*Camponotus vitiosus* F. Smith

　体長 3.5 – 5 mm。大型働きアリと小型働きアリ（写真）は，かなり明瞭に区別できる。体は黒〜黒褐色，大腮，触角，脚は褐色〜赤褐色。前胸背あるいは胸部全体が褐色をおびることが多い。ホソウメマツオオアリやナワヨツボシオオアリに似るが，本種では前伸腹節は横から見た時にかなり強くくぼむこと，腹柄節は厚く，横から見たときほぼ逆U字状であることによって区別できる。しかし，ホソウメマツオオアリとの中間的な個体も得られ，同定はしばしば困難。（ウメマツオオアリ亜属）

　林縁部に生息し，枯枝，落枝，枯竹の茎などに営巣する。

　本州から九州にかけての日本本土，大隅諸島，朝鮮半島，中国等に分布する。南九州では宮崎県，鹿児島県本土，甑島列島，屋久島，種子島，三島（竹島），宇治群島（家島；ホソウメマツオオアリ的特徴をかなりもつ）などから採集されている。同定がむずかしいため，正確な生息域はわかっていない。

くぼむ
逆U字

鹿児島県獅子島〈KE〉

ヤマヨツボシオオアリ　*Camponotus yamaokai* Terayama et Satoh

目が少しとび出る

黄斑
黄斑

　体長 3.5 – 4.5 mm。大型働きアリと小型働きアリ（写真）は，かなり明瞭に区別できる。体は黒褐色で前胸は黄褐色から赤褐色，大腮，触角，脚は褐色。腹部第1，2節背板にそれぞれ1対の黄白斑がある（この斑紋はかなり安定して出現する）。ナワヨツボシオオアリに似るが，眼の径が小さく，側方に少

鹿児島県口永良部島〈WJ〉

しつき出ることで区別できる。（ウメマツオオアリ亜属）

　鹿児島県本土と屋久島では標高 600m 以上に限って生息する（この標高帯にはナワヨツボシオオアリはふつう見られない）。林内や林縁の枯枝や落枝に営巣する。同じ巣から 2 個体の女王が見つかることがあり，多女王性の可能性が強い。
　本州，四国，九州，大隅諸島に分布する。南九州では，鹿児島県本土と屋久島から知られる。

クサオオアリ　*Camponotus keihitoi* Forel

　体長 3.5‒4.5 ㎜。働きアリは単型。体は黒色～黒褐色，やや光沢がある。大腮，触角，脚の付節は褐色。胸部と腹柄節に立毛がない。頭盾の前縁中央はくぼむ（クサオオアリ亜属の特徴）。腹柄節は非常に薄く，横から見ると先端は鋭くとがる。胸部と腹柄節に立毛がないので，外見の似た他種からは容易に区別できる。（クサオオアリ亜属 *Myrmentoma*）
　樹上営巣性といわれるが，南九州における生態は未知。
　本州～九州，朝鮮半島に分布する。南九州では日置市城山公園や鹿児島市，屋久島から採集されている。

鹿児島県屋久島〈WJ〉

ヨツボシオオアリ　*Camponotus quadrinotatus* Forel

　体長 5‒6 ㎜。働きアリは単型。斑紋はナワヨツボシオオアリに似るが，体がやや大きい。腹部の黄紋は消失することがない。中胸背板に 1 対，前伸腹節背面の後方に数本の立毛がある。頭盾前縁中央に明瞭なくぼみがある。腹柄節は比較的薄く，

神奈川県横浜市〈TM〉

横から見て先端はややとがる。(クサオオアリ亜属)

　樹上性で本州では樹皮下，幹の割れ目などに営巣するという。南九州ではきわめて稀で，生態はわかっていない。

　北海道〜九州の日本本土，朝鮮半島に分布。南九州では薩摩半島から少数見つかっている。

ミカドオオアリ　*Camponotus kiusiuensis* Santschi

　体長8－11㎜。体サイズの変化は連続的（写真は中型個体）。体は黒〜黒褐色，腹部はかなり光沢がある。大腮，頭盾，触角は赤褐色〜暗褐色，脚は黄褐色味が強い。中胸背板に1対，前伸腹節背面後方に数本の弱い立毛がある。頭盾前縁中央にはくぼみがある（小型働きアリでは目立たない）。大腮には5歯をそなえる。腹柄節は横から見ると先端が鋭くとがる。(ミカドオオアリ亜属 *Paramyrmamblys*)

　枯竹や朽木中に営巣するというが南九州における生態は不明。夜行性だが，薄暗い日の日中にも活動する。

　北海道〜九州の日本本土，大隅諸島，朝鮮半島に分布する。南九州では宮崎県，薩摩半島，種子島，屋久島などから採集されている。

脚が黄褐色

神奈川県横浜市〈TM〉

アメイロオオアリ　*Camponotus devestivus* Wheeler

　体長6－10㎜。体サイズの変化はやや連続的だが，3つのサブカストに分けることも可能（写真は中型個体）。体は黄褐色から褐色。頭部と腹部は暗色となることが多い。脚は黄色味が強い。前胸背，中胸背にそれぞれ弱い立毛が1－2対ずつあるが，ときにはこれらを欠く。小型働きアリの頭部は細長く，後方で目立って狭くなる（写真はやや大型の個体）。触角柄節は長い。腹柄節はやや厚く，横から見て先端は鈍くとがる。(アメイロオオアリ亜属 *Tanaemyrmex*)

　林内に生息し，朽木や枯竹に営巣する。夜行性。

　本州（関東以南）から九州までの日本本土，南西諸島（徳之島以北）に分布する。南九

州では，鹿児島県本土，屋久島，三島（硫黄島，黒島）などから採集されている。

毛はほとんどない

鹿児島市城山〈KE〉

ケブカアメイロオオアリ　*Camponotus monju* Terayama

体長7 – 10 ㎜。頭部と胸部は褐色，腹部は黒褐色。大型働きアリ（写真）では頭部が黒色に近い。触角と脚は褐色だが，大型働きアリの触角柄節は黒褐色。頭部背面，前胸背板，中胸背板に多数の長い立毛がある。小型働きアリの頭部後方は前種ほどせばまらない。腹柄節の形は前種に似る。（アメイロオオアリ亜属 *Tanaemyrmex*）

桜島の昭和溶岩地帯の溶岩の隙間に営巣していた。5月に有翅虫が巣内で見られた。

九州（雲仙）と中琉球，南琉球，台湾から記録があった。南九州では今回桜島から見つかった。

多数の毛

鹿児島市桜島〈YH〉

● **トゲアリ属**　*Polyrhachis* F. Smith, 1857

体長4 – 12 ㎜。オオアリ属に近縁だが，胸部，腹柄節にさまざまなサイズ，形の刺をもつ。オオアリ属と同様アリ科の中では例外的に後胸側腺を欠く。

営巣習性はきわめて多様で，土中，石下，崖の壁面，樹上などに営巣。クモの糸，幼虫が吐く糸，カートンなどを使って巣をつくる種もいる。

オーストラリア，アジア，アフリカの熱帯・亜熱帯を中心に分布する。日本には3亜属4種が分布し，南九州からはそのうち2亜属2種が知られる。

トゲアリ　*Polyrhachis lamellidens* F. Smith

　体長 7-8 mm。頭部，触角，腹部は黒色で，腹部に強い光沢がある。胸部と腹柄節は赤褐色。脚は暗褐色。触角柄節はその約半分が頭部後縁を超える。前胸背板前方にはやや長い刺が，中胸背板には先の鈍い短い刺がそれぞれ 1 対ずつある。前伸腹節背面後方には 1 対の先が丸い短い刺がある。腹柄節の刺は長く，イカリ形をしている。これらの特徴から本種を見間違えることはない。（トゲアリ亜属 *Polyrhachis*）

　本州では，クロオオアリやムネアカオオアリの巣に一時的社会寄生をするという。巣は樹洞や根ぎわの土中に作られる。屋久島では 12 月下旬に脱翅女王が採集されたことがある。

　本州から九州の日本本土，大隅諸島，朝鮮半島，中国，香港，台湾に分布する。南九州では屋久島からだけ採集されている。

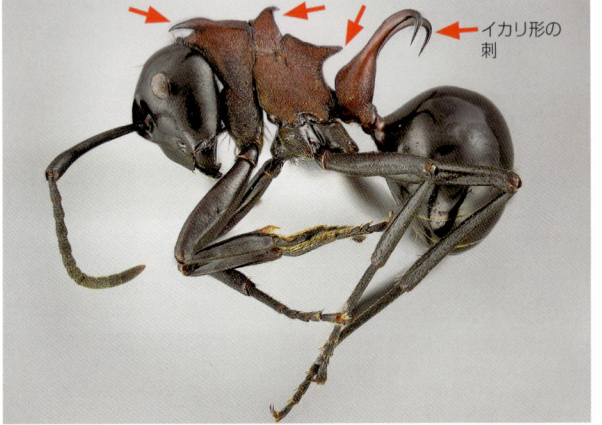

イカリ形の刺

鹿児島県屋久島〈KE〉

チクシトゲアリ　*Polyrhachis phalerata* Menozzi

刺

　体長 6 mm 前後。体は黒で，光沢が強い。脚と触角鞭節は赤味を帯びる。触角柄節はおよそその半分が頭部後縁を超える。胸部を横から見ると背面はゆるい弧を描く。前胸背板前方には 1 対の小さな刺がある。前伸腹節の 1 対の刺は長く後方を向く。前伸腹節後面はほぼ垂直で，途中に位置する気門は後方に飛び出す。腹柄節の刺は両側方

鹿児島県屋久島〈KE〉

に弧を描いて伸び，先端はとがる。従来，学名として *Polyrhachis moesta* Emery が使われてきた。（クロトゲアリ亜属 *Myrmhopla*）

森林および林縁に生息し，立枯木や枯枝に営巣する。南九州では比較的まれ。屋久島では8月に有翅虫が採集された。

日本では関東以南の本州から九州までの日本本土及び南西諸島に分布する。東南アジア一帯で普通種。南九州では，宮崎県，薩摩半島，甑島列島，屋久島から知られる。

●ヤマアリ属　*Formica* Linnaeus, 1758

日本産の種の体長は3.5 - 7 mm。コロニー内の働きアリにサイズ変異が大きい。眼は大きく，単眼は明瞭。頭盾は多少とも前につき出る。触角柄節はふつう頭部後縁をはるかに超える。胸部には中胸背板と前伸腹節の間に段差がある（側方から見て，背縁のアウトラインはオオアリ属のような連続した弧を描かない）。前伸腹節気門は後縁から離れて位置し，スリット状。腹柄節は鱗片状。形態的にはケアリ属によく似るが，本属の種の方が大きい。

裸地，草原，林内など多様な環境に生息する。巣は土中，石下，朽木などにつくられる。ヤマアリ亜属の種は林内にしばしば巨大な塚を形成する。ツノアカヤマアリ亜属の種は草原などに平たい塚をつくることがある。日本ではあまり大きな塚は見られない。歩行は速い。生きた昆虫や死骸を集める。

旧北区と新北区に広く分布する。亜熱帯では少数の種が高山に生息する。日本には4亜属9種が分布し，南九州からは1亜属2種が知られる。

ハヤシクロヤマアリ　*Formica hayashi* Terayama et Hashimoto

体長 5.5 - 7 mm。全身黒色だが，褐色味を帯びた個体も多い。大腮，触角，脚は褐色。胸部背面に立毛がない。腹部第1節と2節には，後縁部の斜立毛以外にほとんど立毛がない（あっても第2背板に2本程度）。

鹿児島県大隅半島〈KE〉

林内，林縁に生息する普通種。南九州では開けた環境にも多い。石下や土中に営巣する。冬でも暖かい日には活動する。

札幌以南の日本本土ほぼ全域，対馬，大隅諸島，朝鮮半島南部に分布。南九州では，宮崎県，鹿児島県本土，甑島列島，屋久島，種子島，三島（硫黄島）などから採集されている。

クロヤマアリ　*Formica japonica* Motschoulski

　体長4-6 mmで前種よりやや小さい。体は赤褐色から暗褐色，頭部は黒みが強い。大腮，触角，脚はより褐色味が強い。光沢はない。前種に酷似するが，腹部第1背板には後縁の斜立毛列のほかに立毛があり，第2背板には中央部に10本以上の立毛がある。

　開けた場所に生息するが，南九州では前種にくらべ少ない。土中に営巣する。4，5月に有翅虫が飛び出す。

　日本では北海道から九州までの本土全域，大隅諸島等に分布する。国外では，朝鮮半島，ロシア沿海州，サハリン，千島，中国北東部，台湾などに分布する。南九州では，宮崎県，鹿児島県本土，甑島列島，種子島，屋久島などから知られる。

立毛ある

鹿児島県薩摩半島〈KE〉

●サムライアリ属　*Polyergus* Latreille, 1804

　体長5-10 mm。アジアの種では全身黒色（ヨーロッパや北米の種は赤い）。ヤマアリ属にくらべて触角は短く，柄節は頭部後縁に届かないかやっと届く程度。眼はよく発達し，単眼も明瞭。頭盾前縁は直線状。大腮は細く鎌状であるので，他の属から容易に区別される。前伸腹節の後面は垂直に近い。腹柄節はやや厚い。

　ヤマアリ属の種の巣を集団で襲い，蛹と蛹化直前の幼虫を略奪し，自分の巣に持ち帰る。巣内で成虫になったアリを奴隷として自分の子供を育てさせるという。

　旧北区と新北区に合わせて5種が分布する。日本からは1種のみが知られ，南九州にも生息する。

サムライアリ　*Polyergus samurai* Yano

　体長7 mm前後。全身黒褐色。頭盾，大腮，触角，脚は褐色味が強い。前胸背板に10本前後の立毛がある。前伸腹節の後面や腹柄節の背縁にも立毛がある。腹部腹面には多数の立毛がある。

　本州ではクロヤマアリ，ハヤシクロヤマアリ，ツノアカヤマアリなどを奴隷にするという。南九州での生態は未知。

104　第3部　採集から名前調べまで

北海道から九州までの日本本土，大隅諸島，朝鮮半島，ロシア沿海州，中国に分布する。南九州では最近，屋久島の永田（標高279m）から九州大学のアリ研究者らによって記録された。宮崎県，鹿児島県本土からは採集されていない。

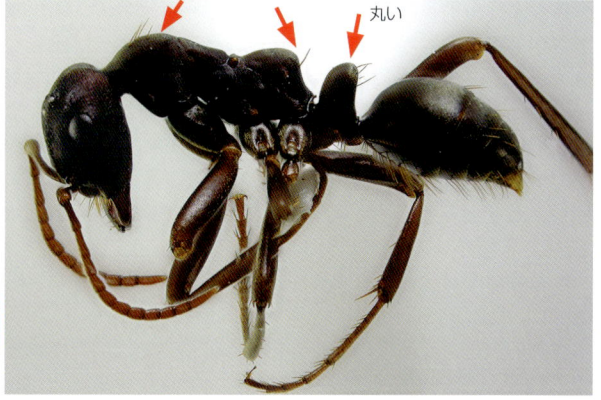

鹿児島県屋久島〈WJ〉

クビレハリアリ亜科　Cerapachyinae

　本亜科のアリは，体が細長く，脚が比較的短い。胸部は箱状で，前胸背板と中胸背板は通常融合する。腹部末端節の背板には歯状突起の列があることで，他のグループから区別できる。腹部末端には刺針がある。

　土中や朽木中から得られる。永続的な巣は作らないようで，引っ越し途中の隊列をよく見かける。他のアリ類を捕食するといわれる。

　世界の温帯と熱帯に分布し，3族6属が知られる。アジアからはクビレハリアリ族に含まれる4属が知られ，そのうち日本にはクビレハリアリ属のみが分布する。

●クビレハリアリ属　*Cerapachys* F. Smith, 1857

　日本産種の体長は 2.5 – 3.5 mm。触角は 9 – 12 節で，柄節は太く短い；触角末端節はしばしば非常に大きい。触角挿入部は裸出する。腹柄部は腹柄節1節だが，腹部1節がそれより後の節と明確に分離することが多く後腹柄節のように見えることがある。腹部第2節（第1節のように見える）は他の節にくらべ非常に大きく腹部の大部分を占めることが多い。

　撹乱地から森林まで多様な環境に生息する。日本産の種はおもに照葉樹林の林床に生息し，石下や土中からえられ，地表ではめったに見られない。しかし，東南アジアには地表活動性の種も多い。

　アフリカ，アジア，オーストラリアの熱帯に分布の中心があり，多数の未記載種がある。新大陸では種数は少ない。日本には4種が分布し，そのうち南九州からは2種が知られる。

クビレハリアリ *Cerapachys biroi* Forel

　体長 2.5 mm 前後。体は一様に黄褐色から赤褐色で，触角末端節と脚は黄色みが強い。全身が密な点刻におおわれるが，腹部は点刻がややまばらなため弱い光沢がある。全身に密な柔らかくて比較的短い立毛がある。腹部第1節（後腹柄節）下面にはかなり長い立毛が少数ある。頭部を正面から見ると両側は平行に近いが，ゆるやかに外側にふくらむ。頭部後縁はほぼ直線状。眼はない。触角は9節。腹部第1節は腹柄節より大きいが，第2節の 1/3 程度の長さ；第2節からは明瞭に区画され，後腹柄節のように見える。ツチクビレハリアリに似るが，触角が9節（次種では11節）であること，腹部第1節が第2節の 1/3 程度（次種では 1/2 以上）であることにより，容易に区別できる。

　照葉樹林の林床に生息するが，畑地のような開けた場所にも現れる。働きアリ型女王が存在し，眼がある。

　世界の熱帯と亜熱帯に広く分布する。日本では，九州南部と南西諸島に生息する。南九州では鹿児島県薩摩半島，種子島から知られる。

鹿児島県種子島〈KE〉

ツチクビレハリアリ *Cerapachys humicola* Ogata

　体長 2.5 mm 弱。全身が一様に黄褐色。触角末端節を除いた部分と脚はやや暗色。全身が密な点刻でおおわれる。腹部も他の部分と同じ程度に密な点刻をもち，光沢はない。全身が軟らかく比較的短い斜立毛でおおわれる。

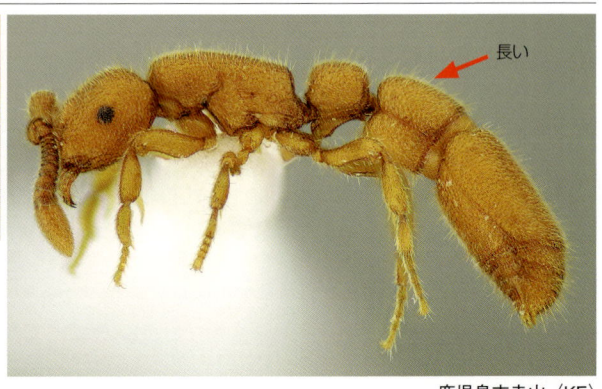

鹿児島市寺山〈KE〉

頭部の形は前種とほぼ同じ。眼はない。触角は 11 節。腹部第 1 節は非常に大きく，第 2 節の長さの 1/2 以上；第 2 節から区画され後腹柄節のように見える。写真は働きアリ型女王で眼があるが，それ以外では働きアリと形態的に区別できない。

　照葉樹林の林床に生息する。珍しい。

　本州（関東以南），九州，対馬に分布する。南九州では，鹿児島県薩摩半島から採集されている。

ムカシアリ亜科　Leptanillinae

　体長 1-3 mm の微小なアリ。とくにムカシアリ属の種はほとんどが 1-1.5 mm。体は細長く，脚は比較的短い。頭部は縦に細長く，眼がない。触角挿入部は露出する。前胸背と中胸背の間には明瞭な溝があり，可動な関節となっている。腹柄部には腹柄節と後腹柄節がある（女王やオスでは 1 節のことが多い）。腹柄節に柄はなく，背板と腹板が完全に融合している。腹部末端には刺針がある。

　土中に生息し，地表にはほとんど現れない。しかし，ジュズフシアリやキバジュズフシアリは落葉層からも採集される。ムカシアリ属の種は軍隊アリと同様，移動性の生活を送ると考えられている。触角を細かく振りながら特徴的な歩き方をする。

　南北アメリカを除く世界中の温帯と熱帯に分布する。ムカシアリ族（ムカシアリ属）とジュズフシアリ族（ジュズフシアリ属，キバジュズフシアリ属）の 2 族 3 属からなる。日本にはムカシアリ属 6 種，ジュズフシアリ属（1 種），キバジュズフシアリ属（1 種）が分布し，南九州にも 3 属すべてが生息する（ムカシアリ属は 2 種）。

ムカシアリ亜科の属の検索表

1. 体長 1 mm 前後．触角柄節は短く，その先端は頭部の中程にしか達しない（1a）.
　.. ムカシアリ属
—. 体長 2 mm 以上。触角柄節は長く，その先端は頭頂にほぼ達する（1aa）. 2

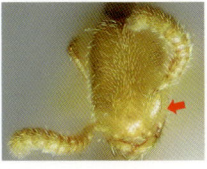

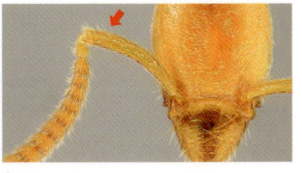

2. 大腮は横から見て細長く，先方は単純に下に曲がる（2a）. .... ジュズフシアリ属
—. 大腮は横から見て上方にコブ状にもりあがり，先端は下をむく（2aa）.
　.. キバジュズフシアリ属

●キバジュズフシアリ属　*Anomalomyrma* Taylor, 1990

　体長2.5mm前後。触角柄節は比較的長く，頭部後縁にほとんど届く。大腮は前方へコブのようにふくらみ，先端近くで下方へ強く曲がる。中胸背板と前伸腹節背面は明瞭な溝で仕切られる。前脚の基節と腿節は著しく扁平に広がる。腹部末端に刺針がある。

　林床の落葉層から得られるが，きわめてまれ。新女王には翅がある。

　日本から東南アジアにかけて少数の種が分布する。日本からは1種が知られるがまだ学名はついていない。

キバジュズフシアリ　*Anomalomyrma* sp.

　体長2.5mm前後。全身が一様に黄色〜黄褐色。中胸背板と前伸腹節背面の間の幅広い溝とその周辺は黒褐色。体は細かい点刻におおわれるが，胸部や腹部の背面は点刻がまばらで表面的なため光沢がある。全身が斜立した柔らかい毛でおおわれる。腹柄節は後腹柄節にくらべ明瞭に薄い。腹部第1節背板は大きく，腹部のほとんどを占める。

　南九州では標高1,000m以上のブナ帯で採集される。

　本州と九州から知られ，南九州では紫尾山と霧島（宮崎県側）で採集されたことがある。

コブ状

鹿児島県紫尾山〈KE〉

●ジュズフシアリ属　*Protanilla* Taylor, 1990

　体長2.5-3mm。触角柄節は比較的長く，頭部後縁にほとんど届く。大腮は長い三角形状で，先端近くで下方へ内側へ曲がる。中胸背板と前伸腹節背面は明瞭な溝で仕切られる。前脚の基節と腿節はやや肥大する程度。腹部末端に非常に長い刺針がある。

　林床に生息し，腐朽，切株や土中に営巣するという。新女王には翅がある。

　南アジア，東南アジア，日本に分布する。種名が決定された種は1種のみで，他に数種の未記載種が存在する。日本産は学名未定。

ジュズフシアリ　*Protanilla* sp.

　体長 2.5 ㎜強。全身が黄色から黄褐色。大腮, 触角鞭節, 脚はやや淡色。ほぼ全身が平滑で光沢がある。大腮は微細に点刻される。全身に斜立する軟毛があり, 立毛は腹部を除いて短くまばら。頭部は長さ＞幅。後腹柄節は下方に多少ふくれる。腹部第1節背板は大きく, 残りの節の背板を合わせたのと同じくらいの長さがある。

　標高 500–1,000m の林床に生息する。

　九州から南西諸島にかけて生息する。南九州では霧島山系, 鹿児島県北部の紫尾山, 薩摩半島の野間岳, 屋久島などから知られる。

細長い

鹿児島県紫尾山〈KE〉

●ムカシアリ属　*Leptanilla* Emery, 1870

　日本産は体長 1–1.5 ㎜。体は細長く脚は短い。触角柄節は短く, 正面観で頭部の中ほどにしか達しない。大腮は細く, 3 または 4 歯をもつ。腹柄節と後腹柄節はコブ状。

　林床に生息し, 永続的な巣はもたない。主に土中で採餌するため, ふつうは目につかない。微小なアリであるが, 触角を細かく振動させながら歩くので, 肉眼でも本属の種であることが確認できる。ヤマトムカシアリでは女王アリや働きアリが幼虫の体液を摂取するといわれる。

　世界に 40 種前後が知られる。日本からは本州から九州にかけての本土と琉球列島中部, 小笠原諸島から合計 6 種が記録されている。南九州からは 2 種が知られる。

ヒコサンムカシアリ　*Leptanilla morimotoi* Yasumatsu

　全身が黄色。体長 1 ㎜前後。大腮は 3 歯をもつ。腹部第 1 節側縁はほぼ平行。

　林床の浅い土中から見つかるがまれ。

　福岡県の英彦山から記載されたが, その後鹿児島市（当時松元町）春山で見つかった。

ムカシアリ亜科　109

鹿児島市春山〈TM〉

ヤクシマムカシアリ　*Leptanilla tanakai* Boroni Urbani

　体は黄褐色。体長1mm前後。大腮は4歯をもつ。腹部第1節は前方でせばまる。生態は不明。
　1974年に屋久島の安房で採集された働きアリにもとづき記載されたが、それ以後再発見されていない。

ノコギリハリアリ亜科　Amblyoponinae

　働きアリは基本的に単型（熱帯産の一部の種ではサイズ変異が大きい）。腹柄部は腹柄節のみからなり、腹柄節は腹部第1節と幅広くつながる点で他のハリアリ類と区別される。腹部末端には刺針がある。
　おもに林床に生息し、朽木や土中、石下などに営巣する。ノコギリハリアリ属の種は土壌性の節足動物を狩るといわれる。
　世界の温帯と熱帯に分布し、8属が知られる。日本にはノコギリハリアリ属のみが分布し、南九州からも記録がある。

●ノコギリハリアリ属　*Amblyopone* Erichson, 1842

　体長は1.5–4.5 mm。眼はないか、非常に小さい。大腮は細長く、正面から見て左右の大腮の基部の間には広いすきまがある。大腮の内側に1–2列のノコギリのような歯をもつ。頭盾の前縁に歯の列がある。触角は10–12節；触角柄節は短く頭部の後縁に達しない。腹部は長い。
　朽木や土中に営巣し、おもに土中で活動するが落葉層からも得られる。土壌動物を捕食する。
　世界中の温帯から熱帯に分布し、日本からは4種が、南九州からは2種が記録されている。

ノコギリハリアリ　*Amblyopone silvestrii* (Wheeler)

　体長 3.5 – 4.5 mm。全身黄褐色から赤褐色で脚と触角はやや淡色。頭部は細かく点刻される。腹部背面は弱い点刻をもち，やや光沢がある。眼はごく小さく，頭部側面の上方に位置する。頭盾前縁に 7 歯をもつ。大腮には 2 列の小歯をもつ。触角は 12 節。横から見て腹柄節の前面は垂直に近い。腹柄節下部突起の前方に光を通す丸い窓がある。

　南九州では平地から標高 1,000m 付近までの森林に生息する。やや湿った土中や朽木中に営巣する。ジムカデ類を狩るといわれるが，南九州では確認されていない。

　日本のほぼ全域，朝鮮半島，台湾などに分布する。南九州では，宮崎県，鹿児島県本土，甑島列島，屋久島，種子島，口永良部島から採集されている。

鹿児島県薩摩半島〈KE〉

ヒメノコギリハリアリ　*Amblyopone caliginosa* Onoyama

　体長 2 mm 前後。体は黄褐色。眼はほとんど認められない。頭盾前縁に 5 歯をもつ。大腮の小歯は 7 個で 1 列にならぶ。触角は 11 節。

　生態は未知。

　本州（神奈川県など），九州（南部の山岳）に分布する。南九州では霧島山系大浪の池および宮崎県との県境から記録がある。

石川県金沢市〈WJ〉

ノコギリハリアリ亜科

ハリアリ亜科　Ponerinae

　働きアリは基本的に単型。アジア産種では体長 2 – 15 ㎜。体色は黄色から黒褐色まで。ときに強く赤みを帯びる。熱帯の種には青い金属光沢をもつものがある。触角は 12 節，稀に先端 3 節は棍棒部を形成する。地上活動性の種では眼がよく発達するが，地中活動性の種では眼は著しく退化する。単眼はない。大腮の形は多様。前・中胸背板の間に縫合線がある。前伸腹節刺はない。腹柄部は腹柄節 1 節のみ。腹部第 1 背板は，第 2 背板から明瞭に区画される。腹部末端節の背板に突起列はない。刺針はよく発達し，多くの種で毒腺と結合している。

　生活様式は多様。ハシリハリアリ属のような一部のグループでは軍隊アリ型の生活を営む。職アリ型女王など多様な繁殖メスが見つかっている。幼虫の餌としては昆虫類などの小型節足動物を狩る種が多いが，ミミズを専門に狩る種もいる。また，昆虫の他に種子を集める種もある。

　世界中の温帯から熱帯に生息し，熱帯に種数が多い。日本からは 9 属 31 種が知られ，南九州では 6 属 15 種が見つかっている。

ハリアリ亜科の属の検索表

1. 大腮は頭部前方の中央付近からつきでて，長く棒状（1a）．頭部を正面から見ると複眼の後方にくびれがある．腹柄節の先端は針のようにとがる[1]（1b）．
　………………………………………………………………………………………… アギトアリ属
—. 大腮は頭部前方の両側からでており，多少との基方が広くなる三角形（1aa）．頭部を正面から見て，複眼の後方にくびれはない．腹柄節の先端は針のようにはとがらない（1bb）．………………………………………………………………………………… 2

1a　　　　　1aa

1b　　　　　1bb

2. 脚の爪は櫛歯状．頭盾は前方に三角形状に強くつきでる（2a）．
　……………………………………………………………………………………… ハシリハリアリ属
—. 脚の爪に櫛歯はない．頭盾の前縁はつきでないか，弱くつきでる程度（2aa）．………… 3

112　第 3 部　採集から名前調べまで

2a 　　　　　　　　2aa

3. 後脚の脛節末端に2本の刺（毛ではない）をもち，1本は櫛歯状で大きく，もう1本はずっと小さく単純である（3a）．‥‥‥‥‥‥‥‥‥‥‥‥‥‥‥‥‥‥‥‥‥‥‥‥ 4
―. 後脚の脛節末端に，櫛歯状の刺が1本あるだけ（3aa）．‥‥‥‥‥‥‥‥‥‥‥‥‥‥ 5

3a 　　　　　　　　3aa

4. 中脚脛節の外側に短い刺状の剛毛が多数ある（4a）．大腿の基部側面に小さい孔がある．
‥‥‥‥‥‥‥‥‥‥‥‥‥‥‥‥‥‥‥‥‥‥‥‥‥‥‥‥‥‥‥‥‥‥トゲズネハリアリ属
―. 中脚脛節の外側にそのような剛毛はない（4aa）．大腿の基方側面に孔があることは稀．
‥‥‥‥‥‥‥‥‥‥‥‥‥‥‥‥‥‥‥‥‥‥‥‥‥‥‥‥‥‥‥‥‥‥‥‥フトハリアリ属

4a 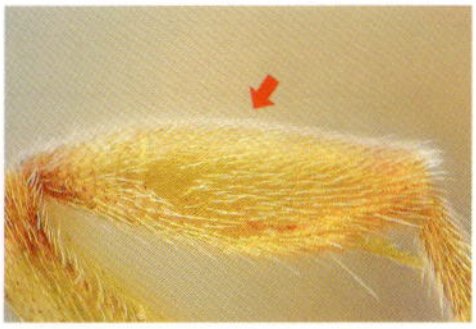　　　　　　　　4aa

5. 腹柄節の下部突起は前方に光を通す孔があり，後方には後方を向く刺がある（5a）．
‥‥‥‥‥‥‥‥‥‥‥‥‥‥‥‥‥‥‥‥‥‥‥‥‥‥‥‥‥‥‥‥‥‥‥‥‥‥ハリアリ属
―. 腹柄節の下部突起の前方に光を通す孔はなく，後方に刺はない（5aa）．
‥‥‥‥‥‥‥‥‥‥‥‥‥‥‥‥‥‥‥‥‥‥‥‥‥‥‥‥‥‥‥‥‥‥‥‥ニセハリアリ属

5a 　　　　　　　　5aa

［注］
(1) 熱帯，亜熱帯に生息するアリのなかには，アギトアリ属以外にもこれらの特徴の1つあるいはいくつかをもつ種や属がある。

ハリアリ亜科　113

●トゲズネハリアリ属　*Cryptopone* Emery, 1893

　体長3-3.5㎜。体色は黄色～暗褐色。中脚脛節の外側に強い剛毛が多数ある。眼は比較的大腮の近くに位置し痕跡的。大腮のつけ根近くに小さな穴がある。触角は12節で、先端の4節はやや棍棒状。前伸腹節を上から見ると、後方が広く前方はせばまる。中脚と後脚それぞれの末端に1本の櫛状刺と1本の針状の刺がある。かつてはメクラハリアリ属と呼ばれていた。
　照葉樹林の林床に生息する。
　アジアの暖温帯から熱帯にかけてと北米・中米に分布する。日本からは2種が記録されており、南九州にはそのうち1種が生息する。

トゲズネハリアリ　*Cryptopone sauteri* (Wheeler)

　体長3㎜前後。体色は一様に黄褐色。体表の彫刻は微細。全身に金色の毛を密生する。頭部は縦に長い四角形。胸部を横から見ると背縁は平坦。腹柄節はやや厚く、下部突起は低い三角形。体形はケブカハリアリに似るが、やや小形であること、体色が明るいことで区別できる。かつてはメクラハリアリと呼ばれていた。
　林内の土中や朽木中に営巣する。落葉や表層土の篩いで採集される。鹿児島県本土では平地から標高1,000m付近までふつうに見られる。鹿児島県紫尾山のブナ林では、雄アリと新女王が9月中旬に巣から採集された。
　本州から南西諸島（奄美諸島以北）に分布する。南九州では宮崎県、鹿児島県本土、屋久島で採集されている。

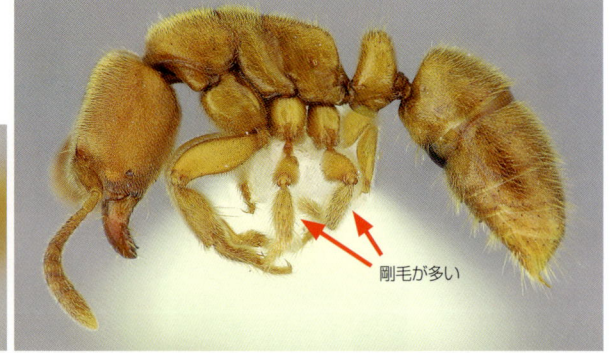

剛毛が多い

鹿児島県鹿屋市吾平町〈KE〉

●ニセハリアリ属　*Hypoponera* Santschi, 1938

　体長は2-3㎜の小さいアリ。体色は淡黄色から赤褐色、黒褐色まで。頭部はふつう縦に長い。複眼は小さく、1から数個の個眼をもつにすぎない。複眼が完全に退化している種もある。大腮の基部に小孔がない。腹柄節下部突起の前方に光を通す小孔がない。腹部末端には刺針がある。中脚と後脚脛節末端には1本の櫛歯状の刺（脛節刺）がある。色彩、体形ともにハリアリ属に似ており、肉眼での識別は困難。腹柄節下部突起の前方に光

を通す小孔がないこと，後方に後方を向く突起がないことによってハリアリ属から区別できるが，標本の状態が悪いとこの特徴が見えないことがある。熊本県からはマルフシニセハリアリ *Hypoponera zwaluwenburgi* (Wheeler) が見つかっているが，この種では横から見て腹柄節が非常に厚くその頂部は丸みを帯びること，腹部第1節が前方で著しく狭いことによって，本書で取り扱った種と区別される。

　照葉樹林や竹林の林床で見られるが，かなり撹乱された場所に生息する種もある。土中や朽木内に営巣し，地表にはめったに現れない。

　世界中の温帯から熱帯に分布するが，種数は熱帯において圧倒的に多い。日本には8種が分布し，南九州からはそのうち4種が知られる。

ベッピンニセハリアリ　*Hypoponera beppin* Terayama

　体長2.5 mm前後。ほぼ全身が一様に茶褐色〜赤褐色だが，腹部末端の2節は黄色。ときに頭部が暗褐色となる。脚は，腿節や脛節が黄褐色。全身が細かく密に点刻されるが，弱い光沢がある。大腮と前伸腹節後面の点刻はごく弱い。腹柄節後面は平滑で強い光沢がある。体毛は密だが短く寝ており，立毛は少ない。触角柄節はかろうじて頭部後縁に達する。眼はごく小さく1個の個眼からなる。腹柄節は高く幅が狭い。体長ではクロニセハリアリに似るが，本種の方が体色がやや明るい。また，本種では眼が小さく（1個の個眼），頭盾の後縁から眼の直径の4倍以上の距離に位置しているが，クロニセハリアリでは眼がやや大きく（3個の個眼），頭盾の後縁から眼の直径の2倍の距離に位置している。

　照葉樹林などの林床に生息し土中に営巣する。鹿児島県本土では平地から標高1,000m付近（紫尾山頂のブナ林や屋久島のヤクスギ帯）まで見られる。

　本州西南部，四国，九州から南西諸島をへて台湾まで分布する。南九州では宮崎県，鹿児島県本土，種子島，屋久島から知られる。

宮崎県北郷町〈KE〉

ハリアリ亜科

ヒゲナガニセハリアリ　*Hypoponera nippona* (Santschi)

　体長2mm前後。体は全体が橙黄色から黄褐色で，腹部がやや濃色となる傾向がある。全身が微細な点刻で密におおわれるが，頭部の側方，前・中胸背，前伸腹節背面，腹柄節後面は平滑に近く光沢がある。大腮はほぼ平滑。体は全体が伏臥あるいは斜立する短い軟毛におおわれ，長い立毛は腹部腹面を除いてほとんどない。眼は1個の個眼からなり，ごく小さい。正面から見て触角柄節は頭部後縁をわずかだが超える。触角8-10節は長さが幅と等しいか，それより少し長い。腹柄節は薄く，丘状部の頂上に水平な面はほとんど認められない。体色，体長においてニセハリアリと似る。しかし，ニセハリアリでは，触角柄節が頭部後縁に達せず，触角8-10節は幅が長さより大きい。

　林床に生息し土中に営巣する。鹿児島県本土ではまれ。

　本州（関西以南），四国，九州，南西諸島全域に分布し，南九州では宮崎県，鹿児島県本土，甑島列島，屋久島から知られる。

鹿児島市郡元〈KE〉

クロニセハリアリ　*Hypoponera nubatama* Terayama et Hashimoto

　体長2.5mm前後。全身が濃赤褐色から暗褐色（肉眼では黒褐色に見える）。触角鞭節，大腮，脚は黄色を帯びる。全身が微細で密な点刻におおわれるが，光線の状態によっては弱い光沢がある。前伸腹節後面と腹柄節後面は平滑。全身に非常に細かい軟毛が密生する；斜立毛や立毛は短く腹部の後半に限定され

鹿児島市郡元〈KE〉

る。眼は 3 個の個眼からなり，頭盾後縁から眼の直径の 2 倍の距離に位置する。触角柄節は頭部後縁にかろうじて達する。後胸溝は明瞭。横から見て腹柄節の前縁と後縁はほぼ平行。

照葉樹林や茶畑の林床に生息し土中に営巣する。比較的珍しい。大隅半島では 10 月に有翅女王がコロニーから採集されたことがある。本種には，女王アリとは別に体がやや大きく（3 mm），眼がかなり大きなメス個体が存在する。

本州と九州に分布し，南九州では宮崎県，鹿児島県本土，屋久島から知られる。

ニセハリアリ　*Hypoponera sauteri* (Forel)

体長 2 mm 弱。全身が一様に黄色から黄褐色で，触角や脚がとくに淡色ということはない。全身に微細な点刻があるが，非常に弱いため，全身に光沢がある。全身に軟毛があるが微小であるため目立たない。腹部後半には短い立毛がある。眼は 1 個の個眼からなり，微小。触角柄節は頭部後縁に届かない。触角鞭節の第 8－10 節は幅が長さより大きい。後胸溝はごく細い。サイズや体色はヒゲナガニセハリアリに似る。

草地，竹林，照葉樹林などの石下，土中などに営巣する。平地から標高 1,000m 付近まで生息し，南九州の本属の中では最普通種。紫尾山山頂付近では 10 月に有翅の新女王がコロニーから採集された。

本州～九州の日本本土，対馬，南西諸島，台湾に分布し，南九州では宮崎県，鹿児島県本土，甑島列島，種子島，屋久島，三島（黒島）から知られる。

鹿児島県鹿屋市吾平町〈KE〉

●ハシリハリアリ属　*Leptogenys* Roger, 1861

日本産は体長数mmであるが，東南アジアには 15 mm 近い大形種もいる。体はスリムで一般に脚は長い。複眼はよく発達する。頭盾の前縁は前方に強くつき出す。触角柄節はかなり長く，正面観で頭部後縁をはるかに超えることが多い。脚の爪は内側に櫛歯をもつ（とくに基方 1/2－2/3）のが特徴（この形質は実体顕微鏡の 30－40 倍で観察可能）。腹部末端には長い刺針がある。女王アリには初めから翅がなく，肉眼では働きアリとの区別がむずかしいが，働きアリにくらべて腹柄節が薄いので実体顕微鏡を使えば容易に区別できる。

林床に生息するが，一部の種は撹乱地に進出している。軍隊アリと類似した生活史をも

ち，巣（ビバーク）は一時的でコロニーは頻繁に移動する。移動時は幼虫などを大腮でくわえ，体の下に抱えるようにして運ぶ。幼虫の餌としてはミミズなど特定の動物を狩るものが知られる。

全世界の熱帯・亜熱帯に分布し，一部は暖温帯に到達している。日本からは1種のみが知られる。

ハシリハリアリ　*Leptogenys confucii* Forel

体長は4.5 mm前後。全身がほぼ赤褐色で，頭盾，大腮，触角，脚，腹部末節などは黄色を帯びる。頭部，前胸と中胸の背板，腹柄節，腹部は彫刻が弱く，光沢がある。頭部は細長く，正面から見て後縁はほぼ平ら。触角柄節は比較的長く，頭部後縁をはるかに超える。大腮は細長く先端は鋭くとがる；内縁に明瞭な歯はない。頭盾には中央を縦断する切り立った隆起線がある。胸部は細長い；側方から見て背板は比較的平ら。中胸背板は前胸背板と前伸腹節から比較的明瞭に区画される。腹柄節は横から見て三角状だが前縁は丸みをおび，後縁は切り立つ。腹部は第1節と第2節の間で明瞭にくびれる。尾端に長大な刺針がある。脚は長い。

照葉樹林の林床に生息する。

九州，南西諸島，台湾に分布し，南九州では大隅半島の佐多岬からのみ記録がある。屋久島，種子島からは見つかっていない。

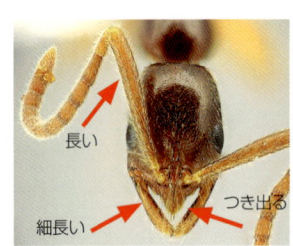

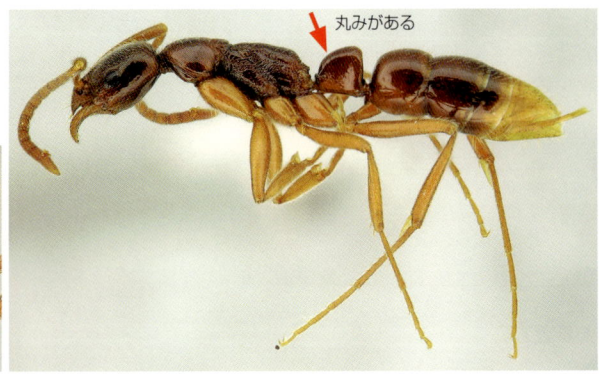

鹿児島県佐多岬〈KE〉

●アギトアリ属　*Odontomachus* Latreille, 1804

大型のアリで日本産の種では体長9-11 mm。国外にはさらに大きな種がいる。体はスリムで脚は比較的長い。頭部を正面から見ると角が丸みをおびた四角形で複眼の付近で最大幅となる。頭部側方には斜めに走る幅広い溝がある。大腮は棒状で長くつき出し，先端には3つの歯がある。触角柄節は長く頭部後縁をはるかに超える。胸部は頭部にくらべ著しく幅が狭い。胸部を横から見ると中胸背板後縁の傾斜は急，後胸溝は浅いが長い（上から見ると幅広い帯となる）。腹柄節は高く，先端は鋭くとがる。

おもに林床や林縁に生息するが，一部の種は撹乱地や珊瑚礁に出現する。朽木中や土中に営巣する。採餌のときは大腮を180度以上に広げて，2本の大腮の間にある長毛に獲

物が触れると瞬間的に大腮がしまり獲物をはさんで捕獲するといわれる。しかし昆虫の死体なども採集し，かなり雑食と考えられている。敵に遭遇すると大腮の閉鎖を利用してジャンプし逃げる種もいる。全世界の熱帯・亜熱帯に分布し，一部の種は温帯に到達している。日本には2種生息し，そのうち南九州からは1種が知られる。

アギトアリ　*Odontomachus monticola* Emery

　体長10mm前後。全身が赤褐色で，触角と脚はやや明るい褐色。頭部と胸部は非常に細かい条刻でおおわれ光沢はないが，腹部は彫刻がごく弱く光沢がある。腹柄節は先端1/4付近で突然細くなる。沖縄に生息するオキナワアギトアリ *Odontomachus kuroiwae* (Matsumura) では，頭部側面，後方，中胸側板などに条刻はなく光沢があるので本種と区別できる。

　林床や林縁に多いが，人家周辺や公園でも見られる。海岸付近から山地に生息し，屋久島では標高1,300mくらいまで見られる。土中に営巣し，地表部で採餌する。体表には白いダニがしばしば付着している。

　九州，大隅諸島，中国，台湾，インドシナなどに分布し，南九州では鹿児島県本土，種子島，屋久島，口永良部島から採集されている。

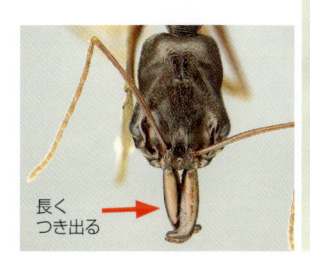

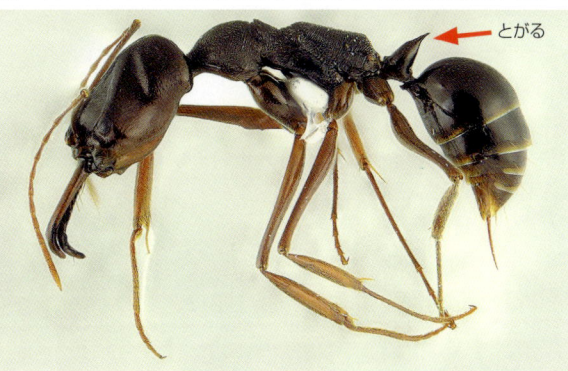

とがる

長くつき出る

鹿児島市七ツ島〈KE〉

●フトハリアリ属　*Pachycondyla* F. Smith, 1858

　日本産は体長3-7mm。体色は黄色から赤褐色，暗褐色。体表の彫刻は多様。触角は12節。触角柄節は比較的長く，頭部の後縁に達するか超えることが多い。大腮の基部外面に小さな穴があることがある。胸部を横から見ると背縁は比較的平坦であるが，オオハリアリ類では前伸腹節が前中胸背板より低く両者の間には段差がある。腹柄節はやや厚い板状あるいは鱗片状。中脚脛節の先端には1本の単純な刺と1本の櫛状の刺がある。女王アリは翅あるいは脱翅の痕がある以外は働きアリに似る。この属にはかつてオオハリアリ属 *Brachyponera*，ケブカハリアリ属 *Trachymesopus*，ツシマハリアリ属 *Ectomomyrmex* と呼ばれていたかなり異質なグループがまとめられており，将来ふたたび細分されることもありうる。

　林床に生息し土中や朽木に営巣する種が多いが，かなり開けた環境にも現れる。

ハリアリ亜科　119

温帯から熱帯にかけて全世界に分布するが，熱帯で多くの種が見つかる。日本からは6種前後が知られるが，分類は完了していない。南九州からは3種が知られる。

オオハリアリ　*Pachycondyla chinensis* (Emery)

　体長3-3.5㎜。オオハリアリという和名がついているが，ハリアリ亜科のなかでは小さい方である（ハリアリ属とニセハリアリ属の種にくらべるとやや大きい）。全身が暗赤褐色から黒褐色だが，胸部は他の部分にくらべ暗色のことが多い。柄節を除く触角，大腮，脚は黄色味を帯びる。中胸・後胸側面が平滑であるのを除き，全身が多少とも彫刻され光沢は弱い。触角柄節は頭部後縁を超える。眼は大腮基部に近く位置し，よく発達する。胸部を横から見るとその背縁は平坦でなく前伸腹節は前・中胸背板より明瞭に低い。中胸側板を上下に二分する溝はない（女王にはこの溝がある）。腹柄節はやや厚い板状（やや鱗片状）で，後ろから見ると丸い。腹部末端には上に反り返った長い刺針がある。日本からは3種のオオハリアリ類が記録されているが，このグループは分類が非常にむずかしく今後新たな種が発見される可能性がある。本種はかつて *Brachyponera chinensis* Emery と呼ばれていた。

　オープンな場所から林内まで多様な環境で見られる。石下，落葉下，朽木中，生木の樹皮下などに営巣する。シロアリの巣の近くに営巣しシロアリを狩っているといわれるが，植物の種子を集めるなど雑食性を示す。

　本州以南の日本本土，南西諸島，小笠原諸島，朝鮮半島，中国などに広く分布する。北米やニュージーランドに人為導入されている。南九州では宮崎県，鹿児島県本土，甑島列島，種子島，屋久島，口永良部島，三島（黒島），草垣群島（上ノ島）などから記録がある。

段差がある

鹿児島県知林島〈KE〉

ケブカハリアリ　*Pachycondyla pilosior* (Wheeler)

　体長4.5-5㎜。頭部のほぼ全体と胸部の一部が黒褐色であるほかは全身が黄褐色から赤褐色。頭盾の一部，大腮，前伸腹節後面，腹柄節後面を除いて全身が細かく密な点刻におおわれる。腹部第2節以降の背板の点刻は弱い。眼は大腮基部近くに位置し，非常に小さい。大腮基部外側に小さな穴がある。触角柄節は頭部後縁にほぼ達する。胸部を横から見るとその背縁はほぼ平ら。中胸側面を上下に区切る溝はない（女王にはある）。前伸

腹節後面の両側は隆起線でふちどられる。腹柄節はやや厚い板状で，後ろから見ると丸い。腹部末端には上に反り返った長い刺針がある。旧名は *Trachymesopus pilosior* (Wheeler)。

　林床性といわれるが，実際には道路わきや畑などの開けた場所にも生息する。土中に営巣すると考えられるが，南九州における生態記録は皆無である。おもに低地部で見られ比較的珍しい。

　本州〜九州の日本本土，南西諸島（沖縄島以北），小笠原諸島，朝鮮半島に分布する。南九州では，鹿児島県本土，種子島，屋久島，口永良部島などから知られる。琉球の南部にはアカケブカハリアリ *P. sakishimensis* Terayama が分布する。

鹿児島市平川〈KE〉

ツシマハリアリ　　*Pachycondyla javana* (Mayr)

　体長7mm前後のやや大形のハリアリ。頭部から腹部までほぼ一様に黒褐色。大腮，触角，脚は赤褐色。腹部末端の1-2節は黄褐色。頭部と胸部は非常に細かく点刻あるいは条刻されるが，腹部背面は点刻が表面的で光沢がある。頭部は幅と長さがほぼ等しい。正面から見て頭部後縁は中央部で浅くくぼむ。眼は比較的大腮近くにあり，長径が触角柄節の幅より少し大きい程度。触角柄節は頭部後縁にかろうじて届く。中胸側板は明瞭な溝によって上下に二分される。腹柄節は厚く，後ろから見るとほぼ円形。腹部末端には長い刺針がある。南九州から南西諸島の集団は対馬の集団とは形態的に異なっており，今回使用した学名は暫定的である。旧名は *Ectomomyrmex javana* Mayr。

鹿児島市城山〈KE〉

ハリアリ亜科　121

主に林床に生息するが，林縁，市街地の植え込みなどからも見つかる。土中に営巣する。単独で行動し，地表部に頻繁に現れるが，非常に臆病である。指でつまむと刺されることがあるので注意が必要。

九州，対馬，南西諸島，小笠原諸島，朝鮮半島，中国，台湾，東南アジアに広く分布する。南九州では，鹿児島県本土からえられている。

●ハリアリ属　*Ponera* Latreille, 1804

体長2-3.5 mmの小さなハリアリ。体は全体が彫刻されることが多いが，部分的に光沢をもつこともある。頭部は縦に長い。触角柄節は概して短いが，頭部後縁を超える場合もある。眼の発達度合いはさまざま。腹柄節は比較的厚く，下部突起の前方に光を通す小孔，後方に後方を向く刺がある。中脚脛節末端には単純な刺が1本だけある。

比較的良好な林の林床に生息する種が多い。土中あるいは朽木中に営巣し，採餌はおもに土中。落葉層や土中の小動物を餌としているらしい。落葉と表層土のふるいで採集される。

全世界の温帯〜熱帯に分布するが，ニューギニアから東南アジアにかけて種多様性が高い。日本には7種が分布し，そのうち南九州からは5種が知られる。

コダマハリアリ　*Ponera alisana* Terayama

体長3 mm。体色は赤褐色。全身が彫刻され光沢はない。体背面には密な立毛がある。頭部は両側がややふくらむ。眼は小さくわずか5個の個眼からなる。触角柄節は頭部後縁にわずかに達しない（台湾の個体群では後縁を超える）。中胸側板は背板から縫合線によって区画される。後胸溝は明瞭で深い。腹柄節は横から見て四角形で，前縁と後縁は平行，後縁は直線的。腹柄節下部突起は横長で，長さは高さの2倍以上ある。

屋久島の標高300 m以下で採集されているが，生態は未知。

台湾から記載されたが，ごく最近屋久島から見つかった。

後胸溝は明瞭

鹿児島県屋久島〈WJ〉

ヒメハリアリ　*Ponera japonica* Wheeler

　体長 2.5 mm前後の小さな種。体は褐色から暗褐色。頭部は胸部や腹部に比べて暗い傾向がある。大腮，触角，脚は黄色を帯びる。体は全体に細かく密に点刻されるが，胸部の一部，腹柄節背面，腹部の末端に近い節の背面は点刻が弱く，やや光沢がある。大腮は光沢がある。体の背面には柔らかく短い立毛や斜立毛が密生する。頭部は縦に長い長方形，正面から見て後縁はほぼ直線状。触角柄節は頭部後縁に達しない。中胸背板を前伸腹節背板から区切る溝（後胸溝）は非常に弱い。腹柄節は上から見て前方が弧を描く半円状で，幅は長さの2倍未満。ミナミヒメハリアリに似るが，腹柄節が厚く，上から見て幅が長さの2倍に達しない（ミナミヒメハリアリでは2倍以上）。

　林床に生息し，石下，土中等に営巣する。ハリアリとしては例外的に，蛹に繭がないといわれる。南九州では生態はまったく分かっていない。

　南西諸島以外のほぼ日本全土，朝鮮半島に分布するが，西南日本では山地に生息する。南九州では宮崎県の山岳地から記録がある。

黄色

神奈川県箱根〈WJ〉

マナコハリアリ　*Ponera kohmoku* Terayama

　体長は 3.5 mm前後。体は暗赤褐色から黒褐色。腹部1-3節後縁やそれよりも後の節は褐色。頭盾，大腮，眼より下のほお，触角，脚も褐色でときに黄色味を帯びる。頭部は非常に細かく密に点刻される。胸部や腹部の点刻はそれにくらべやや大きく，ややまばら。大腮はほぼ平滑で光沢がある。触角柄節に長さ

鹿児島県知林島〈KE〉

がまちまちな多数の立毛がある。頭部から腹部にかけての立毛はそれより長い。頭部は縦に長く，触角柄節は頭部後縁にほぼ達する。眼はハリアリ属のなかでは大きい方で，20個以上の個眼からなる。中胸背板は前胸背板と前伸腹節の両方から溝によって明瞭に仕切られる。前伸腹節の後面はかなり急傾斜だが，背面とはなめらかに移行する。腹柄節は厚い。腹部第2節は第1節より少し長い。近縁種からの区別点についてはテラニシハリアリの項を参照。

　照葉樹林や竹林の林床に生息し，土中や朽木中に営巣する。平地から標高1,000m付近まで生息する。屋久島では有翅虫は8月に出現する。

　九州南部，大隅諸島，五島列島，対馬に分布する。南九州では，宮崎県，鹿児島県本土，甑島列島，屋久島，口永良部島から知られる。

テラニシハリアリ　*Ponera scabra* Wheeler

　体長は3mm前後で，前種にくらべ少し小さい。体色はマナコハリアリとほとんど同じ。点刻の状態も前種とほぼ同じ。触角柄節の立毛はやや短く長さがそろっている。眼は小さく，わずか数個の個眼からなる。後胸溝は非常に弱い。腹柄節はやや薄く上から見て半円より薄いか後縁が明瞭にえぐれる。マナコハリアリに似るが，本種では眼が小さくわずか数個の個眼からなることにより容易に区別される。最近の研究によりヤクシマハリアリ *Ponera yakushimensis* Tanaka は本種と同種であることが判明した。

　照葉樹林などの林床に生息し平地から標高1,000m付近までふつうに見られる。土中営巣。鹿児島県本土では新女王が10月に巣から得られている。

　本州から九州までの日本本土，大隅諸島，対馬，朝鮮半島に分布する。南九州では宮崎県，鹿児島県本土，甑島列島，種子島，屋久島から採集されている。

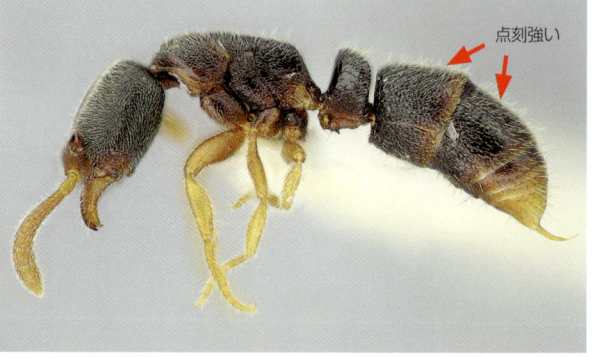

点刻強い

鹿児島県鹿屋市吾平町〈KE〉

ミナミヒメハリアリ　*Ponera tamon* Terayama

　体長2mm前後。頭部は暗赤褐色，胸部と腹部は茶褐色だが腹部の方がやや暗色。触角，脚，腹部末端部は黄褐色。頭部は非常に細かく密に点刻される。大腮は平滑で光沢がある。胸部の点刻はややまばらで，前伸腹節の側面の大部分と後面は点刻がほとんどなく光沢がある。腹部背面はやや粗い点刻をもつが，光沢がある。全身に細かいやや寝た毛が多数ある。頭部は縦長で，正面観で両側はゆるく外側に張り出す。眼は非常に小さく，大腮に比

較的近く位置する。触角柄節は頭部後縁にわずかに届かない。上から見て前胸背板は両側が丸く張り出すが，前伸腹節は狭くその両側はほぼ平行。中胸背板は，前胸背板からも前伸腹節背面からも明瞭に区画される。前伸腹節は上から見てその幅は長さの2倍以上ある；後面は両側が隆起線で縁取られる。腹部第1節の前面はほぼ垂直。近縁種との区別点についてはヒメハリアリの項を参照。

　照葉樹林等の林床に生息し，土中に営巣する。地表にはほとんど現れない。
　九州南部から南西諸島をへて台湾まで分布する。南九州では，佐多岬，屋久島，口永良部島，三島（黒島）などから知られる。

鹿児島県口永良部島〈KE〉

カギバラアリ亜科　　Proceratiinae

　体長は日本産では，2-4㎜。体表の彫刻は概して微細で密。頭盾は著しく退化するが，ダルマアリ属とハナナガアリ属（*Probolomyrmex*）では前方に突き出る。触角挿入部は露出し，頭部前縁近くに位置する。前胸背板と中胸背板の境界は不鮮明。腹柄部は腹柄節1節からなる。カギバラアリ属，ダルマアリ属では腹部第1節あるいは第2節の背板が著しく肥大し，腹部後半はカギのように前方に曲がる。腹部末端に毒針がある。かつてはハリアリ亜科の一部とされていた。2003年にB. ボルトンによって独立の亜科とされた。
　林床に生息し，土中や朽木中に営巣する。落葉層からも採集される。
世界の温帯と熱帯に3属が分布するが，熱帯において種数が多い。日本には3属すべてが分布するが，南九州からはカギバラアリ属とダルマアリ属のみが知られる。

カギバラアリ亜科の属の検索表
1. 触角は12節で，末端節の長さは鞭節の他の節を合わせた長さより短い（1a）．腹部第2節が著しく肥大し，前方へと強く曲がる（1b）．………………………… カギバラアリ属
—. 触角は9節以下で，末端節の長さは鞭節の他の節を合わせた長さとほぼ等しい（1aa）．腹部第1節の背板が肥大し，腹部は全体として下方へ折れ曲がる（1bb）．……………………………………………………………………………………… ダルマアリ属

1a　　　　1aa

1b　　　　1bb

●ダルマアリ属　*Discothyrea* Roger, 1863

　体長2mm前後の小さいアリ。大腮は突出した頭盾でおおわれる。眼は小さい。触角は8－9節で、末端節は異常に大きい。腹部第1節と2節の間のくびれは目立たない。腹部第1節の背板が著しく肥大し、第2節背板も大きい。そのため腹部は全体として下方に曲がり、尾端は前方を向く。

　照葉樹林やモウソウチク林の林床に生息し、ムカデやクモの卵を捕食するといわれるが、南九州における生態記録は皆無。落葉の篩いによっても得られる。

　日本からは2種が知られ、南九州には1種のみが生息する。

ダルマアリ　*Discothyrea sauteri* Forel

太い　　　　くぼむ　　第1節が肥大

　体長はおよそ2mm。体は一様に赤褐色だが触角と脚の一部はやや淡色。頭部と胸部は密に細かく点刻されつやはない。額隆起縁とそれに囲まれた細い部分は盛り上がり、その両側が触角収容溝となる。触角は8節。柄節は幅広い。前伸腹節の後面はえぐれる。腹柄節に柄部はなく、後面は切り立つ。腹部の点刻は頭部と胸部に比べる

鹿児島市吉田〈KE〉

と弱く，腹部表面には弱い光沢がある。
　林床で採集されるが比較的少ない。
　本州（関東以南）から九州までの日本本土，南西諸島，台湾に広く分布する。南九州では宮崎県，鹿児島県本土，種子島，屋久島から記録がある。

●カギバラアリ属　*Proceratium* Roger, 1863

　日本産種では体長2.5-4mm。触角は12節で，柄節はダルマアリ属にくらべ幅が狭い。末端節は肥大せず，ダルマアリ属のように鞭部の残りの部分と同長であることはない。触角収容溝は不明瞭。頭盾は中央部で前方にわずか突出する程度。眼は痕跡的。腹部第1節は2節にくらべて小さく，両節の間のくびれはやや目立つ。腹部第2節の背板は腹板にくらべ非常に大きく，そのため腹部は下方に曲がり，末端節は前方を向く。
　林内の朽木や土中に営巣し，ふつう地表には現れない。ムカデやクモの卵を捕食するというが，南九州において生態的知見はない。
　日本からは4種が記録されており，そのうち南九州には3種が生息する。

イトウカギバラアリ　*Proceratium itoi* (Forel)

　体長2.5-3mm。体は一様に黄褐色から赤褐色。前伸腹節後面と腹部第2節の背面が平滑で光沢がある以外，ほぼ全身が密に点刻される。全身が比較的短い細かい毛でおおわれる。正面から見て触角柄節は頭部後縁にはるかに届かない。胸部を横から見ると，その背縁は比較的平坦で後方がゆるやかに傾斜する程度。前伸腹節後面の両側は稜で縁どられる。腹柄節は横から見て板状ではなく，頂角の丸い三角形状。腹柄節下部突起は痕跡的。旧名はイトウハリアリ。
　照葉樹林の林床に生息し，ふつう地表には現れないが，表層土と落葉の篩いで採集されることもある。
　本州（関東以南）から九州までの日本本土，南西諸島，朝鮮半島に分布する。南九州では，宮崎県，鹿児島県本土，種子島から記録されている。

鹿児島県種子島〈KE〉

カギバラアリ亜科　127

ヤマトカギバラアリ　*Proceratium japonicum* Santschi

　体長 2.5 mm 前後。体は一様に黄褐色。前伸腹節後面と腹部第 2 節の背面が平滑で光沢がある以外，ほぼ全身が密に点刻される。ほぼ全身が密な立毛におおわれる；腹部背面の立毛は他の部分のものに比較し少し長い。正面から見て触角柄節は頭部後縁に届かない；触角柄節は先半がやや幅広く扁平になる。胸部を横から見ると，その背縁はほぼ一様にゆるい弧を描く。前伸腹節後面の背縁の一部と両側は稜で縁どられる。腹柄節は横から見て板状，前縁と後縁はほぼ平行；下部突起は薄い板状で下方は鋭くとがる。

　林床に生息し，朽木などからえられる。

　本州（関東以南）から九州の日本本土，南西諸島，台湾に分布する。南九州では，宮崎県，大隅半島佐多岬，桜島沖小島，屋久島から得られている。

→板状

鹿児島県曽於市〈KE〉

ワタセカギバラアリ　*Proceratium watasei* (Wheeler)

→長い

ゆるくカーブ→　　→長い

　体長 3.5 – 4 mm で，日本産本属のなかで最大。体は明黄褐色から赤褐色。頭盾前縁中央は前方に突き出る。触角柄節は長く，頭部後縁にほとんど達する。腹柄節は細長く低い。旧名はワタセハリアリ。

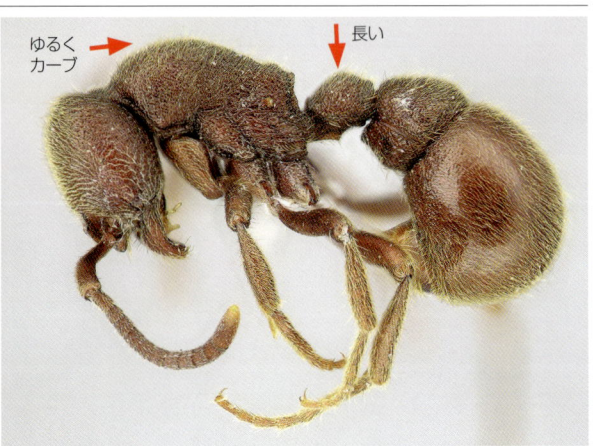

鹿児島県高隈山〈KE〉

照葉樹林の林床に生息するといわれるが，南九州における生態は未知。
　本州〜九州の日本本土と朝鮮半島に分布する。南九州では，宮崎県，鹿児島県本土（霧島山系，川辺町），甑島列島などから少数個体が得られている。

フタフシアリ亜科　Myrmicinae

　体長1 mmから20 mm前後の小型から中型のアリ。働きアリは多くの場合単型だが，完全2型，多型の属や種もある。体形，色彩，彫刻などは変化に富む。ふつう表皮は硬い。ほとんどの属で眼はあるが（日本産の全ての種に眼がある），単眼はない（ヨコヅナアリ属の一部の種では大型働きアリに単眼が出現する）。触角は4-12節で，先端の2-4節がしばしば顕著な棍棒部を形成する。多くの属で前伸腹節刺が認められるが，ヒメアリ属などでは刺は完全に退化するか単なる角となっている。腹柄部にはつねに腹柄節と後腹柄節の2節がある（南九州産では2節あるのはフタフシアリ亜科とムカシアリ亜科のみ）。尾端にはしばしば刺針がある。
　撹乱地から原生林までいろいろな環境に生息する。砂漠や4,000mを超す高山まで生息する。営巣場所も土中，落葉層，朽木，樹皮下，葉裏，家屋内など多岐にわたる。社会構造も多様で，日本にも分布するアミメアリには女王アリや雄アリがおらず，働きアリが産卵から外役まですべての仕事をこなす（雌産性単為生殖をする）。
　南極を除く世界中ほとんどの大陸や島嶼域に生息する。日本には23属140種弱が分布し，南九州からはそのうち18属55種が知られる。

フタフシアリ亜科の属の検索表
1. 触角は6節以下（1a）．前伸腹節や腹柄部に海綿状の付属物がある（1b）．……………… 2
― . 触角は9節以上（1aa）．前伸腹節や腹柄部に海綿状の付属物がない（1bb）．…………… 3

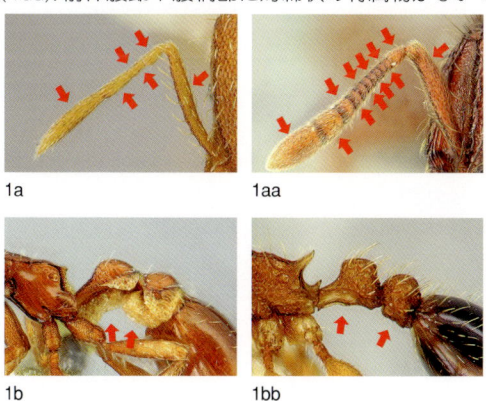

2. 大腮は細長く，その内縁に連続した歯列がない (2a). ················· ウロコアリ属
—. 大腮はふつう短く多少とも三角形状で，その内縁に連続した歯列がある (2aa). 大腮の形状がウロコアリ属に似ている場合は，頭部に丸い鱗片状の毛が多数あり，上唇が前方につき出しその先端は2裂する (2bb). ················· アゴウロコアリ属

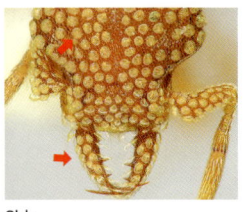

2a　　　　　　　　　2aa　　　　　　　　　2bb

3. 後腹柄節は腹部の基部背方に接続する (3a). 腹部を背側に持ち上げて歩くことが多い．前伸腹節の気門は，前伸腹節刺のすぐ下方に位置する (3b). ············· シリアゲアリ属
—. 後腹柄節は腹部の基部前方に接続する (3aa). 腹部を背側に持ち上げて歩くことはまれ．前伸腹節の気門は，前伸腹節側面の前伸腹節刺から離れた場所に位置する (3bb). ·· 4

3a　　　　　　　　　3aa

3b　　　　　　　　　3bb

4. 頭部と胸部の背面に立毛がない (4a). 上から見て後腹柄節は腹柄節よりもはるかに幅広く，また幅が長さより大きい． ································· ハダカアリ属
—. 頭部と胸部の背面に立毛がある (4aa). 上から見て後腹柄節はふつう腹柄節と同じくらいの幅か，わずかに幅広い程度．後腹柄節が非常に幅広い場合は，頭部や胸部背面の毛が目立つ． ·· 5

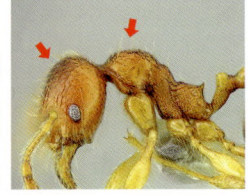

4a　　　　　　　　　4aa

5. 触角棍棒部は 2 節（5a）. ··· 6
―. 触角棍棒部は 3 節以上からなるか，あるいは棍棒部は不明瞭（5aa）. ··············· 7

5a　　　　　5aa-1　　　　　5aa-2

6. 前伸腹節後面の両側に薄片がある（6a）. 働きアリには明瞭な 2 型があり，小型働きアリは体長 1 ㎜前後，大型働きアリは体長 1.5 ㎜以上で頭頂に 1 対の角がある（6b）.
 ··· コツノアリ属
―. 前伸腹節後面の両側に薄片はない（6aa）. 働きアリは体長が 1.5 – 2.0 ㎜で顕著な 2 型はない. 大きな個体でも頭頂に角をもつことはない. ························· トフシアリ属

6a　　　　　6aa　　　　　6b

7. 触角棍棒部は 4 節からなるか，棍棒部は不明瞭[1]（7a）. ······························ 8
―. 触角棍棒部は 3 節（7aa）. ·· 11

7a　　　　　7aa

8. 腹柄節下面の前方に小さな突起がある（8a）. ································· クシケアリ属
―. 腹柄節下面の前方に突起はない（8aa）. ··· 9

8a　　　　　8aa

フタフシアリ亜科　131

9. 頭部腹面に長くて丈夫な毛が多数ある（9a）．前伸腹節刺はない．………クロナガアリ属
―. 頭部腹面の毛はあったとしても弱く短い（9aa）．前伸腹節刺がある．………………… 10

9a 　　　　　　　9aa

10. 触角柄節は長く，頭部を正面から見て頭頂をはるかに超える（10a）．…アシナガアリ属
―. 触角柄節は短く，頭部を正面から見て頭頂にやっと達する程度（10aa）．
………………………………………………………………………………………… ナガアリ属

8a 　　　　　　　8aa

11. 胸部を横から見ると，前胸と中胸が顕著に隆起し，前伸腹節との間に明瞭な段差がある（11a）．働きアリは顕著な二型で，大型働きアリの頭部は非常に大きい．
………………………………………………………………………………… オオズアリ属
―. 胸部を横から見ると，前胸と中胸は前伸腹節と同じ高さか，わずかに高い程度（11aa）．働きアリは単型．………………………………………………………………… 12

11a 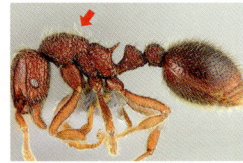　　　　11aa 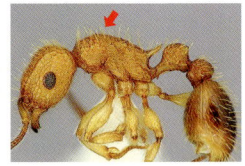　　　　11aa

12. 前伸腹節背面の後縁に刺はない；背面と後面はふつうスムースに移行し，まれにやや角ばることがある程度（12a）．………………………………………………… ヒメアリ属
―. 前伸腹節背面の後縁に刺（前伸腹節刺）がある；刺が退化傾向にある場合でもその部分は明瞭に角ばる（12aa）．……………………………………………………………… 13

12a 　　　　12aa 　　　　12aa

132　第3部 採集から名前調べまで

13. 頭盾の前縁に歯状突起の列がある（13a）．触角は 11 節．頭部を正面から見ると円形に近い．……………………………………………………………………………… アミメアリ属
―. 頭盾の前縁に歯状突起の列はない（突起はあっても 4 個以下で列にはならない）（13aa）．触角はふつう 12 節，まれに 11 節．頭部を正面から見るとふつう縦に長い．………………………………………………………………………………………… 14

13a　　　13aa

14. 頭部には触角を収容する深く長い溝がある（14a）．………………… ミゾガシラアリ属
―. 触角を収容する溝はないか，あっても浅く目立たない（14aa）．………………… 15

14a　　　14aa　　　14aa

15. 触角挿入孔の前縁は切り立った隆起縁となる（15a）．………………………… シワアリ属
―. 触角挿入孔の前縁は隆起縁とならない（15aa）．……………………………… 16

15a　　　15aa

16. 腹柄節はつけ根の部分でほとんど細くならず，横から見て四角に近い（16a）．前伸腹節背面に前伸腹節刺のほかに 1 対の小さな刺がある（側面観ではふつう見えない）．……………………………………………………………………………… カドフシアリ属
―. 腹柄節はつけ根の部分で多少とも細くなり，多くの場合柄部をもつ（16aa）．前伸腹節背面に前伸腹節刺のほかにそのような刺はない．………………………………… 17

16a　　　16aa

フタフシアリ亜科　133

17. 腹柄節背面は後方で後方を向く隆起縁を形成する（17a）. ……………… ウメマツアリ属
―. 腹柄節背面は後方に隆起縁はない（17aa）. ……………………………… ムネボソアリ属

17a　　　　　17aa

［注］
(1) 南九州以外の種では棍棒部が3節に見えることがある。

●アゴウロコアリ属　*Pyramica* Roger, 1862

　働きアリは単型で，アジア産種の体長は1-2.5 mm。頭部，胸部，腹柄部は微細に点刻され光沢はない。しかし，頭部後方，胸部，腹柄部などが部分的にあるいは広範囲に平滑なこともある。体毛は，単純なものから，鱗片状，円形，鞭状などさまざま。頭部や胸部に立毛を完全に欠く種もいる。頭部の形はさまざまだが，後方で広く前方で狭まる。大腮は略三角形のことが多いが，棒軸状に近いこともある。触角収容溝は明瞭で，背方ではっきりと縁どられるが腹方では境界が不明瞭。眼は概して小さく，触角収容溝の腹方に位置する。触角は4-6節（日本産種では6節）で，先端2節は棍棒部を形成する。前伸腹節，腹柄節，後腹柄節には多くの場合，海綿状の付属物をもつ。腹部第1背板は基部に縦の条刻をもつことが多い。かつて，セダカウロコアリ属（*Epitritus*），ヌカウロコアリ属（*Kyidris*），ヒラタウロコアリ属（*Pentastruma*），ノコバウロコアリ属（*Smithistruma*），トカラウロコアリ属（*Trichoscapa*），キバオレウロコアリ属（genus A）などと呼ばれていたものはすべて本属に移された。

　多くは森林性であるが，疎林や林縁に多い。石下，土中，枯枝，朽木中，生木腐朽部などに営巣する。一部の種は攪乱された場所に進出している。まれな種が多い。

　世界の温帯から熱帯にかけて分布し，324種が知られる。日本には19種が分布し，南九州からはそのうち10種が知られる。

イガウロコアリ　*Pyramica benten* (Terayama, Lin et Wu)

　体長1.5-2 mm。全身が黄褐色から赤褐色。頭部背面は細かく不規則に彫刻される。胸部背面と腹柄節背面の彫刻は弱い。胸部側面の大部分と後腹柄節背面は平滑で光沢がある。腹部背面は平滑で光沢があるが，基方に数本の縦隆起線がある。全体的に毛が少なく，鹿児島産では頭部には立毛がほとんどなく，胸部にも眼の長径より短い毛がごく少数あるのみ。腹部には第1背板基方と第2背板以降に少数の立毛がある。頭部は厚く，横から見て頭頂より少し前方で一番厚い。頭盾は幅広く，前方に少しつき出る。眼は触角第5節より少し小さい。触角柄節外縁は角ばらない。中胸背板はわずかに隆起する。前伸腹節後面両側には幅の狭い薄板がある。腹柄節は長く，長さは幅の2.5倍近い。両側に三角形の翼状の薄片がある。後腹柄節は幅が広く両側と後縁に薄片がある。腹柄部全体の下に

は分厚い海綿状付属物がある。かつては学名として *Smithistruma* sp. 4 または *Smithistruma benten* が使われていた。

　林縁やオープンな場所の土中に営巣するという。鹿児島県知覧では農薬を使わない茶園で採集された例がある。

　本州から九州までの日本本土と南西諸島に分布する。南九州では，宮崎県，鹿児島県薩摩半島，甑島列島，屋久島などから採集されている。

鹿児島県藺牟田池〈KE〉

ヒラタウロコアリ　*Pyramica canina* (Brown et Boisvert)

体長 1.5−2 mm。全身が黄褐色から暗褐色。後腹柄節と腹部は平滑で光沢がある。それ以外はほぼ全身が細かく密に彫刻される。立毛は頭部と胸部にはまったくなく，後腹柄節と腹部に少数あるのみ。頭部は薄く，背面は平坦。頭盾は幅広く，後方は凸型だが前縁は幅広く裁断され中央部は少しくぼむ。大腮は細くやや長く，多数の小歯をそなえる。触角第5節は，第3, 4節を合わせたより長く，眼の長径より長い。胸部は横から見て背面が平坦。前伸腹節刺は明瞭で，その下方にある薄板は外縁がくぼむ。腹柄節の丘部は長さと幅がほぼ等しい。腹柄部の海綿状付属物はイガウロコアリのそれとほぼ同じ。腹部第1背板基方の縦隆起線は数が多く，背板の長さの1/3 付近までのびる。以前は学名として *Pentastruma canina* が使用されていた。

　照葉樹林の林床に生息し，落葉層の篩いで採集できる。川辺町では有機農業のビオファー

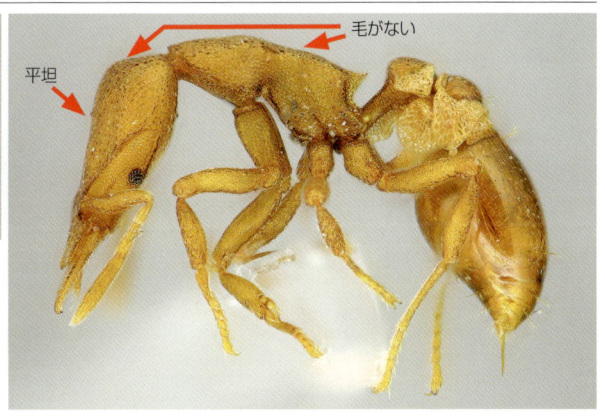

鹿児島県高隈山〈KE〉

フタフシアリ亜科　135

ムで採集されている。

　本州南岸，四国，九州，大隅諸島に分布する。南九州では，宮崎県，鹿児島県薩摩半島，甑島列島，屋久島から採集されている。

セダカウロコアリ　*Pyramica hexamera* (Brown)

　体長2mm弱。体は全体が黄褐色〜褐色。頭部，胸部，腹柄節はほぼ全体が細かく彫刻される。後腹柄節と腹部は平滑で光沢がある。触角柄節や大腮を含む頭部，胸部背面，腹柄節背面には多数の円状毛をもつ。後腹柄節背面には円状毛のほかに先端のふくらんだ立毛が少数ある。腹部の立毛は先端がふくれる。頭部は正面から見て，中央付近で両側に張り出す。横から見てやや厚みがあり，眼から少し後方で一番厚くなる。頭盾は横長で，後方にまるく張り出し，前縁はほぼ平坦。左右の大腮はやや離れてつき，間に大きな隙間がある。隙間の奥から先端の二分した上唇が見える。触角柄節は扁平で前方に角をもつ。胸部は横から見て背縁は平坦。前伸腹節は少し低く，前伸腹節刺は小さいが明瞭。腹柄節下面には幅の狭い薄板があり，後腹柄節の下には大きな海綿状付属物のかたまりがある。腹柄節の丘部は幅＞長さ。後腹柄節は大きく，その幅は腹部第1背板の幅より少し小さい程度。腹部第1背板の基方には密な縦条刻がある。以前は学名として *Epitritus hexamerus* が使われていた。

　照葉樹林の林床に生息する。

　本州（関東以南），四国，九州，南西諸島，小笠原諸島，朝鮮半島，台湾に分布する。南九州では，宮崎県，鹿児島県本土（串木野市，鹿児島市）から採集されている。

鹿児島市吉田〈KE〉

ヒメセダカウロコアリ　*Pyramica hirashimai* (Ogata)

　体長1mm強。体色は黄褐色。前種に似るが，体が小さい以外に次のような違いがある。大腮の棒軸部に歯がない（前種では2個の歯がある）。頭盾前縁に鱗片状の毛がある（前種ではない）。中胸背板は前伸腹節におおいかぶさることはない（前種では中胸背板が後方に張り出す）。前伸腹節刺を欠く。以前は学名として *Epitritus hirashimai* が使われていた。

　林床の土中に生息する。照葉樹林ばかりでなくスギ林やフ

ラワーガーデンで採集されたこともある。

　本州，九州，南西諸島に分布する。南九州では，鹿児島県本土と屋久島から記録がある。

段差ない
刺がない

鹿児島市平田〈WJ〉

ノコバウロコアリ　*Pyramica incerta* (Brown)

　体長 1.5 mm 弱。体は黄褐色～赤褐色。頭部，前胸背，中胸背と前伸腹節の背面，腹柄節背面は微細に彫刻される。中胸側板，前伸腹節側面，後腹柄節背面，腹部は平滑で光沢がある。頭部の立毛は太く，やや密。胸部から後方の毛は細く単純で，まばら。前胸背版肩部には 1 対の長いちぢれ毛がある。正面から見て，頭部の後方 3/4 は円形に近いが，後縁はくぼむ。横から見て頭部は厚い。触角挿入孔は頭盾のすぐ後方で大きな陥没を形成する。頭盾は横に長い五角形で，前縁は直線的。大腮は短い。触角収容溝は深い。触角柄節外縁は基方 1/3 のところに角がある。横から見て前・中胸は少し盛り上がる。前伸腹節後面の薄板は狭く外縁は直線状。腹柄節丘部は幅が長さよりわずかに広い。腹柄節の後縁と下面，後腹柄節の周囲に幅の狭い薄片がある。後腹柄節の下には大きな海綿状付属物がある。腹部第 1 背版基方の条刻は短い。以前は学名として *Smithistruma incerta* が使用されていた。

　照葉樹林の林床に生息する。鹿児島県南大隈町（旧佐多町）ではトゲズネハリアリの巣から得られた。

　本州（東北南部以南）から九州までの日本本土に分布する。南九州では，鹿児島県大隅半島と屋久島から採集されている。

丸い

鹿児島県徳之島〈WJ〉

フタフシアリ亜科　137

ツヤウロコアリ　*Pyramica mazu* (Terayama, Lin et Wu)

　日本産本属のなかでは最小の種で，体長 1.0 mm 強。体は黄褐色，脚は強く黄色味を帯びる。頭部背面の大部分を除きほぼ全身が平滑で光沢がある。体全体にやや長い単純な立毛が多数あり，とくに頭部背面で密度が高い。頭部は後方で幅広く，触角挿入部付近で著しく狭い。頭盾前縁はほぼ直線状。触角柄節外縁に角はない。前伸腹節は背面と後面が区画されず，連続的に移行する。前伸腹節刺を欠くが，後面は両側に薄板が発達する。腹柄節丘部と後腹柄節丘部はともに幅＞長さ。腹柄節下面の海綿状付属物はよく発達する。後腹柄節の下には大きな海綿状付属物がある。腹部第 1 背板の基方に縦隆起線はほとんど認められない。かつては学名として *Smithistruma mazu* が使用されていた。

　照葉樹林や竹林の林床に生息し，落葉層の篩いで採集される。

　本州から九州までの日本本土と南西諸島に分布する。南九州では，宮崎県，鹿児島県本土，屋久島から採集されている。

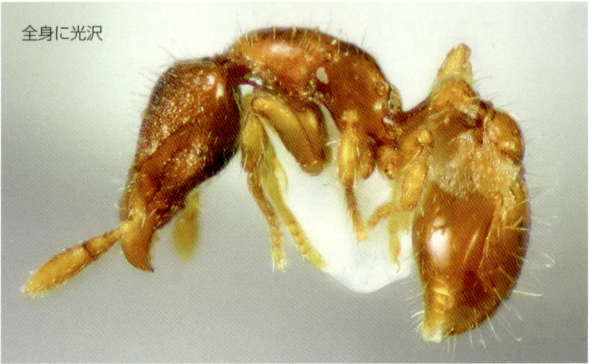

全身に光沢

鹿児島市平田〈WJ〉

トカラウロコアリ　*Pyramica membranifera* (Emery)

　体長 1.5 - 2 mm。全身が黄褐色。前胸背側面，中胸側の下方，前伸腹節の一部，腹柄節と後腹柄節の背面，腹部は平滑で光沢がある。それ以外は微細に密に彫刻される。体背面に立毛はほとんどなく，頭部後方に 1 対の鱗片状の毛と腹部末端近くに数本の立毛があるにすぎない。頭部を正面から見て，後縁はほぼ平坦で浅くくぼむ。頭盾は幅広く前縁はほぼ直線状。大腮は短く，略三角形でそしゃく縁には多数の歯がならぶ。大腮の基方は稜となり，頭盾との間に溝ができる。触角柄節は外縁の基方 1/3 付近に角がある。前胸背は平坦で両側が縁どられる。前伸腹節刺は鋭く，そこから下に向かって幅の広い薄板がある。腹柄節の丘部は上から見てほぼ円形。腹柄節と後腹柄節の周囲は海綿状付属物に囲まれる。腹柄部下方にある海綿状付属物は巨大。腹部第 1 背板基方の条刻はやや長く，背板の長さの 1/3 ほどに達する。かつては学名として *Trichoscapa membranifera* が使われていた。

　林縁など比較的オープンな場所の石下などに営巣する。桜島の溶岩地帯や鹿児島市市街地のような，かなり攪乱の激しい場所でも見つかる。鹿児島県では比較的普通に見られる。鹿児島大学植物園では 9 月中旬に有翅虫が巣から見つかっている。人為によって世界中

に広がっているが、原産地は不明。
　世界中の暖温帯から熱帯に分布。日本では本州（関東以南），四国，九州，南西諸島，小笠原諸島から知られる。南九州では，宮崎県，鹿児島県本土，屋久島から記録されている。

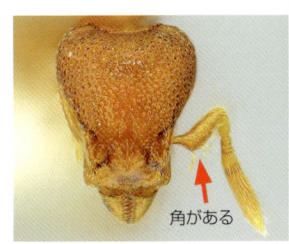

1対の毛

角がある

鹿児島市吉田〈KE〉

キバオレウロコアリ　*Pyramica morisitai* (Ogata et Onoyama)

同じ長さ

角ばる

鹿児島県口永良部島〈WJ〉

　体長1.5mm弱。体は黄色。胸部側面，後腹柄節背面，腹部背面は平滑で光沢がある。それ以外は微細に彫刻される。頭部に2対，前胸背に1対，腹部第1背板後縁近くに1対，長くてやや鞭状の毛がある。それ以外の毛は短く目立たない。頭部は非常に細長く，前方に向かって徐々に幅が狭まる。頭盾も長く，前方と後方に突き出る。大腮は長く，横から見て先端から1/3付近で背側に明瞭な角をもつ。閉じた状態で両方の大腮の間にすきまができる。触角末端節は長く，柄節の長さと同じ。横から見て胸部背面はほぼ平坦。前伸腹節刺は短く，そこから下方へのびる薄板は幅が狭い。腹柄節の前縁を除き，腹柄部は海綿状付属物に囲まれる。腹柄部の下には大きな海綿状付属物がある。腹部第1背板基方の条刻は未発達。かつては学名として，Genus ?A sp. あるいは *Smithistruma morisitai* が使われていた。
　やや開けた場所の石下に見いだされるという。

フタフシアリ亜科　139

南西諸島の固有種で，大隅諸島と沖縄本島からのみ採集されている。南九州では，大城戸博文氏により口永良部島向江浜で採集された2個体のみが知られる。

ヌカウロコアリ　*Pyramica mutica* (Brown)

体長1.5mm前後。体色は黄色から淡黄褐色。中胸側板，後腹柄節背面，腹部は平滑で光沢がある。それ以外は微細に彫刻される。頭部の毛はほとんどが横に寝ているが，頭頂に1対のへら状立毛がある。胸部の毛は繊細で寝たものが多いが，中胸背に1対のへら状立毛がある。腹部背面には多数の立毛があり，やはり先端が多少へら状となっている。頭部は大腮も含めると長い三角形で，頭盾は前方に少し突き出る。眼は小さく，その長径は触角第5節より短い。大腮は略四辺形状で，多数の歯が先半部に集まっている。大腮を閉じた状態で頭盾の前方に隙間ができる。胸部はずんぐりしており，横から見て前・中胸はややドーム状に盛り上がる。後胸溝は明瞭にくぼむ。前伸腹節は背面と後面の境界がはっきりせず，前伸腹節刺はない；後面に薄板は認められない。腹柄節の丘部は上から見て幅が長さより少し大きい。腹柄部の海綿状付属物はほとんど発達しない。腹部第1背板基方の条刻は細かく密。脚は本属の種としては長い。かつて学名としては *Kyidris mutica* が用いられていた。

やや開けた場所の土中や朽木に営巣するといわれるが，南九州での生態は未知。

本州から九州までの日本本土，南西諸島，朝鮮半島，台湾，インドネシア，マレーシアなどに分布する。南九州では，宮崎県，鹿児島県本土，屋久島から記録がある。

鹿児島県奄美大島〈WJ〉

ホソノコバウロコアリ　*Pyramica rostrataeformis* (Brown)

体長1.5mm。ノコバウロコアリに似るが，以下の点で区別される。頭盾前縁はくぼまない（ノコバではわずかにくぼむ），前・中胸背面にはほとんど立毛がないが中胸に1対の顕著な棍棒状の立毛がある（ノコバでは多数の立毛と前胸肩部に長いちじれ毛がある）。かつて学名としては *Smithistruma rostrataeformis* が用いられていた。

林床に生息し朽木に営巣するといわれているが，南九州における生態は未知。

本州（宮城県以南），四国，九州，大隅諸島に分布する。南九州では，屋久島から記録がある。

1対の立毛

鹿児島県屋久島〈TM〉

●ウロコアリ属　*Strumigenys* F. Smith, 1860

　働きアリは単型。体長はアジア産の種では 1-4 mm。体色は黄色～暗褐色。体表は微細で密な点刻に覆われることが多いが，中胸側板などが平滑な種もある。腹部はふつう平滑で光沢があるが，第1背板の基部に縦の隆起線を多数もつこともある。頭部と胸部には立毛を全くもたない種から，いろいろな数の変形毛，伏毛，長毛をもつ種までさまざま。頭部は扁平，長さが幅より大きいことが多く，前方で著しく狭まる。頭部後縁は深く湾入する。大腮は細長い棒軸状で，先端部には垂直に位置する2個の針状の歯がフォーク様に並ぶ。眼は中程度に発達する。触角収容溝は深く顕著で，眼より上方に位置する。触角は4節または6節で，第3, 4節は非常に小さい（南九州産種では6節）。胸部は細長く，前・中胸背はやや盛り上がる。前伸腹節刺は針状または刺状で，ふつうそこから下に向かって薄板が発達する。腹柄節には柄がある。腹柄節，後腹柄節には前伸腹節の薄板と同様の海綿状付属物がある。かつてヨフシウロコアリ属（*Quadristruma*）と呼ばれていたものは本属に統合された。

　大半が森林性で，林床の朽木中，落葉層などに営巣する。一部の種ではトビムシ類を専門に狩ることが分かっている。

　世界中の温帯から熱帯に分布し，450種以上が知られる。熱帯雨林で種数が多い。日本からは10種が知られ，大半が南西諸島を中心に分布する。南九州では2種が採集されている。宮崎県からはキタウロコアリ *Strumigenys kumadori* Yoshimura et Ogata が記録されたことがあるが（当時は *Strumigenys* sp.），再確認が必要。

フタフシアリ亜科　141

ウロコアリ　*Strumigenys lewisii* Cameron

　体長（大腮の先端から尾端まで）2 mm前後。体は黄褐色。頭部の大部分，前胸背，中胸背，前伸腹節背面は微細に点刻される。中胸側と前伸腹節側面は広範に平滑で光沢がある。腹柄節背面は不規則に彫刻されるが，後腹柄節背面は平滑で光沢がある。体毛の多くは正常；腹部背面の立毛の一部は長く鞭状。頭部は顕著に縦長。大腮には先端2歯の手前に内側を向いた1歯がある。触角は6節。前伸腹節後面の海綿状薄板は上から下までほぼ同じ幅で，後縁（外縁）は直線的。腹柄節，後腹柄節の側面と下面には大量の海綿状付属物がある。腹部第1背板の基方には荒い縦の条刻がある。かつてミナミウロアリとされていたものは本種と同種であることが判明した。
　林縁，森林に生息し，石下，朽木内，落葉層に営巣する。本州ではトビムシ類を狩ることが分かっている。多雌性。南九州ではごく普通種で，かなり攪乱された場所にも生息する。
　本州から九州までの日本本土，対馬，南西諸島（西表島まで），朝鮮半島，中国，台湾に分布する。南九州では宮崎県，鹿児島県本土，甑島列島，屋久島，種子島，口永良部島から記録がある。

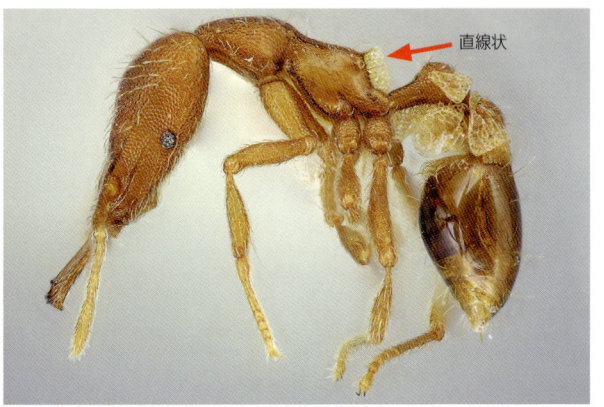

直線状
腮が長い

鹿児島県種子島〈KE〉

オオウロコアリ　*Strumigenys solifontis* Brown

腮はより長い

　前種よりやや大きく，体長2.5 mm前後。彫刻，立毛の数や状態は前種とよく似ているが，以下の点で異な

鹿児島市甲突川緑地〈WJ〉

る。体は全体的により細長い。頭部，大腮，触角もより長い。前伸腹節後面の海綿状薄板は上方へ向かい狭くなり，後縁は直線的でない。

　林縁の岩石の下や間隙に営巣するといわれるが，南九州における生態は未知。

　本州（関東以南），四国，九州，沖縄島，小笠原諸島，台湾などに分布する。南九州では，鹿児島県本土，甑島列島，屋久島から少数の記録がある。

●ミゾガシラアリ属　*Lordomyrma* Emery, 1897

　働きアリは単型，体長2-5 mm。体は黄褐色から黒褐色。腹部を含め全身が密に彫刻されることが多い（稀に腹部が平滑）。全身に長毛を密生する。多くの種では頭部に明瞭な触角収容溝がある。眼の発達はふつう。頭盾は前方が垂直な壁となる。触角は12節で，3節の棍棒部をもつ。前胸背と中胸背は合一してドームを形成するが，前伸腹節との段差は小さい。前胸背と中胸背を区切る縫合線はない。前伸腹節刺はよく発達する。腹柄節丘部は横から見て前縁は直線状で切り立つ；背面は前方で多少とも角を形成する。腹部第1背板は大きく，腹部背面全体の80％ほどを占める。

　林床性で，土中や落枝中に営巣するといわれる。表層土や落葉層から採集される。

　東アジアの温帯から東南アジアをへてオーストラリアにかけて広く分布する。日本には1種のみを産する。

ミゾガシラアリ　*Lordomyrma azumai* (Santschi)

（長い／少しとがる／溝がある）

体長3 mm前後。体は黄褐色から暗赤褐色，腹部は黒みをおびる。頭部背面にはやや不規則な縦走する隆起線がある。頭部側面や胸

鹿児島県高隈山 〈KE〉

部は不規則で荒い点刻におおわれる。腹柄部と腹部は表面的な微細彫刻と点刻におおわれる。全身に長毛を密生する。頭部は長さ＞幅。触角柄節は頭部の後側角にわずかに届かない。後胸溝は顕著。前伸腹節刺は長く，触角末端節の長さに近い。先端はややとがる。腹柄節丘部は側面観で略三角形，先端はとがる。後腹柄節はコブ状。顕著な触角収容溝があるため，同定を誤ることはない。

　南九州では平地から標高1,000 m付近まで生息し，照葉樹二次林などで採集されるが，あまり多くない。紫尾山の山頂付近では9月下旬に有翅虫が巣から採集されたことがある。

　関東以南の本州，四国，九州，大隅諸島に分布する。南九州では，宮崎県，鹿児島県本

フタフシアリ亜科

土，屋久島から記録がある。

●ナガアリ属　*Stenamma* Westwood, 1839

働きアリは単型で，体長は 2 – 4 mm。眼は小さく，日本産では眼の長径は触角第 2 節と同程度。触角柄節は比較的短く，正面観で頭部後縁にわずかに届かないか少し超える程度。前胸背と中胸背を区切る縫合線はない。前胸背と中胸背が合一してドーム状になり，前伸腹節とはっきりと段差をなす点で，オオズアリ属，アシナガアリ属，クロナガアリ属などと似るが，以下の形質状態の組合せにより，それらとは区別できる。1) 触角棍棒部は不明瞭かあるいは 4 節からなる，2) 頭盾には 1 対の縦隆起線がある，3) ふつう後脚脛節刺を欠く。かつてメクラナガアリ属と呼ばれていた。

森林性のアリで，落葉層を篩うことにより採集できる。コロニーサイズは小さいといわれる。

旧北区と新北区に広く分布する。日本からは 2 種が知られており，南九州から確実な記録があるのは 1 種である。

ハヤシナガアリ　*Stenamma owstoni* Wheeler

体長 2.5 – 4 mm。体は全体が褐色だが，頭部と腹部は暗色となる傾向がある。頭部は全体が細かく，胸部は全体がやや荒く彫刻される。腹柄部の彫刻は弱く，

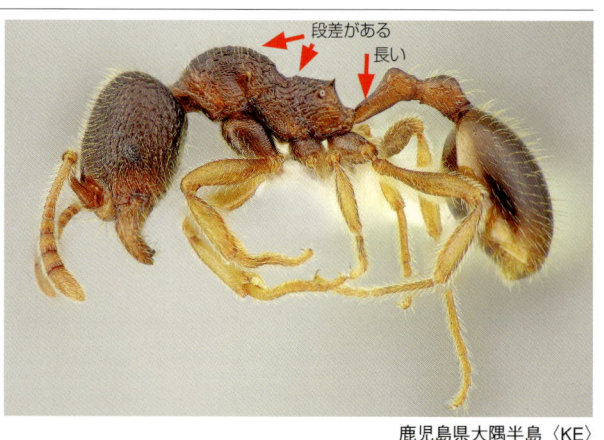

鹿児島県大隅半島〈KE〉

背面は平滑に近い。腹部は平滑で光沢がある。頭部腹面を含め全身に中程度の長さの立毛がある。頭部背面の立毛は短い。頭部は縦に長く，正面観で後縁は平ら。触角柄節は頭部後縁にわずかに届かない。後胸溝は明瞭。前伸腹節刺はごく短い。腹柄節は低く長く，その柄部は長い。後腹柄節も低く長い。眼の長径が触角第 9 節よりも長いことによって近縁種ヒメナガアリ *Stenamma nipponense* Yasumatsu et Murakami（北海道～九州北部に分布）と区別できる。かつてはメクラナガアリと呼ばれていた。

林縁から林内に生息し，土中に営巣するといわれる。南九州では照葉樹二次林で採集されているが詳しい生態は未知。

本州，四国，九州，大隅諸島，中国に分布し，南九州では宮崎県，大隅半島（根占町），屋久島から採集されている。

●ウメマツアリ属　*Vollenhovia* Mayr, 1865

　働きアリは基本的に単型だが，熱帯の種のなかにはサイズ変異が大きくて多型と呼んでもいいケースがある。体色は黄色〜黒色，ときに赤色味の強い種がある。頭部から腹柄部までは彫刻をもつ種が多いが，ときに全身の彫刻が微細で光沢をもつ場合がある。体の立毛は多い。頭部は縦長，略長方形のことが多い。眼はよく発達する。大腮は長い三角形状。触角は 11 あるいは 12 節で（日本産ではつねに 12 節），先端 3 節は棍棒部を形成する。胸部は横から見て背面は平坦。前胸・中胸背は完全に融合し，後胸溝は一般に発達が悪く背面ではほとんど認められないことがある。前伸腹節刺も一般に発達が悪く，ときに完全に欠く。腹柄節はコブ状，柄部はほとんど認められない。後縁近くにやや反り返った隆起縁をもち，後腹柄節とは段差をもって接続する。腹柄節はよく発達した下部突起を持つことが多い。腹部第 1 背面は大きく，腹部背面全体の 2/3 以上を占める。
　林内に生息し，朽木や立枯れ木に営巣する。稀に土中営巣の種がある。日本からは社会寄生をする種が見つかっている。
　東南アジア，東アジアからニューギニア，オーストラリア，オセアニアに分布する。日本には 7 種を産し，南九州にはそのうち 2 種が生息する。

■タテナシウメマツアリ　*Vollenhovia benzai* Terayama et Kinomura

　体長 2 mm 前後。体は黄褐色から暗褐色で，大腮，触角，脚は黄色味を帯びる。頭部背面は密に点刻される。大腮と眼の後方に平滑部がある。胸部にはやや不明瞭な点刻と条刻がある。腹柄部も不規則に彫刻されるが，背面の彫刻はごく弱い。腹部背面にはごく表面的な微細な彫刻がある。体の背面には立毛が多い。触角柄節は頭部後縁にはるかに届かない。前伸腹節は刺を欠くが，後面の両側は隆起縁で縁どられる。腹柄節下部突起はほとんど認められないが，島嶼部の個体群ではやや発達する場合がある。
　森林に生息し，土中や落葉層から得られる。おそらく土中営巣と思われる。
　四国，九州，南西諸島（沖永良部島以北）に分布する。南九州では，宮崎県，鹿児島県本土，甑島列島，種子島，屋久島，口永良部島，三島（硫黄島，黒島）から記録がある。

刺がない

下部突起がないか，発達がわるい

鹿児島県口之島〈WJ〉

フタフシアリ亜科　145

ウメマツアリ　*Vollenhovia emeryi* Wheeler

　体長2mm前後。前種によく似るが，以下の点で区別できる。体の彫刻はより強い。腹柄節と後腹柄節の背面も彫刻される。腹部の立毛は明瞭な穴から生じる。眼が若干大きく，その長径は眼の前縁と大腮基部の間の距離とほぼ同じ（前種では眼の長径は眼の前縁と大腮基部の間の距離より小さい）。前伸腹節刺は小さいが明瞭。腹柄節下部突起は前方に板状に大きくはりだす。

　林床性で倒木樹皮下や朽木内に営巣する。南九州では土中営巣は確認されていない。鹿児島市では，12月に巣から有翅虫が得られたことがあるので，有翅虫が巣内で越冬し，翌春結婚飛行に飛び立つ可能性がある。本州では，河原の朽木から短翅型女王を生産し，多雌性であるコロニーが見つかっているが，南九州では確認されていない。

　北海道から九州までの日本本土，大隅諸島，朝鮮半島，中国に分布する。南九州では，宮崎県，鹿児島県本土，甑島列島，屋久島，種子島，口永良部島，三島（黒島）から記録がある。

鹿児島市平田〈KE〉

●ヒメアリ属　*Monomorium* Mayr, 1855

　働きアリは基本的に単型であるが，種によってはサイズ変異がはげしく，多型と呼んでもいい場合がある（南九州産ではすべて単型）。アジア産種の体長は1−4mm。一般に体には平滑で光沢のある部分が多く，彫刻はあってもあまり強くない。立毛は白く弱々しいことが多い。体は細長く，触角や脚はあまり長くない。頭部は縦長で，略長方形だが，後側方のコーナーは丸みを帯びる。眼の発達度合いはさまざま（消失することはない）。触角はほとんどの種では12節からなり（まれに10または11節；日本産ではすべて12節），先端3節は棍棒部を形成する。触角柄節は頭部後縁に届かないか，若干超える程度。横から見て胸部背面は多少隆起する程度。前胸と中胸は完全に融合し，両者の間に縫合線は認められない。しばしば後胸溝が顕著。前伸腹節刺は通常ないが，その部分が角ばることはある。腹柄節にはしばしば明瞭な柄がある。

　裸地から森林まで多様な環境に生息する。攪乱地に適応した放浪種も多い。土中，石下，枯枝・朽木中，生木腐杤部，人家内などに営巣する。アジアの熱帯には葉裏にカートンで巣をつくる種もいる。

　世界中の温帯から熱帯に分布するが，とくにアフリカと熱帯アジアに種数が多い。日本

からは9種が知られるが，南九州ではそのうち5種が採集されている。

クロヒメアリ　*Monomorium chinense* Santschi

　体長1.5 mm弱。体は全体が赤褐色〜黒褐色，腹部はとくに暗色となることが多い。頭盾，大腮，触角，脚は黄色味を帯びる。ほぼ全身が平滑で光沢がある。体の背面には白い立毛がある。眼の長径は触角第11節の長さと同じ。触角柄節は頭部後縁にわずかに届かない。後胸溝は顕著で明瞭に彫刻される。前伸腹節刺を完全に欠く。腹柄節は明瞭な柄をもつ。尾端の針は目立たない。

　裸地や草地に生息し，土中に営巣する。鹿児島市では8月下旬に雄アリが巣から見つかっている。

　本州から九州までの日本本土，南西諸島，台湾，中国などに分布する。南九州では，宮崎県，鹿児島県本土，甑島列島，種子島，屋久島，口永良部島，三島（竹島，硫黄島，黒島），宇治群島（家島）から記録がある。

くぼみ深い

全身黒褐色

鹿児島県種子島〈KE〉

フタイロヒメアリ　*Monomorium floricola* (Jerdon)

二色性

　体長1.5 mm前後。頭部と腹部は暗褐色で胸部は黄色〜黄褐色の二色性を示す。大腮，触角先端，脚（脛節と付節）は鮮黄色。全身がほぼ平滑で光沢があるが，ときに後胸側面と前伸腹節側面が弱く彫刻される。体の背面に

沖縄県西表島〈WJ〉

フタフシアリ亜科　147

は白い立毛があるが，胸部ではごくまばら。触角柄節は頭部後縁にはるかに届かない。後胸溝は細いが明瞭，溝の底は彫刻される。前伸腹節刺を完全に欠く。腹柄節には柄がある；丘部は横から見ると頂部の丸い三角形状。尾端の針は目立つ。

攪乱地に生息し，樹皮下や枯枝内に営巣するという。南九州での生態は未知。放浪種と考えられている。

東南アジア一帯に広く分布し，世界中に人為導入されている。日本では大隅諸島以南の南西諸島から記録されている．南九州では屋久島と口永良部島のみから採集されている。

フタモンヒメアリ *Monomorium hiten* Terayama

体長 1.5 mm弱。体は淡黄色〜黄色で，腹部第 1 背板に 1 対のやや大きな黒紋がある。ほぼ全身が平滑で光沢がある。頭部と胸部の立毛はごくまばら。触角柄節は頭部後縁に届かない。後胸溝は明瞭。前伸腹節刺を完全に欠く。腹柄節丘部は横から見て頂部が丸い略三角形で，柄部は短い。腹柄節は後腹柄節よりかなり大きい。

林縁から草地にかけて生息し，石下などに営巣するという。南九州における生態は未知。

南西諸島に分布する。中国南部やベトナムからもごく近縁な種が見つかっている。南九州では屋久島のみから採集されている。

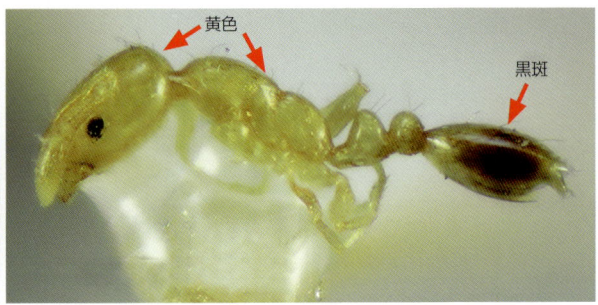

沖縄県与那国島〈WJ〉

ヒメアリ *Monomorium intrudens* F. Smith

体長 1.5 mm弱。頭部から腹柄部までは濃黄色〜黄褐色，腹部が暗褐色の二色性。触角と脚は黄色味が強い。全身がほぼ平滑で光沢がある。立毛はまばら。触角柄節は頭部後縁に届かない。後胸溝は明瞭。前伸腹節刺を完全に

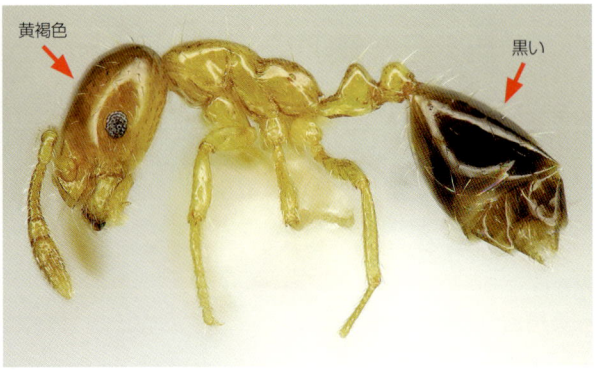

鹿児島市平田〈KE〉

欠く。腹柄節丘部は横から見て頂部が丸い略三角形で，柄部はごく短い。フタイロヒメアリやフタモンヒメアリに似るが，体色で簡単に区別できる。

　林縁から林内にかけて生息し，生木の枯枝，石下などに営巣する。鹿児島県では人家に侵入し，営巣する代表種。

　本州から九州までの日本本土，南西諸島，朝鮮半島に分布する。南九州では，宮崎県，鹿児島県本土，甑島列島，種子島，屋久島，口永良部島，三島（竹島，黒島）から記録がある。

イエヒメアリ　*Monomorium pharaonis* (Linnaeus)

　体長 1.5 – 2 mm。頭部から腹柄部までが黄褐色，腹部は前方 1/3 – 1/2 が黄褐色，後方は黒褐色。腹部を除き全身が微細な点刻でおおわれる。胸部の立毛は少なく，前胸背に 1 対，中胸背に 1 対，前伸腹節背面に微小な 1 対をもつのみ。眼はよく発達する。触角柄節は長く頭部後縁を超える。前・中胸背はやや盛り上がり，前伸腹節よりも高い。後胸溝は目立つ。前伸腹節刺を完全に欠く。腹柄節丘部は横から見て逆U字状に近く，柄部はやや長い。尾端の針はほとんど認められない。

　熱帯では野外でも生息できるが，亜熱帯や温帯では建物の内部に営巣する。南九州では，病院，ビルなど冬でも暖かい建築物に住んでいる。壁の隙間，引出し，電気器具などに営巣する。

　代表的な放浪種で，原産地は不明。世界中に広がっている。日本では，本州から九州までの本土と南西諸島から知られる。南九州では，宮崎県，鹿児島県本土，屋久島での営巣が確認されている。

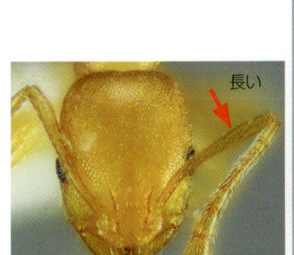

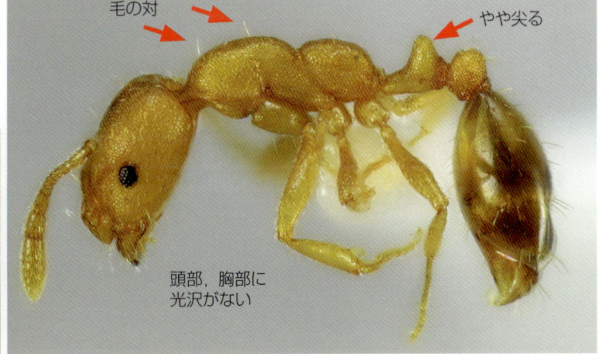

京都市左京区〈WJ〉

●コツノアリ属　*Oligomyrmex* Mayr, 1867

　働きアリはつねに二型。アジア産種においては，小型働きアリは体長 1 mm前後，大型働きアリは 1.5 – 3 mm。体色は乳白色から暗褐色までさまざま。腹部を除き体は微細に点刻されることが多いが，彫刻の弱い種は一見トフシアリに似る。体の背面には立毛がある。小型働きアリの頭部は縦が横よりわずかに長い。頭盾前縁中央には 1 対の剛毛が前方に突き出る。眼はごく小さい。触角は 8 – 11 節で，先端の 2 節は大きな棍棒部を形成する。触角柄節は頭部後縁を超えない。前・中胸背板はわずかに盛り上がり，前伸腹節よりも高い。

後胸溝は顕著。前伸腹節刺をもつ種が多い；刺がなくともその位置は角となることが多い。腹柄節はふつう柄部をもち，丘部は低く顕著な逆U字状とはならない。大型働きアリはより縦長の頭部をもち，頭頂近くに1対の突起をもつことが多い。前・中胸背はかなり高いドームを形成する。腹柄節の丘部は小型働きアリにくらべ高い。最近 *Oligomyrmex* を *Carebara* に含める（シノニムとする）研究者がいるが，ここでは従わない。

　林床に生息し，石下，土中，朽木，切り株などに営巣する。

　世界中の温帯から熱帯に分布するが，大半の種はアフリカと東南アジアに集中している。日本には4種が生息し，南九州ではそのうち1種のみが見つかっている。

コツノアリ　*Oligomyrmex yamatonis* Terayama

小型働きアリ

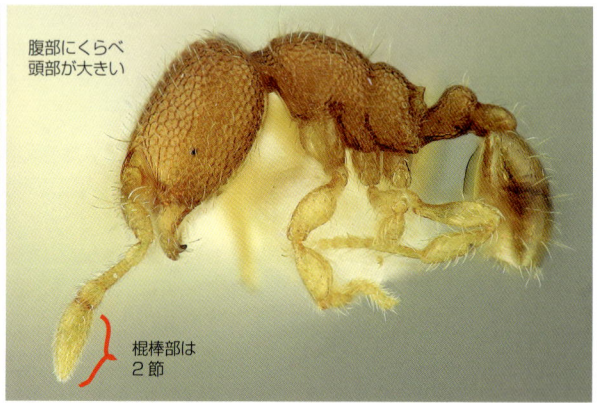

腹部にくらべ頭部が大きい

棍棒部は2節

鹿児島県曽於市〈KE〉

大型働きアリ

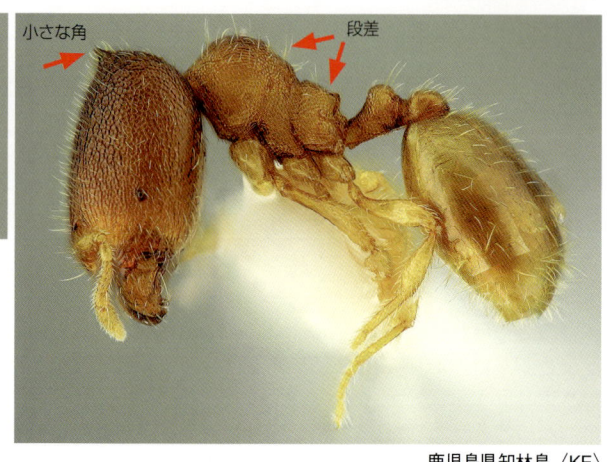

小さな角　　段差

鹿児島県知林島〈KE〉

体長は小型働きアリで1mm，大型働きアリで1.5mm前後。頭部〜腹柄部は密に点刻される。腹部は平滑で光沢がある。体表の立毛は長さがそろわず，まばら。

大型働きアリは頭頂付近に1対の突起をもつ。頭部後縁はこの突起の間でくぼむ。前・中胸背は小型働きアリではあまり高くなく前伸腹節に段差なくつながるが，大型働きアリ

では顕著に隆起し大きなドームを形成する。前伸腹節は後面の両側が稜に縁どられ，稜の上方が前伸腹節刺をふくんでしまう。かつて学名として *Oligomyrmex sauteri* Forel が使われていた。最近，*Carebara yamatonis* (Terayama) を使用する研究者がいるが，ここでは従わない。

　林床に生息し，土中に営巣する。

　本州から九州までの日本本土と南西諸島に分布する。南九州では，宮崎県，鹿児島県本土，種子島，屋久島，口永良部島から採集されている。

●トフシアリ属　*Solenopsis* Westwood, 1840

　働きアリは単型または多型。日本産種は弱い二型を示す。アジア産では体長 1-2 ㎜。アメリカ大陸からの導入種であるアカカミアリ（*S. geminata* (Fabricius)）では最大 4.5 ㎜。体表の大部分が平滑で光沢のある種が多い。柔らかい立毛が多い。頭部は縦と横が同じくらいか縦が長い。ふつう頭盾には 1 対の縦隆起線があり，前方で歯状につき出る。頭盾前縁中央には前方につき出る 1 本の長い剛毛がある。地上活動性の種を除き，眼の発達は悪く，ごくまれに眼を欠く。触角は 10 節．（ごくまれに 9 節）からなり，先端 2 節が棍棒部を形成する（日本産で 2 節の棍棒部をもつフタフシアリは本属とコツノアリ属のみ）。胸部は横から見て背面が平坦，あるいは前・中胸背が多少盛り上がる。後胸溝は明瞭。前伸腹節刺を欠く。腹柄節には柄部があり，丘部は高く，逆 U 字状のことが多い。

　アジアに在来の種はすべて土中性で，地表に現れることが少ない。新大陸には地表活動性の種が多数おり，大半は働きアリの体長が 2 ㎜以上で多型を示す。日本では，南米原産のアカカミアリが火山列島の硫黄島に定着している。人畜に被害を及ぼす南米原産のヒアリ *S. invicta* Buren は最近台湾と中国南部に侵入した（本書付録 2 を参照）。

　世界中の温帯から熱帯に分布する。アジアでは熱帯に種数が多い。日本には導入種であるアカカミアリを含めて 3 種が生息する。南九州からはそのうち 1 種が知られる。

トフシアリ　*Solenopsis japonica* Wheeler

体長 1.5 ㎜前後。体は黄色〜黄褐色で，頭部と腹部はやや暗色のことがある。触角棍棒部と脚は黄色味が強い。体表は平滑で光沢がある。頭部背面には点刻がまばらにあり，とくに大型個体で目立つ。眼と大腮の間には細

鹿児島市吉田〈KE〉

フタフシアリ亜科　151

かい条刻がある。体背面にはやや長めの立毛が多い。頭部は縦が横より長い。触角柄節は頭部後縁にはるかに届かない。前・中胸背はやや盛り上がり，前伸腹節よりやや高い。後胸溝は深い。腹柄節は柄をもち，丘部は逆U字状で下部突起は小さい歯状。

　草地，林縁，疎林などの土中や石下に営巣する。他種のアリの巣に坑道をつなげ，餌を盗み取るといわれるが，南九州における生態は未知。鹿児島県薩摩半島では10月下旬に巣から有翅虫が採集され，トカラ列島横当島では10月初旬の日中に結婚飛行が見られた。

　北海道から九州までの日本本土全域，対馬，大隅諸島，朝鮮半島に分布する。南九州では，宮崎県，鹿児島県本土，甑島列島，屋久島，口永良部島，三島（硫黄島）から記録がある。

●クシケアリ属　*Myrmica* Latreille, 1804

　働きアリは単型で，体長3–6㎜。ほとんどの種が黄褐色から暗褐色。体はややずんぐりしていて，触角と脚は比較的短い。体には隆起線，網目状彫刻，微細点刻がある。触角は12節からなる。棍棒部は不明瞭。大腮は長い三角形。眼はよく発達する。胸部は横から見てゆるやかに傾斜し，前・中胸背はほとんど隆起しない。前伸腹節刺はふつう発達がよい。腹柄節下部突起は小さく前方を向く。中・後脚脛節の刺はふつう1本で櫛状だが，単純であったり，欠くこともある。尾端に針がある。

　森林性の種が多いが，一部は草原や裸地にも進出している。巣は，土中，石下，朽木や切株中に作られる。

　旧北区と新北区の冷温帯域を中心に広い範囲に分布する。一部の種は東洋区の山岳部に生息する。日本からは7種の既知種と2種の未同定種が知られ，南九州からはそのうち1種が記録されている。

シワクシケアリ　*Myrmica kotokui* Forel

体長4–5㎜。体は褐色から赤褐色の単色性。大腮，触角，脚はやや黄色味を帯びる。頭盾の隆起線は荒く強い。頭盾は前縁中央がわ

鋭い刺
小さな突起

鹿児島県霧島〈KE〉

ずかにつき出る。触角柄節の基部に近い屈曲部のカーブはゆるく，隆起縁をもたない。前伸腹節刺はやや長く，体軸にたいして45°角度で斜め上方を向く。

　南九州では標高1,000m以上の山地で採集される。林床に生息し，石下や朽木に営巣する。落葉層や地表部で採餌する。屋久島では9月中旬に雄が採集されている。

北海道〜九州の日本本土全域，屋久島，朝鮮半島，サハリンなどに分布する。南九州では，宮崎県（椎葉村），鹿児島県本土（霧島，高隈），屋久島から採集されている。

●シワアリ属　*Tetramorium* Mayr, 1855

　働きアリは単型で，体長はアジア産では 1.5 - 4 mm。腹部を除く体は広範囲に条刻，点刻，あるいは網目状に彫刻される。とくに頭部背面には平行して縦に走る多数の隆起線をもつことが多い。体の背面にはふつう多数の立毛をもつ。体は細長く，触角や脚は比較的短い。大腮は略三角形でがっしりしている。眼は一般によく発達する。頭盾側方の後縁は高い隆起縁となるため，触角挿入部の前縁は閉じられる（この特徴は日本産では本属の全種と，クシケアリ属の 2 種のみで見られる）。触角は 11 または 12 節（南九州産種ではすべて 12 節）で，末端 3 節は棍棒部を形成する。胸部は側面観で背面はほぼ平坦，後胸溝の発達程度はさまざま。前伸腹節刺は通常発達するが少数の種では痕跡的。腹柄節丘部，後腹柄節ともにコブ状。腹部背面は平滑なことが多いが，一部の種は第 1 背板の基方に条刻をもつ。

　温帯から熱帯に広く分布するが，熱帯に種数が多い。森林性の種では枯枝，朽木，生木の腐朽部などに営巣する。草地や裸地に生息する種は，石下や土中に営巣する。アフリカには葉裏にカートンで巣を作る種がいる。

　中南米を除くほとんど世界中の温帯から熱帯に分布する。とくに東南アジアとアフリカに種数が多い。日本には 8 種が分布しているが，南九州からはそのうち 5 種が知られる。

オオシワアリ　*Tetramorium bicarinatum* (Nylander)

体長 3 mm 前後。頭部から腹柄部までは黄色ないし黄褐色，腹部は暗褐色。足と触角棍棒部は黄色味が強い。頭部正面には細い隆起線が多数ある。胸部や腹柄部は網目状の彫刻で覆われる。腹部背面は平滑で光沢がある。全身にやや長い立毛が多数あるが，頭部背面の立毛は胸部や腹部のものにくらべて短い。頭部は正面から見て両側はほぼ平行。頭盾前縁の中央はくぼむ。触角収容溝は浅くて目立たない。前伸腹節刺はやや太く，斜め上を向き，先端が多少前方にそりかえることがある。腹柄節丘部は側方から見て箱型，後腹柄節は丸い。腹部第 1 背板は基方に細かいしわをもつ。キイロオオシワアリに似るが，本種では腹部がつねに暗色となること，額隆起縁上に

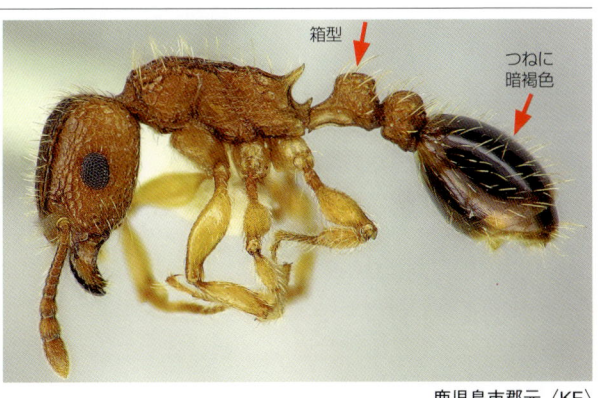

鹿児島市郡元〈KE〉

生えている立毛のうち最長のものでも眼の長径より短いことで区別できる。
　南九州では主に平地の公園や疎林などに生息し，樹上の腐朽部に営巣することが多い。沖縄では草地や裸地でも見られ，石下などにも営巣するという。
　アジアの暖温帯から熱帯にかけて広く分布する。世界中の熱帯・亜熱帯に人為導入されている著名な放浪種。日本では，本州の南岸，四国，九州，南西諸島，小笠原諸島に分布する。南九州では，宮崎県，鹿児島県本土，甑島列島，種子島，屋久島，口永良部島，三島（竹島，硫黄島），草垣群島（上ノ島），宇治群島（家島）など，山岳部を除きほぼ全域に生息する。

ケブカシワアリ　*Tetramorium kraepelini* Forel

　体長 1.5 - 2 mm。体は黄褐色で，頭部と腹部は褐色味が強く，触角棍棒部と脚は黄色い。頭部背面は縦走する規則的な隆起線と網目状彫刻を有する。胸部背面には網目状彫刻，側面には不規則な彫刻がある。腹柄節と後腹柄節は，背面はほぼ平滑，側面は表面的に弱く彫刻されやや光沢がある。腹部背面は平滑で光沢がある。体全体に多数の立毛がある。眼は縦長で，その長径は眼の前縁から大腮基部までの距離に等しい。触角収容溝は浅いが明瞭。触角柄節は頭部後縁に達しない。横から見て，胸部背面はゆるやかにカーブする。前伸腹節刺は細く先端が鋭い。側面から見て腹柄節丘部はコブ状で，丘部の前縁は急で直線的，後縁は丸い。後腹柄節背面が平滑なことにより，南九州産本属の他種と区別できる。
　林縁や草地に生息し，石下などに営巣する。
　九州南部，南西諸島，中国，東南アジア一帯に分布する。南九州では，宮崎県，鹿児島県（鹿児島市など），種子島から記録されている。

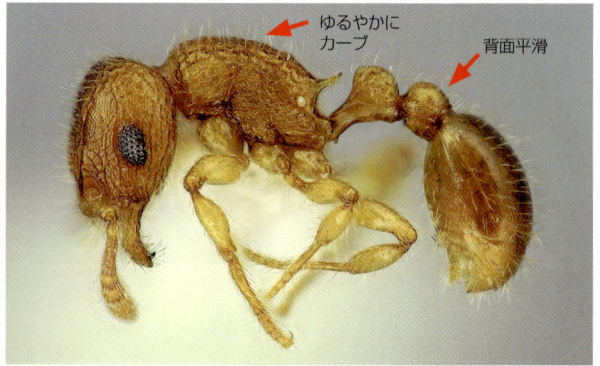

鹿児島県種子島〈KE〉

イカリゲシワアリ　*Tetramorium lanuginosum* Mayr

　体長 2 mm 前後。頭部〜腹柄部は赤褐色，腹部は暗赤褐色。頭盾，大腮，脚は部分的に黄色。頭部，胸部背面，腹柄部は規則的な網目状彫刻におおわれる。胸部側面の彫刻は不規則。全身が白くて柔らかい立毛に密におおわれる。頭部から腹柄部にかけて 2 分岐あるいは 3 分岐する立毛がまじる。眼は縦長で，その長径は眼の前縁から大腮基部までの距離に等しい。触角収容溝は浅いが明瞭。触角柄節は頭部後縁に達しない。横から見て胸部背面は丸く盛り上がり，後胸溝は認められない。前伸腹節刺は針状で，先端はわずかに反り返る。

腹柄節丘部の前方は急な傾斜をなし，後方はなだらかに低くなり角をもたない。

攪乱地に生息し，石下などに営巣する。人為環境を好む放浪種と考えられる。

南西諸島から東南アジアに広く分布する。南九州では，種子島と口永良部島からのみ採集されている。

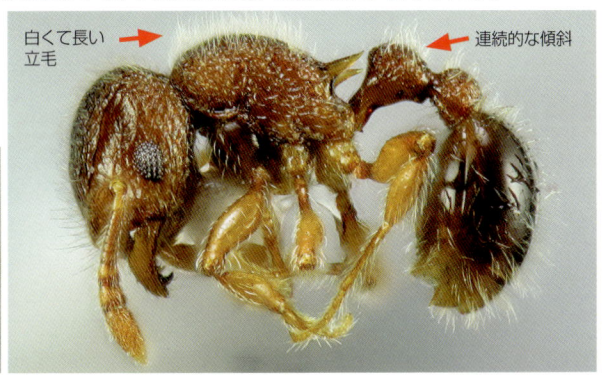

← 白くて長い立毛　　← 連続的な傾斜

鹿児島県宝島〈WJ〉

キイロオオシワアリ *Tetramorium nipponense* Wheeler

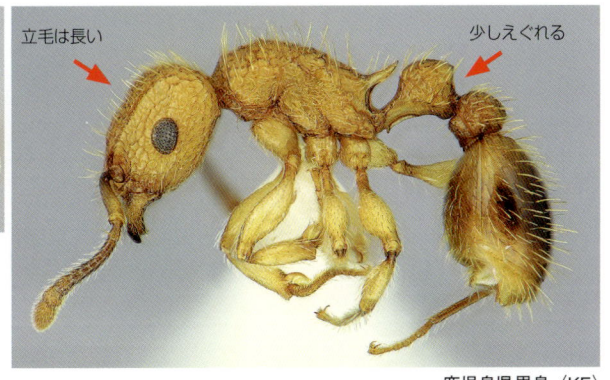

立毛は長い →　　少しえぐれる →

鹿児島県黒島〈KE〉

体長3mm前後。全身が黄色〜黄褐色だが，腹部が暗色となりオオシワアリとまぎらわしい個体も多い。頭盾と脚はより鮮やかな黄色。頭盾から頭部後縁にかけてまっすぐで細い1-3本の縦隆起線がある。頭部背面，胸部背面，腹柄部は網目状彫刻でおおわれる。胸部側面の彫刻は不規則。腹部背面は平滑で光沢があるが，第1背板の基方には細かく密な条刻がある。体の背面にはやや長めの剛毛をもつ。額隆起縁上にある立毛のうち最長のものは，眼の長径より長い。頭盾前縁の中央は明瞭にくぼむ。眼はやや丸く，その長径は眼の前縁から大腮基部までの距離より小さい。触角収容溝は浅くてあまり目立たない。触角柄節は頭部後縁に達しない。胸部背縁は側方から見てごくわずかにカーブする。前伸腹節刺はやや長く，触角第12節と同長かそれ以上で，先端は明瞭に反り返る。腹柄節丘部は側面から見て箱型だが，オオシワアリにくらべやや長く，後面は少し湾入する。オオシワアリに酷似するが，本種では全体に体色がやや明るいこと，頭部の毛が長いこと，腹柄節丘部がより長いこと，腹部は多少暗色になる程度であること，などによって区別できる。

林内から林縁にかけて生息し，生木の腐朽部，朽木などに営巣し，土中に営巣すること

フタフシアリ亜科　155

はまれ。
　本州から九州までの日本本土，対馬，南西諸島，小笠原諸島，中国，台湾，インドシナなどに分布する。南九州では，宮崎県，鹿児島県本土，甑島列島，種子島，屋久島，口永良部島，三島（黒島）から採集されている。

トビイロシワアリ　*Tetramorium tsushimae* Emery

　体長2－2.5㎜。体は暗褐色〜暗赤褐色で，大腮，触角，脚の脛節と付節などは全体あるいは部分的に黄色味を帯びる。頭部背面は非常に細かく密な条刻におおわれる。胸部はやや不規則に彫刻される。腹柄節と後腹柄節背面の彫刻は弱く表面的。体の背面の立毛はややまばら。眼はやや小さく，その長径は眼の前縁から大腮基部までの距離よりはるかに小さい。額隆起縁は弱く，触角収容溝は非常に浅く，ほとんど目立たない。横から見て胸部背面は比較的平坦。前伸腹節刺は短く，ときに三角形状；長くても触角第11節よりわずかに長い程度。体色，頭部背面の条刻，前伸腹節刺の形状などから，同定を誤ることはない。かつては学名として *Tetramorium caespitum* (Linnaeus) が使用されていた。
　草地や裸地に生息し，石下や土中に営巣する。公園の芝生に高密度に営巣して害虫化することがある。
　北海道から九州までの日本本土，対馬，大隅諸島，朝鮮半島，中国などに分布する。南九州では，宮崎県，鹿児島県本土，屋久島，種子島から得られている。

鹿児島県獅子島〈KE〉

●アシナガアリ属　*Aphaenogaster* Mayr, 1853

　働きアリは単型で，体長はアジア産では3.5－8㎜。体は細長く，触角や脚も長い。体色は，黄褐色から黒褐色で，ときに胸部が明るい二色性を示す。頭部腹面（下面）に斜立するまばらな毛があるが，それらは頭部背面の立毛と同じ長さかより短い。眼はよく発達する。触角は12節で，日本産では棍棒部は4節だがときに不明瞭（不明瞭な場合でも，先端4節だけ色が違うなど，識別は可能）。前胸背と中胸背が一体となりドーム状を呈するが，両者はふつう明瞭な溝によって区切られる。前伸腹節は明らかに低い。後胸溝は多少とも発達する。前伸腹節刺は短い。腹柄節は長く，前方に明瞭な柄をもつ。オオズアリ属とまぎらわしいが，本属では働きアリはつねに単型（オオズアリ属ではつねに二型）。また日本産にかぎっていえば，触角棍棒部が4節（オオズアリ属では3節）であることで区別

される。

　海岸の岩場から森林内にかけていろいろな環境に出現するが，大半の種は森林性である。大半の種は土中営巣。一部の種では腹部を下前方に折り曲げる（腹曲げ）行動や，刺激を与えたときに死んだまね（擬死）をする。林床で昆虫類の死体などを集めるほか，アブラムシの甘露を求めて植物にも上る。

　分類のむずかしいグループで，最近まで4既知種が知られるのみだったが，小笠原諸島や南西諸島から多数の種が見つかり，現在日本からは15種が記録されている。今後さらに追加が予想される。南九州からは6種が記録されている。

エラブアシナガアリ　*Aphaenogaster erabu* Nishizono et Yamane

　体長 3.5-5 mm。体は黄褐色だが，頭部正面，触角柄節，腹部背面などが暗色となる傾向が強い。形態的にはアシナガアリとよく似るが，体色が安定して黄色味が強いこと，前伸腹節刺が細く鋭いことにより区別される。最初はアシナガアリの亜種とされていたが，上述の違いの他，染色体数においても違いが認められたため，独立種として取り扱われるようになった。

　林内の土中に営巣する。腹曲げ行動が見られる。有翅虫は6-7月に巣内から得られているが飛出期は不明。染色体数は 2n = 32。

　北琉球の固有種で，口永良部島，三島（黒島）とトカラ列島（口之島，中之島）から得られている。種子島からも本種と思われる1個体が採集されているが，再確認が必要である。

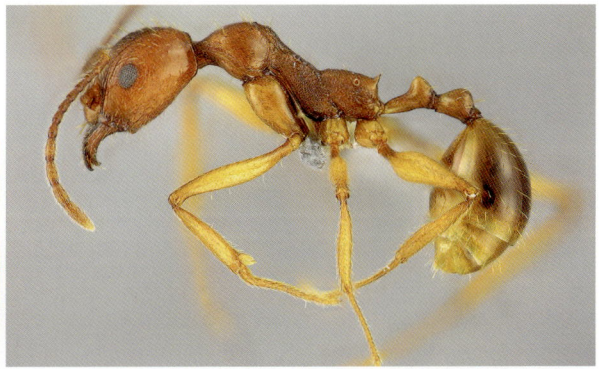

鹿児島県口永良部島〈KE〉

アシナガアリ　*Aphaenogaster famelica* (F. Smith)

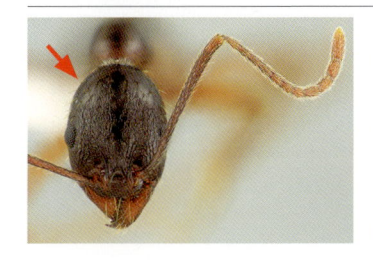

　体長 3.5-7.5 mm。体は赤褐色から暗褐色で，大腮，触角，脚などは黄色味を帯びる。頭部〜腹柄部は点刻やしわにおおわれるが，頭部後方と前胸背は彫刻が弱くやや光沢がある。体の背面には比較的まばらな立毛をもつ。頭部を正面から見たとき，後縁は丸凸状となる（大型個体では後縁はより平坦）。触角柄節や脚は顕著に長い。中脚脛節の長さは頭の幅よりも大きい。

フタフシアリ亜科　157

前胸背の肩部に隆起はない。

西日本では平地から山地にかけて最もふつうに見られるが，標高が高くなると徐々にヤマトアシナガアリが優勢となる。森林性で土中や石下に営巣する。有翅虫は7-8月に巣内から得られているが，飛出期は不明。単雌性。染色体数は 2n = 34。

北海道から九州までの日本本土，大隅諸島，中国に分布する。南九州では，宮崎県，鹿児島県本土，甑島列島，種子島，屋久島から知られる。

鹿児島県大隅半島〈KE〉

サワアシナガアリ　*Aphaenogaster irrigua* Watanabe et Yamane

体長 4-6 mm。体は褐色だが，頭部と胸部は明るく，腹柄節と腹部は暗い傾向がある。頭部の後方 1/3 と前胸背の彫刻がごく弱く光沢があること，頭盾前縁近くに横しわをもつことでイソアシナガアリに似る。しかし，頭部の後方 1/3 と前胸背は微細で表面的な彫刻でおおわれ，大型個体では彫刻はかなり目立つ。前伸腹節と後胸側板はイソアシナガアリに比べ広範に強く彫刻される。

林内に生息し，枯れ沢のかなり湿った場所の土中に営巣する。有翅虫は7月に巣内から得られているが飛出期は不明。染色体数は 2n = 32。

大隅諸島から沖縄諸島にかけての固有種。南九州では，種子島からのみ採集されている。

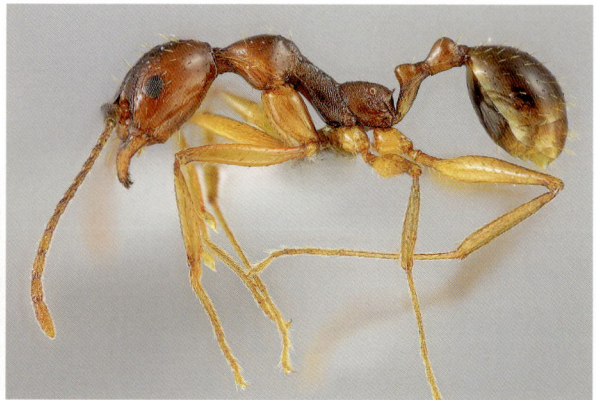

鹿児島県種子島〈KE〉

ヤマトアシナガアリ　*Aphaenogaster japonica* Forel

　体長は 3.5 – 5 mm。体は褐色から暗褐色で，大腮，触角，脚などは多少黄色味を帯びる。分布が重なるアシナガアリに似ているが，やや小型で触角や脚が短い。中脚脛節は頭の幅より明らかに短い。頭部は後縁近くまで彫刻され，前胸背の彫刻もアシナガアリに比べ強い。頭部を正面から見たとき，後縁は丸く凸状にはならず，平坦に近い。前胸背の肩部には小さな隆起がある。

　アシナガアリに比べてやや山地性で，南九州では標高 400 – 1500m で見られる。林内の土中に営巣する。有翅虫は 8 – 9 月に巣から得られているが，12 月に雄が採集されたこともある。飛出期は不明。染色体数は 2n = 22。

　北海道〜九州の日本本土，大隅諸島，朝鮮半島に分布し，南九州では宮崎県，鹿児島県本土，屋久島から採集されている。

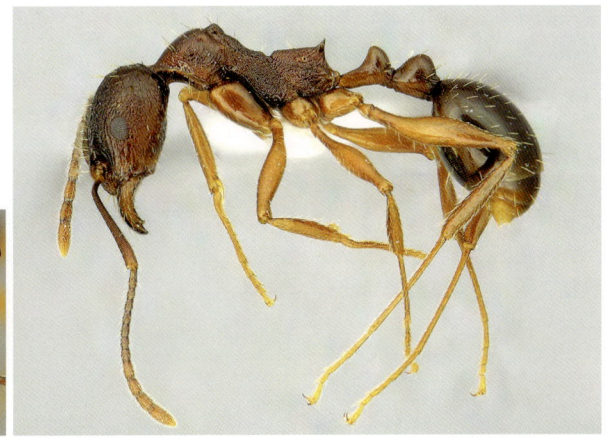

丸い

鹿児島県紫尾山〈KE〉

イソアシナガアリ　*Aphaenogaster osimensis* Teranishi

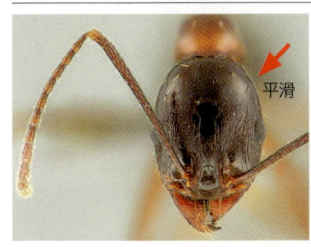

平滑

２色性

　体長 4 – 6 mm。頭部と腹部が暗褐色，胸部と腹柄部は明褐色〜赤褐色で二色性を示す。全体的に彫刻が弱く，頭部後方 1/3 と前胸背は平滑で光沢がある。前伸腹節や腹柄部の彫刻もごく弱い。頭盾前縁近くに横じわをもつ。大腮基縁にごく小さな歯列がある。

鹿児島県種子島〈KE〉

フタフシアリ亜科　159

本土では海岸部の岩場に生息し，石下や岩の隙間に営巣する。しかし，離島では林縁，林内，がれ場などからも見つかる。有翅虫は6月に巣内から得られているが，飛出期は不明。染色体数は 2n = 32。

本州（太平洋岸），四国，九州，奄美大島までの南西諸島に分布する。南九州では，宮崎県，鹿児島県本土，甑島列島，種子島，屋久島，口永良部島，三島（硫黄島，黒島）などから採集されている。

トカラアシナガアリ　*Aphaenogaster tokarainsula* Watanabe et Yamane

体長 3.5 – 5.5 mm。体は褐色〜赤褐色で，大腮，触角棍棒部，脚はときに強く黄色味を帯びる。頭部は正面観で後縁がやや平坦，前胸背肩部に隆起がある，脚が短い（中脚脛節長＜頭幅）などの点でヤマトアシナガアリに似るが，本種では前胸背板の背面のほぼ全面が横しわに覆われる点で区別できる。

海岸部や内陸の林縁や林内に生息し，土中，石下，朽木などに営巣する。腹曲げや擬死が見られる。有翅虫は 4 – 8 月に巣内から得られているが，飛出期は不明。染色体数は 2n = 34。

大隅諸島とトカラ列島の固有種。南九州では種子島からのみ知られる。

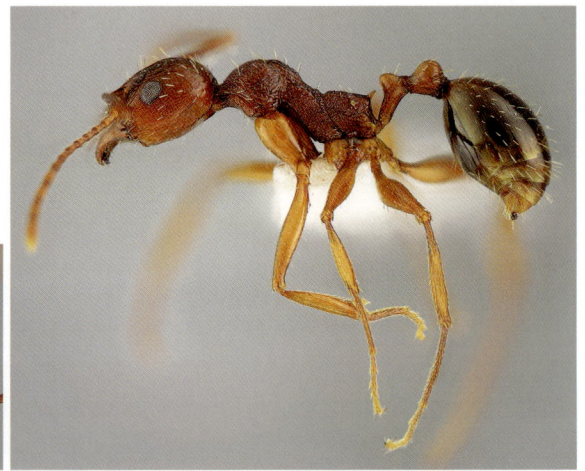

鹿児島県種子島〈KE〉

●クロナガアリ属　*Messor* Forel, 1890

働きアリにはしばしば連続的なサイズ多型がある。体長は 2.5 – 12 mm。東アジアの種は全身が真っ黒であるが，インド西部からアフリカにかけては体に赤褐色部をもつ種が多い。眼はよく発達する。頭部腹面（下面）に長毛をもつ。触角は 12 節からなり，明確な棍棒部は形成しない。前胸背と中胸背が盛り上がりドーム状になるため，前伸腹節は一段低いところに位置する。このような特徴をもつため，一見するとアシナガアリ属のアリに似るが，本属の種では，頭部の幅が長さと等しいかより大きいこと，頭部腹面（下面）の長毛が背面の毛より長く密であること，一部の種をのぞいて前伸腹節刺を欠くことなどにより区別できる。

草原や砂漠など乾燥地帯を中心に生息し，土中に垂直な穴を掘り営巣する。出入口の周囲にクレーター状に土を積むことが多い。幼虫のためにはイネ科植物の種子を集めるため，

収穫アリと呼ばれる。
　ユーラシア大陸，北アメリカ西部，アフリカ（マダガスカルを含む）に90種以上が分布する。日本には1種分布し，南九州にも生息する。

クロナガアリ　*Messor aciculata* (F. Smith)

　働きアリは単型で，体長は3.5-5㎜。ほぼ全身が黒いが，大腮，頭盾の側方，頬の大腮に近い部分，触角鞭節などは赤みを帯びる。脚も部分的に褐色ないし赤みを帯びる。頭部，胸部，腹柄部は強く彫刻され，頭部や胸部の一部は非常に細かく条刻される。腹部は平滑で光沢がある。全身に黄白色の立毛がある。前伸腹節刺はない。
　裸地や草地の土中に営巣する。イネ科の種子ができる11-12月に採餌活動が見られる。4-5月に有翅虫の飛出が観察されている。晩秋〜初冬と春以外はほとんど活動しない。
　本州（岩手県以南），四国，九州，大隅諸島，朝鮮半島，中国，モンゴルに分布する。南九州では宮崎県，鹿児島県本土，甑島列島，屋久島，種子島から記録されている。

鹿児島県菱刈〈WJ〉

●オオズアリ属　*Pheidole* Westwood, 1839

　働きアリは顕著な二型を示す。アジア産種の体長は小型働きアリで1-5㎜，大型働きアリで2-7㎜。日本産では小型働きアリで1-2.5㎜，大型働きアリで2-4.5㎜。体色は黄色から黒色まで変化に富む。触角は12節で，多くの場合，棍棒部は3節（外国産では4，5節あるいは不明瞭なことがある）。前・中胸背が顕著に盛り上がり，前伸腹節より明瞭に高い。
　撹乱地から原生林まで多様な環境に生息し，営巣場所も多岐にわたる。日本産種はおもに土中，朽木中に営巣する。南九州ではコロニーが多女王性であることが多い。
　アリの中でも最大の属の一つで，世界中の温帯と熱帯に1,000種以上産すると考えられている。日本には9種が分布し，南九州からはそのうち5種が記録されている。

フタフシアリ亜科

ミナミオオズアリ　*Pheidole fervens* F. Smith

　体長は小型働きアリで 2−2.5 mm，大型働きアリで 4 mm 前後。小型働きアリでは，頭部と胸部は褐色でやや赤味を帯び，頭部はやや暗色，胸部はやや明るい。腹部は暗褐色のことがある。頭部を正面から見たとき，後縁は丸い。頭部と腹部はほぼ平滑で光沢がある。前胸背もほぼ平滑だが，表面的で微細な彫刻がある。眼は小さく，その長径は触角第 10 節より明らかに短い。後腹柄節は腹柄節より幅が広いが，長さは腹柄節とほぼ同じかそれ以下。大型働きアリは小型働きアリにくらべ体色がやや濃い。頭部は縦に走る規則的な隆起線におおわれ，後縁付近ではやや網目状になる。眼の長径は触角第 10 節とほぼ同じ。中胸背の中央隆起はしばしば発達が悪い。前伸腹節刺は細く，後方に向かってカーブする。

　海岸，林縁，明るい林に生息する。時に裸地に近い環境にも出現するが，インドオオズアリほど乾燥を好まない。いわゆる放浪種と考えられるが，日本における分布が人為的なものか自然分布であるのかは不明。

　九州南部から南西諸島にかけて分布する。国外では東南アジア，南アジア，オセアニアなどに広く分布する。南九州では，鹿児島県本土，甑島列島，種子島，屋久島，口永良部島，三島（竹島，硫黄島，黒島）などから採集されている。

小型働きアリ　　　　　　　　　　　　　　　　　　　　　　鹿児島県種子島〈KE〉

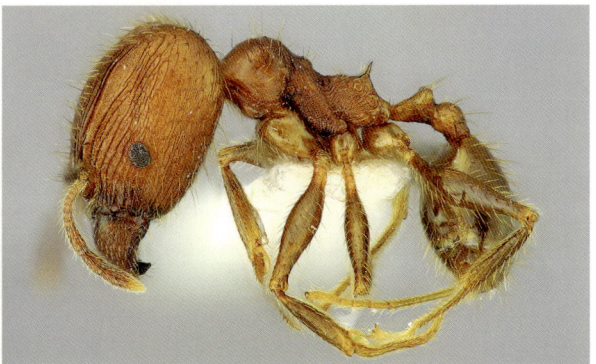

大型働きアリ　　　　　　　　　　　　　　　　　　　　　　鹿児島市唐湊〈KE〉

アズマオオズアリ　*Pheidole fervida* F. Smith

　体長は小型働きアリで2 mm前後，大型働きアリで3 – 3.5 mm。小型働きアリでは，頭部から腹柄節までは明るい黄褐色から赤褐色，腹部は暗色。頭部を正面から見たとき，後縁はやや直線的。頭部背面後半には網目状の彫刻がある。眼はやや縦長。中胸背を横から見ると中央で盛り上がる。大型働きアリはやや濃色。頭頂部は網目状にならず，平滑。中胸背の中央隆起はときに不明瞭。小型働きアリ，大型働きアリいずれにおいても，腹柄節丘部は横から見て頂部は丸く，逆Ｕ字状に近い。

　温帯性の種で，南九州では標高300 m以上の山地の林内で見られる。ときにヒメオオズアリと分布がかさなるので注意が必要である。土中や石下に営巣する。9月上旬に有翅女王が巣からとれている。

　北海道から九州までの本土と大隅諸島に分布する。国外ではロシア沿海州，朝鮮半島に分布する。南九州では，宮崎県，鹿児島県本土，屋久島，種子島などから採集されている。

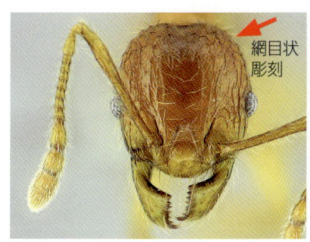

小型働きアリ　　　　　　　　　　鹿児島県高隈山〈KE〉

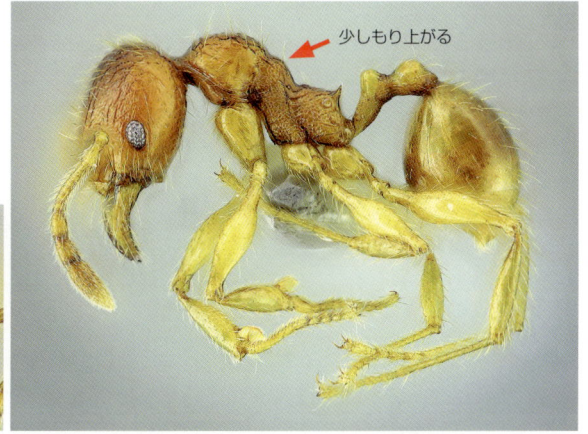

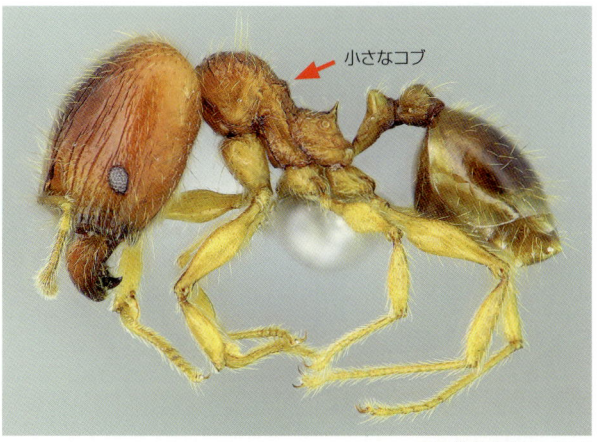

大型働きアリ　　　　　　　　　　鹿児島県高隈山〈KE〉

フタフシアリ亜科　163

インドオオズアリ　*Pheidole indica* Mayr

　体長は小型働きアリで 2 - 2.5 mm，大型働きアリで 3 - 3.5 mm。小型働きアリでは，体は黄褐色～赤褐色で，頭部と腹部は暗赤褐色。頭部，前胸背，腹部は平滑で光沢がある。複眼は比較的大きく，その長径は触角第 10 節と同長かそれ以上。横から見ると，中胸背は中間で明瞭に角をなす。前伸腹節刺は短く，横から見てほぼ垂直かそれに近い。後腹柄節は腹柄節より短いが幅は広い。大型働きアリでは体色は小型働きアリにくらべて暗色であることが多い。頭部は縦に走る規則的な隆起線におおわれる。大腮はまばらな点刻をもつが光沢がある。腹部背面はほぼ平滑で光沢がある。複眼は非常に大きくて，その長径は触角第 10 節をはるかにしのぐ。中胸背の中央隆起は大きく目立つ。前伸腹節刺は斜め後方を向き，直線的。ミナミオオズアリに似るが，本種の方が眼が大きいことにより区別できる。

　熱帯性の種で，南九州では平地部で見られる。ミナミオオズアリよりいっそう攪乱地を好み，公園，道路脇などの裸地の土中に営巣する。巣の出入口に多量の土をつむ。かなり広い採餌圏をもち，長期にわたって長い採餌路を維持することがある。8月下旬に巣から有翅虫が得られている。

　関東以南の本州，四国，九州，南西諸島から熱帯アジアにかけて広く分布。南九州では，宮崎県，鹿児島県本土，甑島列島，屋久島，種子島，三島（硫黄島），草垣群島（上ノ島）から得られている。

小型働きアリ　　　　　　　　　　　　　　　　　　　　　鹿児島市〈KE〉

大型働きアリ　　　　　　　　　　　　　　　　　　　　　鹿児島市〈KE〉

オオズアリ　*Pheidole noda* F. Smith

　体長は小型働きアリで2-3 mm，大型働きアリで4.5-5 mm。小型働きアリは，胸部が黄～褐色，頭部と腹部は赤褐色から暗褐色。頭部（前方をのぞく），前胸背，後腹柄節，腹部はほぼ平滑で光沢がある。正面から見て頭部後方は明瞭に狭くなる。前伸腹節刺は非常に短い。後腹柄節は肥大し，腹柄節よりも長く、高く、幅は前者の2.5倍以上ある。大型働きアリは胸部と脚が赤褐色，頭部と腹部は暗赤褐色。正面から見て頭部後縁は幅広く深く湾入する。後腹柄節は肥大し，長さ，高さ，幅のいずれにおいても腹柄節より大きい。この特徴により，他の種からは容易に区別できる。*pheidole nodus* は誤記。

　平地から低山地の森林にごくふつう。土中や落葉下に営巣し，コロニー当りの働きアリ数はときに3,000に達する。ミナミオオズアリがいなければ，疎林，林縁，草地などにも進出する。近年，桜島の大正溶岩地帯でも見られる。

　北海道を除く日本本土，南西諸島，朝鮮半島，中国，台湾から熱帯アジアにかけて広く分布する。南九州では，宮崎県，鹿児島県本土，甑島列島，屋久島，種子島，三島（竹島，硫黄島），草垣群島（上ノ島），宇治群島（家島）などから記録がある。

小型働きアリ　　　　　　　　　　　　　　　　　　　刺は短い　肥大する
　　　　　　　　　　　　　　　　　　　　　　　　　鹿児島市郡元〈KE〉

　　　　　　　　　　　　　　　　　　　　　　　　　肥大する
大型働きアリ　　　　　　　　　　　　　　　　　　　鹿児島市郡元〈KE〉

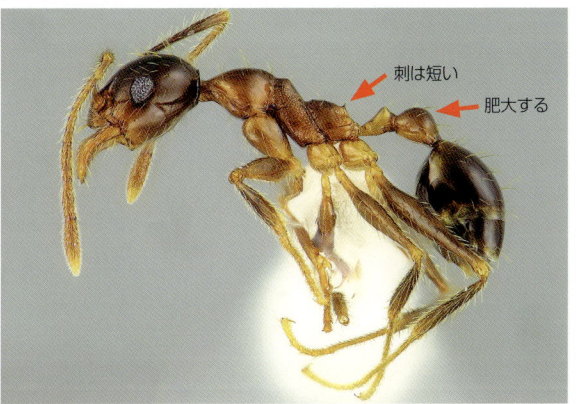

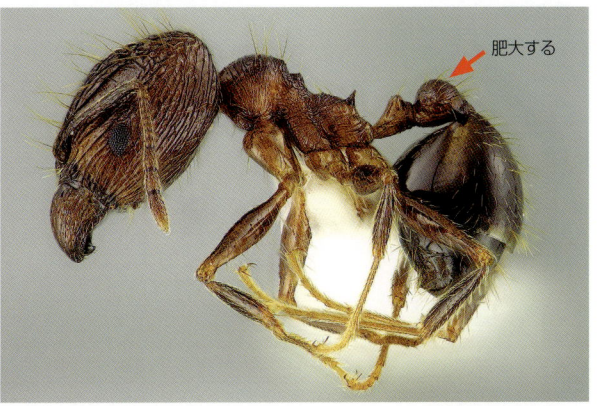

フタフシアリ亜科　165

ヒメオオズアリ　*Pheidole pieli* Santschi

　体長は小型働きアリで 1.5 mm 前後，大型働きアリで 2.5 mm 前後。小型働きアリでは，体はほぼ一様に黄色，ときに頭部と腹部がやや暗色。頭部は前方は平滑だが，後方（時に側方）には表面的な彫刻があり光沢は弱い。前胸背と腹部は平滑で光沢がある。眼は細長い。前胸背と中胸背は合一してドーム状，中胸背に隆起はない。腹柄節は後腹柄節よりはるかに長い。大型働きアリはやや濃色。頭部の前方 2/3 には規則的な隆起線が縦に走り，後方 1/3 は網目状を呈する。前胸背と中胸背は合一してドーム状，中胸背に隆起はない。腹柄節丘部は小型働きアリ，大型働きアリいずれにおいても，横から見ると頂部はかなり狭まる。アズマオオズアリに似るが，本種では，やや小型である，中胸背に中央隆起がない，大型働きアリ頭部後方が網目状になる，腹柄節の頂部（側面観）がややとがる，などの特徴により区別できる。

　暖地性の種で，平地から低山地に生息する。林床部に生息し朽木，土中などに営巣する。スギ植林地，照葉樹林いずれにおいても多い。コロニー当りの働きアリ数は 2,000 に達することがある。奄美大島では多雌性であることが分かっている。

　本州南岸、四国、九州、南西諸島、朝鮮半島、中国、ベトナムなどに分布する。南九州では、宮崎県、鹿児島県本土、甑島列島、屋久島、種子島、口永良部島から得られている。

小型働きアリ　　　　　　　　　　　　　　　鹿児島市烏帽子岳〈KE〉

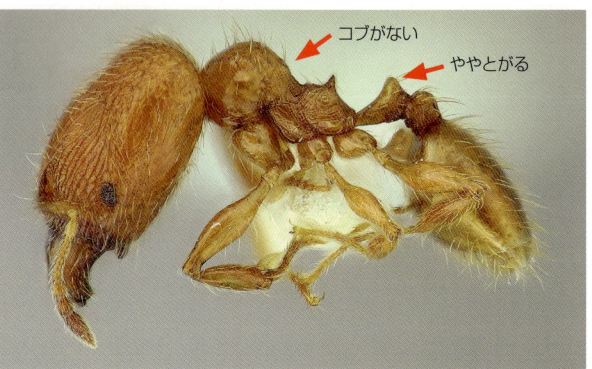

大型働きアリ　　　　　　　　　　　　　　　鹿児島市烏帽子岳〈KE〉

●シリアゲアリ属　*Crematogaster* Lund, 1831

　小型のアリで，日本産では体長2−4㎜。体色は淡黄色から黒色まで変化に富む。体表の彫刻はほとんどない種から全身が強く彫刻される種までさまざまである。ふつう多数の立毛がある。頭部は比較的短く，大腮を除くと幅＞長さのことが多い。触角は10−11節（日本産では10節）で，柄節は長くても頭部後縁を若干超える程度。触角棍棒部は2節，3節，4節，不明瞭の場合があり，亜属ごとに安定している。眼はふつう発達するが，熱帯の種では著しく小さい場合がある。胸部は短い。後胸溝は多少とも認められる。ほとんどの種で前伸腹節刺があるが，ときにないこともある（日本産ではすべての種にある）。腹柄節は平たく丘部は不明瞭。後腹柄節の後部は腹部背面に接続する。腹部は上から見ると略三角形。多数の亜属に分けられているが，日本産は触角棍棒部が3節のシリアゲアリ亜属（*Crematogaster*）と2節のキイロシリアゲアリ亜属（*Orthocrema*）に含まれる。
　温帯から熱帯のほとんどあらゆる環境に進出しており，営巣習性や社会構造には著しい多様性がある。特定の植物や昆虫と緊密な共生関係をもつ種も多い。
　全世界に広く分布する巨大な属で，大半の種は熱帯・亜熱帯に生息する。日本からは既知種が6種と，未同定種が1種知られる。南九州からは5種が採集されている。

ハリブトシリアゲアリ　*Crematogaster matsumurai* Forel

　体長2−3.5㎜。頭部から腹部前半が黄褐色〜褐色，腹部の後半が黒褐色でかなり明瞭な二色性を示すことが多いが，全身が暗褐色の個体も見られる。頭部は表面的な彫刻におおわれ，弱い光沢がある。触角棍棒部は3節。前・中胸背面は平坦で，両側は縁どられる。前・中胸背板と前伸腹節の間には明瞭な段差がある。前伸腹節背面は平坦。前伸腹節刺は基部が太くて短い三角形。腹柄節は幅広く，横＞縦。腹柄節下部突起はほとんど認められない。後腹柄節背面の縦溝は浅い。（シリアゲアリ亜属）
　自然林，公園，街路をとわず樹上に生息し，幹や太枝の腐朽部に営巣する。採餌は主に樹上だが地上にも降りてくる。
　北海道（札幌以南）から九州までの日本本土，対馬，朝鮮半島に分布する。南九州では，宮崎県と鹿児島県本土，種子島から採集されている。

刺は太く短い

鹿児島市郡元〈KE〉

フタフシアリ亜科

ツヤシリアゲアリ　*Crematogaster nawai* Ito

体長2.5-4mm。体は赤褐色で腹部後半が黒褐色になることがある。全体的に彫刻は弱く，頭部全体，前胸背，中胸背はほぼ平滑で光沢がある触角棍棒部は3節。前胸背はわずかに盛り上がり，両側は縁どられる。中胸背の両側は縁どられない。前伸腹節刺は前種に比べやや細長い。腹柄節は日本産の褐色系の種（触角棍棒部が3節）の中では唯一，幅＝長さ（他の種では幅＞長さ）。腹柄節下部突起は小さいが，前方で角をもつ。後腹柄節背面の縦溝は深い。かつては *Crematogaster laboriosa* F. Smith という学名が使われていた。（シリアゲアリ亜属）

裸地や道路脇，海岸に多く，土中に営巣する。有翅虫の飛出期は7月で日没前に見られる。

本州（関西以南），四国，九州，対馬，南西諸島（沖縄島まで），朝鮮半島，台湾に分布。南九州では，宮崎県，鹿児島県本土，甑島列島，屋久島，種子島，三島（竹島，硫黄島）から採集されている。

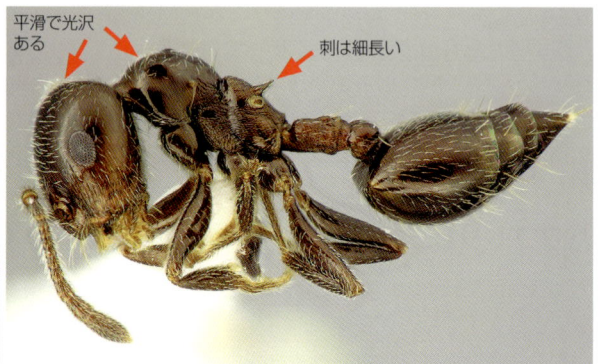

平滑で光沢ある　刺は細長い

鹿児島県黒島〈KE〉

キイロシリアゲアリ　*Crematogaster osakensis* Forel

体長2-3mm。全身黄色〜濃黄色だが，頭部と腹部の色は多少暗くなることが多い。頭部，後腹柄節背面，腹部は平滑で光沢がある。胸部は小型個体では彫刻が弱いが，大型個体では荒く彫刻される。全身にかなり長い毛がある。触角棍棒部は2節。前伸腹節刺はやや長く先端はとがる。腹柄節背面は縦長の長方形。後腹柄節は腹柄節と同じ幅で，中央の縦溝を欠く。体色と触角棍棒部の数によって，他の

棍棒部は2節　全身濃黄色

鹿児島県黒島〈KE〉

種とは簡単に見分けられる。（キイロシリアゲアリ亜属）
　草地，林内などの石下，土中に営巣する。有翅虫の飛出期は8月下旬と推定される。
　北海道（札幌以南）から九州までの日本本土，対馬，奄美大島までの南西諸島，朝鮮半島，中国に分布する。南九州では，宮崎県，鹿児島県本土，甑島列島，種子島，屋久島，口永良部島，三島（黒島）から採集されている。

テラニシシリアゲアリ　*Crematogaster teranishii* Santschi

　体長2-4mm。体は黄褐色から暗褐色で，腹部後半はしばしば黒褐色。大腮と触角棍棒部が黄色となることがある。頭部には表面的な彫刻があるが，やや光沢がある。前胸側面を含めて胸部は全体が彫刻される。触角棍棒部は3節。中胸背板は前方は平坦，後半は傾斜し，傾斜部の両側は鋭く縁どられる。前伸腹節刺はやや長く，先端はとがる。腹柄節は，幅＞長さ。後腹柄節の中央溝は明瞭。ハリブトシリアゲアリに似るが，本種では中胸背板後半の両側が鋭く縁どられること，前伸腹節刺がより細長いことによって区別できる。かつては本種の学名として *Crematogaster brunnea teranishii* Santschi が使われていた。（シリアゲアリ亜属）
　公園や林内に生息し，樹上の枯枝や枯竹の中に営巣する。
　本州〜九州の日本本土，対馬，沖縄島，石垣島，朝鮮半島に分布する。南九州では，宮崎県，鹿児島県本土，屋久島，種子島から記録がある。

胸部全体に彫刻

鹿児島県蘭牟田池〈KE〉

クボミシリアゲアリ　*Crematogaster vagula* Santschi

　体長2-3mm。赤褐色〜暗褐色。触角棍棒部はしばしば黄色味を帯びる。頭部，前胸背側面，腹部は平滑で光沢がある。前胸背背面と前伸腹節背面にはしばしば縦走する強い隆起線がある（目立たないこともある）。中胸背側方の縁取りが高いため，中胸背と前伸腹節背面の間に窪みが形成される（和名の由来）。前伸腹節刺はやや長く，先はとがる。腹柄節は幅＞長さ（小型個体では幅と長さがほとんど同じことがある）。腹柄節下部突起は小さいが前方で角をもつ。後腹柄節の中央縦溝は顕著。学名として，*Crematogaster matsumurai vagula*

フタフシアリ亜科　169

Santschi が使われていたことがある。(シリアゲアリ亜属)

　林内や林縁に生息し，樹上営巣性といわれるが，南九州における生態は未知。

　本州～九州の日本本土，対馬，南西諸島全域に分布する。南九州では，鹿児島県本土，種子島，屋久島，口永良部島，三島（竹島），宇治群島（家島）などから採集されている。

光沢ある

鹿児島県黒島〈KE〉

●ハダカアリ属　*Cardiocondyla* Emery, 1869

　働きアリは単型で，体長 1.5 - 3.5 mm。体色は淡黄色，黄褐色，赤褐色，黒褐色等さまざま。頭部と胸部の背面に立毛を欠くためハダカアリと呼ばれる。体は細長く，脚は短い。頭部は縦長で後縁は丸みがある。大腮は略三角形。頭盾は前方につき出る。眼はよく発達する。触角は 12 節（まれに 11 節）からなり，先端 3 節は棍棒部を形成する。胸部背面は比較的平坦。前伸腹節刺の発達はさまざま。腹柄節はふつう細長く，柄部と下部突起をもつ。後腹柄節は幅広く，上から見てその幅は腹柄節の幅の 2 倍近くある。中脚と後脚は脛節刺を欠く。頭部・胸部背面が立毛を欠くこと，後腹柄節が非常に幅広いことなどにより，他の属からは簡単に区別できる。

　ほとんどの種が，草地，裸地，道路脇などオープンな場所に生息する。一部の種は人為環境に適応した放浪種である。

　オーストラリア北部，アジア，ヨーロッパ，アフリカのおもに温暖な地域に広く分布する。一部の種は新大陸に人為導入された。日本には 6 種が分布するといわれるが，分類は未決着。南九州からは 2 種が記録されている。

ハダカアリ　*Cardiocondyla kagutsuchi* Terayama

　体長 1.5 - 2 mm。全身が暗赤褐色だが，ときに胸部が褐色ないし明るい赤褐色のことがある。頭盾，大腮，触角，脚は黄色味を帯びる。頭部～腹柄部は細かい点刻に密におおわれるが，前伸腹節後面はほぼ平滑，腹柄部の点刻は表面的。全身が微小な伏毛におおわれるが，立毛はほとんどなく，頭盾前縁や大腮にわずかに見られるだけ。頭部は略長方形。眼は発達し，その長径は眼の前縁から大腮基部までの距離より大きい。触角は 12 節，棍棒部は 3 節；柄節は頭部後縁にわずかに届かない。側方から見て胸部背面はほぼ平坦。前伸腹節刺の発達は悪く，短い歯状で先端は鈍くとがる。腹柄節の柄は長い。本種の学名としては従来 *Cardiocondyla nuda*（Mayr）が使用されてきた。最近，B. ザイファートにより日本において *C. nuda*（ハダカアリ）と呼ばれていた種と *C. kagutsuchi*（ヒヤケハダカ

アリ）は同種であるとされ，日本の種の学名として *C. kagutsuchi* が適用された。しかし，これら2「種」は染色体数が異なる上，社会構造にも違いがある。したがって，将来，両者が別種として再度分けられる可能性がある。近縁種のヒメハダカアリは胸部や腹柄部が赤味を帯び，腹柄節の柄部がやや短く，前伸腹節刺がやや長く先がとがることにより，ハダカアリから区別できる。

海岸や都市部の裸地，道路脇などに生息し，石下や土中に営巣する。人為的環境を好み，人間により運ばれ分布を拡大している可能性がある。

ポリネシア，ニューギニア，アジア熱帯・亜熱帯に広く分布する。日本では関東以南の本州，四国，九州，南西諸島，小笠原諸島に分布する。南九州では，宮崎県，鹿児島県本土，甑島列島，種子島，屋久島，口永良部島，三島（竹島，硫黄島），草垣群島（上ノ島）から記録がある。

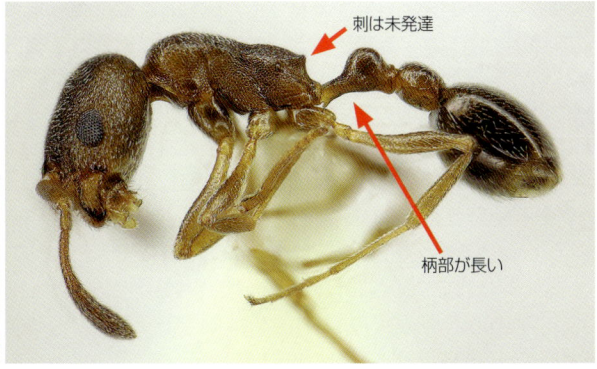

鹿児島県種子島〈KE〉

ヒメハダカアリ　*Cardiocondyla minutior* (Forel)

体長 1.5 mm前後で，ハダカアリより少し小さい。ハダカアリによく似るが，本種では腹柄節の柄部がやや短く，前伸腹節刺が長く先がとがることにより区別できる。「日本産アリ類全種図鑑」（学研）では学名として *Cardiocondyla tsukiyomi* Terayama が使われている。前種同様，人為的環境に出現する。雄アリには有翅と無翅の二型があるという。

ポリネシアからアジア熱帯・亜熱帯域に分布し，北限は屋久島である。日本では，大隅諸島から八重山諸島までの南西諸島と小笠原諸島に分布し，南九州では屋久島，種子島のみから記録されている。

鹿児島県小宝島〈WJ〉

フタフシアリ亜科　171

キイロハダカアリ　*Cardiocondyla obscurior* Wheeler

　体長 1.5 - 2 ㎜。体は黄色から濃黄色で，腹部はやや暗色。腹部を除く全身が細かく密に彫刻される。胸部背面には非常に短く繊細な立毛がある。腹部の立毛はやや長い。頭部は縦に長く，側方は弱くはりだす。眼はよく発達し，正面観で頭部の側縁からはりだす。触角柄節は頭部後縁を超えない。横から見て，前胸背と中胸背はとぎれなくほぼ平坦。後胸溝は深い。前伸腹節刺はやや長い。南九州産の他の 2 種とは，体色が明るいこと，前伸腹節刺が細長いことにより，簡単に区別できる。本種は従来 *C. wroughtonii* (Forel) とされてきたが，最近 B. ザイファートにより別種とされた。
　ブッシュや灌木の枯枝に営巣するといわれるが，南九州での生態は不明である。
　世界中の暖温帯〜熱帯に広がっているが，原産地は不明。日本では南西諸島や小笠原諸島に広く分布するが，南九州では屋久島からのみ得られている。

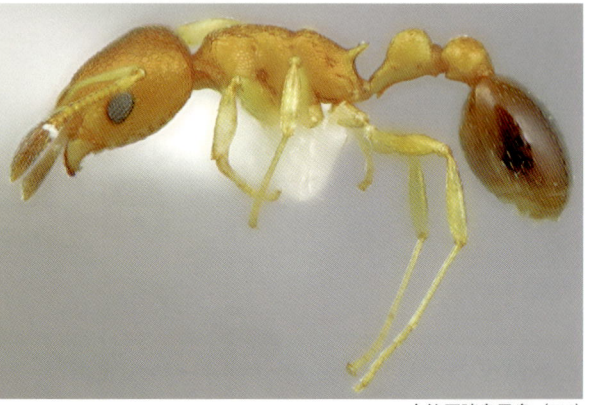

小笠原諸島母島（TM）

●ムネボソアリ属　*Temnothorax* Mayr, 1861

　働きアリは単型で，体長 1.5 - 3 ㎜。体は黄褐色から黒褐色。体背面に比較的長さのそろった立毛が多数ある。体は小さく細長い。頭部は略長方形。眼は発達する。頭盾中央に縦走する隆起線がある。大腮は略三角形。触角は 11 または 12 節（南九州産種ではすべて 12 節）で，先端 3 節は棍棒部を形成する。前胸と中胸が盛り上がってドームを形成することはない。前伸腹節刺はふつう針状（ときに著しく退化）。腹柄節の柄部はあまり長くない。南九州に分布する種はかつて *Leptothorax* 属に入れられていた。
　裸地，河川敷，草地，林内など多様な環境に生息し，石下，土中，枯枝内などに営巣する。社会寄生を行う種がある。
　ユーラシア北部と北アメリカを中心に 300 種強が分布する。一部の種はアフリカやアジア熱帯からも見つかっている。日本には 14 種が分布し，そのうち南九州からは 4 種が採集されている。「日本産アリ類全種図鑑」（学研）では，ハヤシムネボソアリが鹿児島県に分布することになっているが，私たちは確認していない。

ヒラセムネボソアリ　*Temnothorax anira* Terayama et Onoyama

　体長2-2.5 mm。体は暗褐色だが，胸部はやや明るいことがある。大腮は黄色。頭部には平行に縦走する細い隆起線とその間を埋める点刻がある。前胸背の点刻は粗大。胸部の他の部分はやや細かく条刻あるいは点刻される。腹柄部の点刻はごく微細で密。体の背面には白く長さのそろった立毛が多い。触角柄節は頭部後縁をわずかに超える。横から見て，中胸から前伸腹節にかけての背面は平坦。後胸溝は浅く弱い。前伸腹節刺は針状，側方から見て長さは基部の幅の2.5-3倍。腹柄節の丘部は逆U字状；小さい下部突起がある。
　平地と低山地に生息し，桜島大正溶岩地帯など乾燥して植生がまばらな環境に多い。
　本州，九州から南西諸島にかけて分布する日本固有種。南九州では，宮崎県，鹿児島県本土，甑島列島，種子島，屋久島，口永良部島，三島（硫黄島），宇治群島（家島）から採集されている。

鹿児島市桜島〈KE〉

チャイロムネボソアリ　*Temnothorax kubira* Terayama et Onoyama

あまり長くない

体色はやや明るい

　体長2.5-3 mm。体は褐色，頭部と腹部はときに赤みをおびたり暗くなったりする。大腮，触角，脚は黄～黄褐色。形態的にはヒラセムネボソアリに似るが，腹柄節丘部は横から見て，逆U字状というよりは三角形に近い。下部突起は非常に小さい。前伸腹節刺はやや短いが，横から見て長さは基部の幅より大きい。南九州産種のなかでは体色が最も明るい。

鹿児島県屋久島〈KE〉

フタフシアリ亜科　173

山地性の種で，屋久島では標高 1,300 – 1,750m で採集されている。
　北海道，本州，四国，大隅諸島に分布する日本固有種。南九州では屋久島のみで見つかっている。

ハリナガムネボソアリ　*Temnothorax spinosior* Terayama et Onoyama

　体長 2.5㎜前後。体は黒褐色，大腮，触角，脚は部分的に黄色味を帯びる。ヒラセムネボソアリに酷似するが，胸部背面は前胸から前伸腹節にかけて一様に弧を描く。前伸腹節刺は針状で長い。腹柄節の丘部は，横から見て逆 U 字状というよりは三角形状。腹柄節の前縁は横から見てほぼ直線的で，柄部と丘部の区別が不明瞭。
　低山地の日当りのよい岩場で採集される。
　北海道から九州までの日本本土と大隅半島，国外では朝鮮半島に分布する。南九州では鹿児島県薩摩半島と屋久島から採集されている。

刺は細く長い

鹿児島県薩摩半島〈KE〉

シワムネボソアリ（仮称）　*Temnothorax* sp.

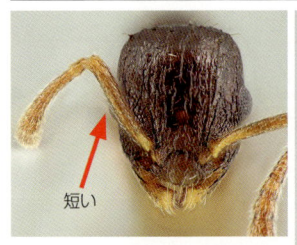

盛り上がる　　刺は短い　直線的

短い

　体長 2㎜前後。体は暗赤褐色で，大腮と脚の付節は黄色。頭部は弱い条刻におおわれ，やや光沢がある。胸部にはかなり明瞭な条刻がある。腹柄部の点刻は微細。腹部背面は平滑で光沢がある。触角柄節は短く，頭部後縁に届かない。横から見て胸部背面は明瞭な弧を描

鹿児島市街地〈KE〉

く。前伸腹節刺はごく短い。腹柄節は低く，前縁は直線的で長く，柄部と丘部は区別されない。南九州産の他種とは，触角柄節が短くて頭部後縁に達しないこと，前伸腹節刺が短いこと，胸部にしわが多いことで簡単に区別できる。南九州では見つかっていないムネボソアリ Temnothorax congruus (F. Smith) に似るが，体の彫刻や腹柄節の形で区別できる。

攪乱地で採集されているがまれ。

鹿児島市の鹿児島中央駅裏手で小牟禮美都子さんが採集した数個体が保存されているのみ。

●カドフシアリ属　　*Myrmecina* Curtis, 1829

働きアリは単型で，体長 1.5−4.5 ㎜。ほとんどの種が赤褐色から黒褐色であるが，まれに黄色味の強い種がある。頭盾，大腮，触角，脚は褐色ないし黄褐色のことが多い。頭部から腹柄部まで，荒い条刻におおわれるが，頭部側方に平滑部をもつことがある。腹部背面はふつう平滑で光沢があるが，まれに表面的な微細彫刻をもつ。全身に立毛がある。触角は 12 節で，先端 3 節は大きな棍棒部を形成する。後頭隆起縁はよく発達し，大腮基部付近まで達する。胸部背面は平坦で，前胸背面と中胸背面が盛り上がることはない。前伸腹節は通常の 1 対の刺のほかに，その前方に 1 対の突起または刺をもつ（側面観では見えない）。腹柄節は柄部と丘部の分離が不明瞭で，筒状となる。

温帯から熱帯に広く分布するが，熱帯に種数が多い。林床に生息し，土中，石下，落枝などに営巣する。

ユーラシア大陸，北米，東南アジア，ニューギニア，オーストラリアに分布する。日本からは 4 種が知られ，南九州ではこのうち 2 種が採集されている。

キイロカドフシアリ　　*Myrmecina flava* Terayama

体長 2−2.5 ㎜。全身が黄色〜黄褐色だが，とくに大腮，触角棍棒部，脚は黄色味が強い。体の彫刻は本属のなかでは弱い方である。

鹿児島県大隅半島 〈KE〉

頭部背面は密で細かい縦走する条刻でおおわれる。頭部の一部や胸部は網目状彫刻や不規則な彫刻をもつ。腹部はほぼ平滑で光沢がある。頭部は正面から見てほぼ四角形で，後縁は中央でややくぼむ。眼は小さく，その長径は触角第 2 節より短い。大腮は略三角形，平滑で光沢がある。触角柄節は頭部後縁にやっと届く程度。触角鞭部の節は，棍棒部を形

フタフシアリ亜科　175

成する3節以外は，非常に小さい。前伸腹節刺は短く，触角第11節とほぼ同長。前伸腹節の前方にある1対の突起は目立たない。

照葉樹林の林床から採集されているがまれ。鹿児島県における生態は未知。

本州，四国，九州に分布し，南九州では宮崎県，鹿児島県本土の冠岳（串木野）や吾平で採集されている。

カドフシアリ　　*Myrmecina nipponica* Wheeler

体長2.5-3 mm。体は赤褐色〜黒褐色で，大腮を含む頭部前方，胸部側面，腹柄部はときに強く赤色味を帯びる。触角棍棒部や脚は黄褐色。頭部〜前伸腹節はやや荒く条刻ないし不規則に彫刻される。全身がやや長い立毛で密におおわれる。眼はやや大きく，その長径は触角第2節と同長かそれ以上。頭盾は平滑で，前縁は直線状で中央に小さな歯をもつ。触角柄節は頭部後縁にやっと届く程度。胸部は側面から見て，なだらかな弧を描く。前伸腹節刺は太く略三角形で，やや上を向く。前伸腹節前方の1対の刺の発達は悪い。前種とは，体サイズ，体色，眼の大きさなどで簡単に見分けられる。

平地から標高1,000mまでの林床に生息し，土中に営巣する。落葉篩いで比較的ふつうに採集される。

北海道から九州までの日本本土，大隅諸島，朝鮮半島に分布する。南九州では，宮崎県，鹿児島県本土，種子島，屋久島，口永良部島から採集されている。

鹿児島県種子島 〈KE〉

●アミメアリ属　　*Pristomyrmex* Mayr, 1866

働きアリは単型で，アジア産種の体長は2-4.5 mm。体色は淡い黄色から暗赤褐色まで。体表の彫刻には変異が大きいが，アジア東部の種では腹部以外は密に点刻される。頭部は丸く，幅と長さがほぼ等しい。眼はよく発達する。頭盾の前縁に歯列がある。触角は11節からなり，先端の3節は棍棒部を形成する。触角挿入部は露出する。胸部は短い。前伸腹節はほとんどの種で1対の刺をもつ。

ほとんどの種が森林性で石下，朽木内などに小規模な巣を作るが，日本に分布するアミメアリは例外的に攪乱地に生息し，巨大なコロニーを形成する。

新大陸を除く世界の暖温帯〜熱帯に50種以上が分布する。日本からは2種が知られ，そのうち1種が南九州にも生息する。

アミメアリ　*Pristomyrmex punctatus* (F. Smith)

　体長 2.5 mm 前後。体は褐色から赤褐色で，頭盾，触角，脚などは黄色味を帯びる。腹部を除く全身に網目状の荒い彫刻がある。腹部は平滑で光沢が強い。頭部から腹柄部までにやや長い立毛があるが，腹部には毛がない。触角柄節は頭部後縁をはるかに超える。前伸腹節刺は長く，腹柄節より少し短い程度で，先端はとがる。腹部第 1 背板は丸く大きく，腹部背面の 80% 以上を占める。かつては学名として *Pristomyrmex pungens* Mayr が使われていた。

　攪乱地，草地，疎林などに生息し，巨大コロニーを形成する。永続的な巣を作らず，頻繁に引っ越しをする。アリの中では例外的に女王アリも雄アリもおらず，働きアリが働きアリを産む産雌性単為生殖を行う。

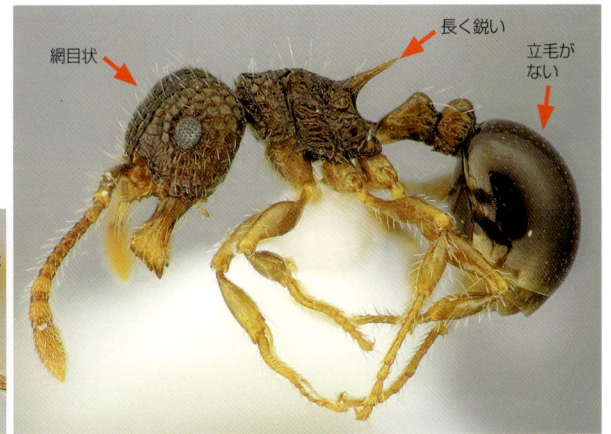

鹿児島県種子島 〈KE〉

フタフシアリ亜科

付　録

1．種の検索表

　正確に種の同定をしたい人のために各属の種の検索表を掲げます。1-2種しか含まない小さな属については検索表を省略しました（種の解説に区別点が明示されています）。

ケアリ属　*Lasius*

1a	体は褐色から黒褐色で光沢はない。胸部はときに暗い黄褐色。少なくとも腹部は暗褐色。………………………………………………………………………	2
1b	体は黄色から橙黄色（まれにやや褐色をおびる）。………………………………	4
1c	体は全身黒色（ときにやや褐色味をおびる）で光沢がある。…………………	6
2a	触角柄節にほとんど立毛がない。前脚脛節の外面には基部を除き立毛がほとんどない。………………………………………………………………	ヒゲナガケアリ
2b	触角柄節と前脚脛節の外面に多数の立毛がある。………………………	3
3a	体は全体的に暗褐色だが，胸部が多少明るいことがある。………	トビイロケアリ
3b	頭部と胸部はやや明るい褐色，腹部は暗褐色。………………………	ハヤシケアリ
4a	体長4mm以上。……………………………………………………………	アメイロケアリ
4b	体長2.5-3.5mm。………………………………………………………	5
5a	触角柄節と中脚脛節に立毛がある。……………………………………	ヒメキイロケアリ
5b	触角柄節と中脚脛節に立毛がない。……………………………………	ミナミキイロケアリ
6a	腹柄節を側面から見ると，先端に向かって鋭くとがり，前縁には角をもつ。………………………………………………………………………	クサアリモドキ
6b	腹柄節を側面から見ると，先端に向かってやや細くなるが，頂部は丸みをおび，前縁に角はない。………………………………………………………	クロクサアリ

アメイロアリ属　*Paratrechina*

1a	前伸腹節に1対の立毛がある。体長は1-1.5mm。……………………	サクラアリ
1b	前伸腹節に立毛はない。体長は2mm以上。……………………………	2
2a	触角柄節は非常に長く，頭の幅の2倍以上。体の背面にある立毛は黄白色。………………………………………………………………	ヒゲナガアメイロアリ
2b	触角柄節は頭の幅の2倍以下。体の背面にある立毛は褐色～黒褐色。…………	3
3a	胸部背面には剛毛がふつう6対以上ある。触角柄節の立毛には柄節の幅と同じかより長いものがある。全身が黒褐色。………………………	ケブカアメイロアリ
3b	胸部背面の剛毛はふつう4対，多くても5対。触角柄節の立毛は柄節の幅よりはるかに短い。頭部と胸部は濃黄色から淡褐色，腹部は黒褐色[※]…………	アメイロアリ

[※]山地には全体褐色～暗褐色の集団があり，リュウキュウアメイロアリと紛らわしい。また，薩摩半島の砂浜海岸からも全身が全体褐色～暗褐色の個体が得られており，これはリュウキュウアメイロアリである可能性が非常に高い。

オオアリ属 *Camponotus*

1a	体長7mm以上[※]。	2
1b	体長6mm以下, 普通は5mm以下[※※]。	8
2a	全身黒色[※※※]。	3
2b	体に黄褐色, 褐色, 赤色の部分がある。	4
3a	前胸背と中胸背の立毛は10本程度。前伸腹節の前半分には立毛がない。 ………… クロオオアリ	
3b	前胸背と中胸背の立毛は30本以上。前伸腹節には一様に多数の立毛がある。 ………… ケブカクロオオアリ	
4a	胸部, 腹柄節, 腹部第1節背板前方は大部分赤色あるいは赤褐色部がある。	5
4b	体に赤色あるいは赤褐色部がない。	6
5a	胸部はほぼ全体が赤みをおびる。	ムネアカオオアリ
5b	全胸背は黒色(中胸背もときに部分的に黒くなる)。	ニシムネアカオオアリ
6a	胸部, 腹柄節, 脚は濃黄色から黄褐色, 頭部と触角はやや暗く, 腹部は黒褐色。頭盾前縁は直線状。大腮の歯は5個で, 最基部の歯は2裂することがある。	7
6b	ほぼ全身が暗褐色から黒褐色で, 脚は黄褐色。頭盾前縁はは中央部がくぼむ。大腮の歯は7個で, 基方3歯の間の切れ込みは浅い。	ミカドオオアリ
7a	胸部背面にほとんど立毛がない。	アメイロオオアリ
7b	胸部背面に多数の長い立毛がある。	ケブカアメイロオオアリ
8a	前脚の腿節はきわめて幅広く, 基節よりも幅広い。前伸腹節の背面と後面は90度の角をなす。大型働きアリの頭部前方は裁断され, 大腮, 頬と頭盾の一部が平面を形成する。	ヒラズオオアリ
8b	前脚の腿節は基節より幅が狭い。前伸腹節の背面と後面は多少とも連続的に推移する。大型働きアリの頭部前方は裁断されない。	9
9a	腹部第1,2背板の基方にそれぞれ1対の黄紋をもつ[※※※※]。	10
9b	腹部第1,2背板は全体が黒褐色。	12
10a	頭盾前縁中央にくぼみがある。	ヨツボシオオアリ
10b	頭盾前縁にくぼみはない。	11
11a	頭部を正面から見たとき, 眼は頭部両側のアウトラインから明瞭にとびでる(小型働きアリ)か, わずかにはみ出す(大型働きアリ)。	ヤマヨツボシオオアリ
11b	頭部を正面から見たとき, 眼は頭部両側のアウトラインの内側にほぼおさまる。	ナワヨツボシオオアリ
12a	胸部背面に立毛はない。腹柄節を横から見ると, 先端は鋭くとがる。	クサオオアリ
12b	胸部背面, とくに前伸腹節に立毛がある。腹柄節を横から見ると, 先端は丸みをおびる。	13
13a	前伸腹節を横から見ると, 背面に弱いくぼみがある。腹柄節を横から見ると逆U字状(大型働きアリではそれほど顕著でない)。	ウメマツオオアリ
13b	前伸腹節を横から見ると, 背面はほぼ直線状。腹柄節を横から見ると前後が非対称的で, 後縁は直線にちかい[※※※※※]。	ホソウメマツオオアリ

※　初期コロニーの小型個体ではしばしば7mm以下。
※※ヨツボシオオアリの大型働きアリの中には7mmを超す個体がある。
※※※若い個体ではしばしば胸部，脚などに赤褐色部が見られる。
※※※※鹿児島では，黄紋が不明瞭な個体が多く，ホソウメマツオオアリと紛らわしい。コロニーから多くの個体を採集し，顕微鏡下で精査して黄紋をもつ個体が含まれていれば本種と判断する。
※※※※※ウメマツオオアリとホソウメマツオオアリの区別はきわめて難しい。詳しくは種の解説を参照のこと。

ニセハリアリ属　*Hypoponera*

1a	体は黄ないし黄褐色。	2
1b	体は赤褐色ないし黒色。	3
2a	触角9–11節は，それぞれ長さは幅と同長か，少し長い。触角柄節は頭部後縁の角に達する。	ヒゲナガニセハリアリ
2b	触角9–11節は，それぞれ長さより幅が広い。触角柄節は頭部後縁の角に達しない。	ニセハリアリ
3a	触角棍棒部は5節からなる。体は暗褐色から黒色。	クロニセハリアリ
3b	触角棍棒部は6節からなる。体はやや赤みをおびる。	ベッピンニセハリアリ

フトハリアリ属　*Pachycondyla*

1a	胸部を横から見ると，前・中胸と前伸腹節の間に明瞭な段差がある。	オオハリアリ
1b	胸部を横から見ると，前・中胸と前伸腹節の間に明瞭な段差がない。	2
2a	中胸側板に斜めに走る溝がある。体長7mm前後。	ツシマハリアリ
2b	中胸側板に斜めに走る溝がない※。体長4–5mm。	ケブカハリアリ

※女王にはこの溝が認められる。

ハリアリ属　*Ponera*

1a	眼は大きく，その長径は触角柄節の幅に近い。	マナコハリアリ
1b	眼は小さく痕跡的で，その長径は触角柄節の幅よりはるかに小さい。	2
2a	後胸溝は深く刻印される。	コダマハリアリ
2b	後胸溝は痕跡的。	3
3a	体長は3.5mm前後。中胸背と前伸腹節背面は密に明瞭に点刻される。腹柄節背面は全面が強く彫刻される。	テラニシハリアリ
3b	体長は2.5mm前後。中胸と前伸腹節背面は弱く疎な点刻をもち，やや光沢がある。腹柄節背面は微細に点刻されるか平滑で光沢がある。	4
4a	腹柄節は厚く，真上から見た場合，その幅は厚さの2倍以下。	ヒメハリアリ
4b	腹柄節は薄く，真上から見た場合，その幅は厚さの2倍以上。	ミナミヒメハリアリ

カギバラアリ属　*Proceratium*

1a 腹柄節は板状で横から見て前縁と後縁はほぼ垂直。頭部を正面から見て頭盾の前縁中央は突出しない。……………………………………… ヤマトカギバラアリ
1b 腹柄節はコブ状。頭部を正面から見て頭盾中央は突出する。……………… 2
2a 触角柄節は短く，その先端は頭部の2/3程度にしか届かない。腹柄節を横から見ると背面は顕著に丸く盛り上がる。……………………………… イトウカギバラアリ
2b 触角柄節は長く，その先端は頭部の後縁にほぼ届く。腹柄節を横から見ると背面の隆起は低い。……………………………………………… ワタセカギバラアリ

アゴウロコアリ属　*Pyramica*

1a 大腮は棒状で付け根は左右に離れ，内縁の歯はないか2本。上唇は前方に伸張し，1対の突起となって大腮の間から見える。……………………………… 2
1b 大腮は幅広くときに三角形を呈し，内縁には多数の小歯を持つ。上唇は大腮の間からは見えない。……………………………………………………………… 3
2a 大腮は先端の長い歯のほかに，内縁に2本の小歯を持つ。前伸腹節は1対の刺をもつ。…………………………………………………………… セダカウロコアリ
2b 大腮には先端の歯しかない。前伸腹節刺はない。………… ヒメセダカウロコアリ
3a 前胸背板は平坦で平滑※，両側は明瞭な隆起縁で区画される。大腮を閉じた状態で，大腮の基部と頭盾の間に溝が形成される。………………… トカラウロコアリ
3b 前胸背板はふつう丸く盛り上がり，平坦に近い場合は全面が彫刻されるか両側が明瞭な隆起縁で区画されない。大腮を閉じた状態で，大腮の基部と頭盾の間に溝は形成されない。………………………………………………………………… 4
4a 頭部と胸部の背面に立毛がほとんどない。………………… ヒラタウロコアリ
4b 頭部と胸部の背面に立毛がある（一部の立毛は変形し，鞭状，へら状になる）。… 5
5a 後腹柄節の両側に海綿状付属物がない。大腮を閉じた状態で大腮の基部の間にすきまができる。………………………………………………… ヌカウロコアリ
5b 後腹柄節の両側に海綿状付属物がある。大腮を閉じた状態で大腮の基部の間にすきまができない。……………………………………………………………… 6
6a 頭部と胸部は全体的に平滑で光沢がある。………………… ツヤウロコアリ
6b 頭部と胸部は広範囲に彫刻され光沢がない。……………………………… 7
7a 大腮は前方に長く突き出て，途中で下方におれ曲がる。……… キバオレウロコアリ
7b 大腮は頭盾からわずかに突き出る程度で，途中でおれ曲がることはない。……… 8
8a 胸部背面に多数の立毛がある。前胸背板肩部に1対の縮れ毛がある。
　　……………………………………………………………… ノコバウロコアリ
8b 胸部背面に立毛がほとんどない。中胸背板に1対のへら状の毛がある。
　　……………………………………………………… ホソノコバウロコアリ

※ よごれた標本ではこの部分がくすんで見えることがある。

ヒメアリ属　*Monomorium*

1a 頭部と胸部は細かい点刻を密にもち，光沢がない。触角柄節先端は頭部後縁に達す

	る。体長は2-2.5 mm。………………………………………………	イエヒメアリ
1b	頭部と胸部は平滑で,光沢がある。触角柄節先端は頭部後縁に達しない。体長は1.5 mm前後。……………………………………………………………………	2
2a	全身が暗褐色から黒色。………………………………………	クロヒメアリ
2b	少なくとも体の一部に黄色ないし黄褐色の部分がある。……………………	3
3a	頭部と胸部が黄色から黄褐色,腹部は黒褐色。……………………	ヒメアリ
3b	頭部が暗褐色であるか,あるいは腹部の大部分が黄色。………………………	4
4a	橙黄色で,2色性を示す。…………………………………	フタイロヒメアリ
4b	全身が淡い黄色から黄褐色だが,腹部第1節に1対の黒紋をもつ。………………………………………………………………………	フタモンヒメアリ

シワアリ属　*Tetramorium*

1a	腹柄節,後腹柄節ともに彫刻は弱く,普通は背面が平滑でつよい光沢がある。………………………………………………………………	ケブカシワアリ
1b	腹柄節,後腹柄節ともに強く彫刻され光沢はない。………………………	2
2a	全身に細い白毛を密生し,毛のなかには2分岐あるいは3分岐するものが含まれる。胸部を側面から見ると背縁はなめらかな弧を描く。前伸腹節刺は細長く直線的。……………………………………………………	イカリゲシワアリ
2b	体の毛は頑丈でまばら,分岐することはない。胸部を側面から見ると平坦。前伸腹節刺は太く短い;もし長い場合は先端が上方に屈曲する。………………………	3
3a	体長2.5 mm前後。体は一様に褐色から黒褐色。前伸腹節刺は短く,付け根ふきんの幅と同長,先端は上方に曲がらない。……………………	トビイロシワアリ
3b	体長3.0 mm前後。少なくとも頭部と胸部はつよく黄色味をおびる。前伸腹節刺は長く,先端が上方にそりかえる。…………………………………………	4
4a	頭部から後腹柄節まで黄色から黄褐色,腹部は暗褐色から黒色。額隆起線上の立毛は短く,複眼の長径を超えるものはない。……………………	オオシワアリ
4b	全身が黄色から黄褐色;腹部はやや暗色になることがある。額隆起線上の立毛は短く,複眼の長径を超えるものがある。……………………	キイロオオシワアリ

アシナガアリ属　*Aphaenogaster*

1a	前胸背板背面は平滑で光沢があり,彫刻はあってもごく微細で表面的。腹柄節,後腹柄節ともに平滑部が多く光沢がある。…………………………………	2
1b	前胸背板背面には点刻やしわがあり,光沢はあっても弱い。腹柄節,後腹柄節は平滑部より彫刻された部分が多い。………………………………………………	3
2a	頭部に彫刻はほとんどなく光沢がある。前伸腹節,後胸側板にはしわが少なく光沢がある。胸部は顕著に赤みを帯びる。…………………………	イソアシナガアリ
2b	頭部は弱い彫刻におおわれ,光沢がない。前伸腹節,後胸側板はしわと点刻におおわれ光沢がない。胸部は明褐色。…………………………	サワアシナガアリ
3a	頭部を正面からみると,後縁はほぼ平らで後方に突出しない。中脚の脛節は頭幅(複眼をのぞく)とほぼ同じか,それより短い。…………………………………	4

3b	頭部を正面からみると,後縁は丸く後方に突出する※。中脚の脛節は頭幅(複眼をのぞく)より明瞭に長い。………………………………………………………	5
4a	前胸背板側面の彫刻は弱い。前胸背板背面のしわは微細で周縁部に限定され,中央部は微細に点刻されるか平滑。…………………………	ヤマトアシナガアリ
4b	前胸背板側面には強い横しわがあり,しわは背面の中央部にまでおよぶ。………………………………………………………………………	トカラアシナガアリ
5a	体は褐色から暗褐色。………………………………………………	アシナガアリ
5b	体は黄褐色。………………………………………………………	エラブアシナガアリ

※大きな個体では突出の仕方が弱い傾向がある。

オオズアリ属　*Pheidole*

1a	体長は大型働きアリで4.0-4.5㎜,小型働きアリで2.5-3.0㎜。小型働きアリの頭部は正面から見たとき後方に彫刻がなく光沢があり,後縁は丸みを帯びる。………	2
1b	体長は大型働きアリで2.5-3.5㎜,小型働きアリで1.5-2.0㎜。小型働きアリの頭部は正面から見たとき後方は彫刻でおおわれ,後縁が平ら。…………………………	4
2a	大型働きアリ,小型働きアリともに後腹柄節は非常に大きく,横から見たとき腹柄節よりも長く,高い。………………………………………………	オオズアリ
2b	大型働きアリ,小型働きアリともに後腹柄節は小さく,横から見たとき腹柄節よりも短く,低い。………………………………………………………	3
3a	大型働きアリ,小型働きアリともに複眼は大きく,その長径は触角第10節より長い。………………………………………………………………	インドオオズアリ
3b	大型働きアリ,小型働きアリともに複眼は小さく,その長径は触角第10節より短い(これは小型働きアリでより顕著)。…………………………	ミナミオオズアリ
4a	体長は小型働きアリで2㎜前後,大型働きアリで3.5㎜前後。小型働きアリの胸部を横からみると,中胸背板の傾斜部に隆起がある。大型働きアリの触角柄節は比較的長く,頭部を正面から見てその長さの2/3近くに達する。…	アズマオオズアリ
4b	体長は小型働きアリで1.5㎜前後,大型働きアリで2.5㎜前後。小型働きアリの胸部を横からみると,前胸背板と中胸背板は融合してなめらかに推移する。大型働きアリの触角柄節は比較的短く,頭部を正面から見てその長さの半分近くにしか届かない。…………………………………………………………………………	ヒメオオズアリ

シリアゲアリ属　*Crematogaster*

1a	体は全体が黄色あるいは汚黄色。触角棍棒部は2節。…………	キイロシリアゲアリ
1b	体は全体が濃い黄褐色から暗褐色。触角棍棒部は3節。………………………	2
2a	前胸背板は全体的に平滑で光沢がある。中胸背板は多少とも盛り上がり,側方は縁どられない。腹柄節を上から見ると,長さと幅がほぼ等しい。…	ツヤシリアゲアリ
2b	前胸背板は少なくとも背面にしわがある。中胸背板は平坦か少しくぼみ側方は縁どられる。腹柄節を上から見ると,長さより幅が大きい。………………………	3
3a	前伸腹節刺は太く短い。……………………………………………	ハリブトシリアゲアリ
3b	前伸腹節刺は長く針状。……………………………………………	4

| 4a | 前胸背板側面に細かいしわがあり,光沢はない。……………　テラニシシリアゲアリ |
| 4b | 前胸背板側面はなめらかで,光沢がある。………………　クボミシリアゲアリ |

ハダカアリ属　*Cardiocondyla*
1a	頭部と胸部は黄色〜黄褐色,腹部は暗褐色。前伸腹節刺は長く針状。………………………………………………………………　キイロハダカアリ
1b	全身が赤褐色〜暗褐色。前伸腹節刺は短く,せいぜい刺状。…………………… 2
2a	体長 1.5−2 mm。前伸腹節刺は非常に短く先端は鈍い。………………　ハダカアリ
2b	体長 1.5 mm前後。前伸腹節刺はやや長く先端がとがる。…………　ヒメハダカアリ

ムネボソアリ属　*Temnothorax*
1a	前伸腹節刺は細長く,長さは基部の幅の 2.5 倍以上ある。…………………… 2
1b	前伸腹節刺は短く,長さは基部の幅の 2 倍以下。………………………… 3
2a	腹柄節の前方傾斜部は横から見てほぼ直線状で,柄部と丘部は連続的に移行する。横から見て胸部背面はゆるく弧を描く。…………………………　ハリナガムネボソアリ
2b	腹柄節の前方傾斜部は横から見てくぼみ,柄部と丘部の区別は比較的明瞭。横から見て中胸背面から前伸腹節にかけてはほぼ直線的。……………　ヒラセムネボソアリ
3a	頭部を正面から見て,触角柄節は頭部後縁に達しない。前伸腹節刺は短く刺状。全身が黒褐色。………………………………………………　シワムネボソアリ(仮称)
3b	頭部を正面から見て,触角柄節は頭部後縁に達する。前伸腹節刺はやや長く,先はとがる。体は褐色,部分的に赤味や黄味を帯びる。…………　チャイロムネボソアリ

2．侵略的外来種ヒアリの特徴は？

　南米原産で北米に侵入し,家畜や人に大被害を与えているヒアリ。2005 年（あるいはそれ以前）に香港に上陸し,現在中国南部や台湾に広がっています。もし鹿児島県に入れば畜産業などに大きな被害をもたらす可能性があります。侵入を食い止めるもっとも効果的方法は,水際ではねかえすことです。多くは船に運ばれてきますから,港での発見が最重要です。もちろん,海外便が入る飛行場も軽視できません。もし防疫をすりぬけて侵入し,コロニーが確立するとすれば,それは港や飛行場の付近ですから,ここから外に拡散する前に根絶せねばなりません。とくに大きな港周辺では定期的な見回りが重要です。

　それでは,ヒアリは他のアリとどのように違うのでしょうか。形態から説明します。以下の特徴をもったアリが発見されたらただちに専門家に鑑定を依頼して下さい。アルコールにいれた標本が理想的ですが,殺虫管で殺したもの,手で潰したもの（破損が少ない方が良い）,容器に生かしたまま入れたもの,何でも結構です。以下は働きアリの特徴です。写真を見ながら確認しましょう。

1. 体長は,2 mm強から 3.5 mmで,3 mm前後の個体が多い。
2. 体色は,頭部,胸部,腹柄部,触角,脚が栗色（ときにやや暗色をおびる）,腹部が黒褐色。
3. 頭部を正面から見ると,大腮(おおあご)を除いた部分の幅と長さがほぼ等しいか,やや縦に長い。

触角柄節は、頭部後縁にやっと届くか、少し届かない。
4. 触角棍棒部（先端の少し太くなった部分）は2節からなる。これが最も重要な特徴。
5. 腹柄部は2節で、腹柄節と後腹柄節からなる。横から見ると、腹柄節には明瞭な柄がある。腹柄節の丘部は後腹柄節の丘部より薄い。これらも重要な特徴。
6. 背面から見ると体全体に光沢がある。

　以上のうち、最も確実なのが4と5の組合せです。この両方をあわせもつ同属（トフシアリ属）のアリは日本にはトフシアリとアカカミアリしかいません。アカカミアリは日本では小笠原の南に位置する火山列島の硫黄島と南鳥島にしか生息しません（これも南米原産の重要な害虫です）。しかし、南九州に侵入する可能性は十分ありますから、写真を掲げておきました。ヒアリにもっともよく似ていますが、頭部と胸部の色は黄色から橙黄色であること、腹部は暗褐色ですがほとんどの場合、とくに前方に橙黄色の部分があることで区別できます。トフシアリ（p. 151参照）は日本中に普通に生息しますが、体長が1.5 mm程度しかないこと、土中性でめったに地上に現れないことで区別できます。トフシアリは人畜無害です。コツノアリ属の種も4と5の特徴の大部分をあわせもっていますが、南九州に分布するコツノアリは体全体に点刻が密にあり光沢がなく、かつ地表で活動することがめったにないので簡単に区別できます。

　港などに侵入するのは、働きアリではなく、受精し翅をおとした女王アリである可能性もあります。写真には翅を落とす前の女王アリを示しました。翅を落とした状態を想像して下さい。働きアリだけが侵入しても、定着できませんから、受精した女王アリがもっとも重要であるとも言えます。とにかく腹柄部に2節あり、触角棍棒部が2節しかないアリを見かけたら要注意です。

　さて、ヒアリの巣ですが、土中に作られ最初のうちは目立ちませんが、成長すると大きな塚を形成します。塚はときに高さ30 cm近くになることがあると言われます。働きアリの数も数十万個体に達することがあります。南九州には、このように大きな塚を作るアリはいません（オオズアリはしばしば巣口の周辺に土を盛ります）。しかし、ヒアリが南九州に侵入した場合、どの程度のコロニーや巣を形成するかはわかりません。働きアリは採餌のために地表部に頻繁に現れますが、同時に地下に張りめぐらした坑道も使います。非常に攻撃的で、体にはい上がってきて毒針で刺します。刺されたときに激痛があり、傷跡にはやけどをしたような炎症が生じます。ごくまれですが、特異体質の人はスズメバチに刺されたときと同じように、アナフィラキシーショックで死ぬことがあります。詳しい生態については、東ほか著「ヒアリの生物学」（海游社、2008）と本書第1部（p.29）を参照して下さい。

ヒアリ（*Solenopsis invicta* Buren）．①大型働きアリの頭部正面，②同，全身の側面（体長3.5㎜），③小型働きアリの頭部正面，④同，全身の側面（体長2.5㎜），⑤働きアリの触角鞭部（先端の棍棒部が2節），⑥雄アリ（体長5㎜），⑦女王アリ（体長7㎜）（交尾後に翅を落とす）．すべてアメリカ合衆国フロリダ産（伊藤文紀採集）．写真：ＴＭ

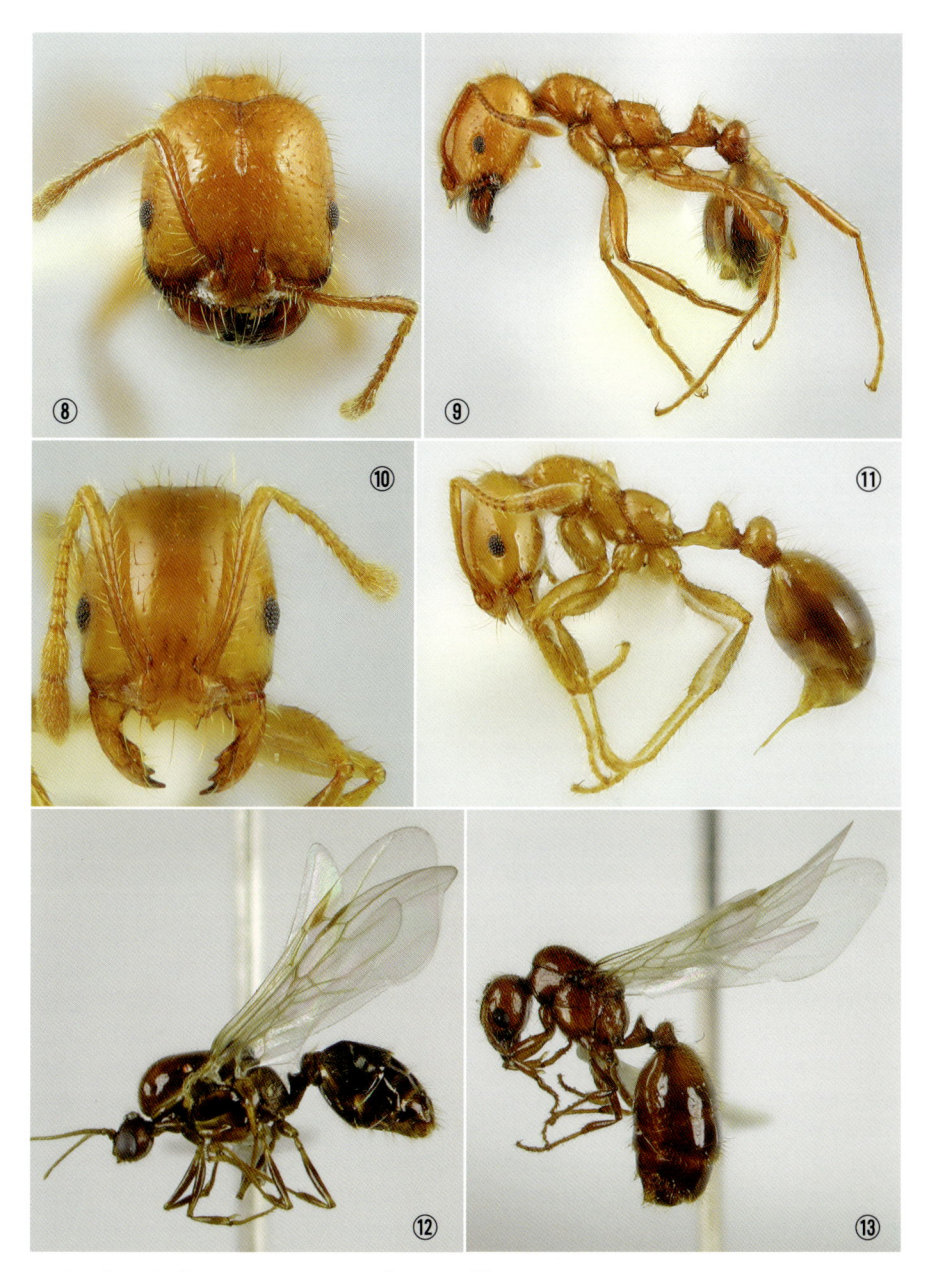

アカカミアリ（*Solenopsis geminata*（Fabricius））．⑧大型働きアリの頭部正面，⑨同，全身の側面（体長4mm），⑩小型働きアリの頭部正面，⑪同，全身の側面（体長2.5mm），⑫雄アリ（体長5.5mm），⑬女王アリ（体長7mm）（交尾後に翅を落とす）．東南アジア各地産（鹿児島大学SKYコレクション）．写真：TM

和名索引

○斜体は現在使用されていない名称；ボールドは見出しページ

【ア行】

アカカミアリ ･････････････････ 21,151,185,**187**
アカケブカハリアリ ････････････････ **121**
アカヒラズオオアリ ･･････････････ **95**
アギトアリ ･････････････････････ **119**
アギトアリ属 ･･･････････････ 112,**118**
アゴウロコアリ属 ･･･････････ 130,**134**
アシジロヒラフシアリ ･･･････ 28,37,47,50,**80**
アシナガアリ ････････････････ 32,**157**,183
アシナガアリ属 ････････････ 20,132,**156**,182
アシナガキアリ ････････････････ **15**
アズマオオズアリ ･･･････ 32-34,70,**163**,183
アミメアリ ･･･････････ 13,37,45,47,49,**177**
アミメアリ属 ･･･････････････ 133,**176**
アメイロアリ ･･････ 32,33,38,41,45,47,90,**178**
アメイロアリ属 ･･･････････････ 74,**89**,178
アメイロオオアリ ････････ 10,51-54,**100**,179
アメイロオオアリ亜属 ･･････････ **100**,101
アメイロケアリ ･･････････････ **85**,178
アメイロケアリ亜属 ･･･････････ **85**
アルゼンチンアリ ･･･････････････ **76**
アワテコヌカアリ ････････････ 21,37,47,**79**
イエヒメアリ ････････････････ 21,**149**,182
イガウロコアリ ･･･････････････ **134**
イカリゲシワアリ ･･･････････････ **154**,182
イソアシナガアリ ･･･････････････ **159**,182
イツツバアリ ･････････････････ **82**
イトウカギバラアリ ･･･････････ 70,**127**,181
イトウハリアリ ･･･････････････ **127**
イモハツラアリ ･･･････････････ **12**
インドオオズアリ ･･･････････ 45,50,**164**,183
ウメマツアリ ･･････････････････ **146**
ウメマツアリ属 ･････････････ 134,**145**
ウメマツオオアリ ･･･････････ 45,47,48,**98**,179
ウメマツオオアリ亜属 ････････････ **96-99**
ウロコアリ ･････････････････････ **142**
ウロコアリ属 ･･･････････････ 26,130,**141**
ウワメアリ ･････････････････････ **92**
ウワメアリ属 ･･････････････････ 75,**91**

エダアリ属 ･････････････････････ **19**
エラブアシナガアリ ･･･････････ **157**,183
オオアリ亜属 ･･････････････････ **93**
オオアリ属 ･･････････････ 18,74,**92**,179
オオウロコアリ ･･････････････････ **142**
オオシワアリ ･････････････ 45,47,50,**153**,182
オオズアリ ･････････ 26,38,49,52,**165**,183
オオズアリ属 ･･･････････････ 132,**161**
オオハリアリ ･･････････ 33,38,45,**120**,180
オオハリアリ属 ･･･････････････ **119**

【カ行】

カギバラアリ亜科 ･･････････････ 26,33,73,**125**
カギバラアリ属 ･･･････････････ 26,125,**127**
カタアリ亜科 ･･･････････････ 36,72,73,**76**
カタアリ属 ･･･････････････････ **76**
カドフシアリ ･････････････････ 34,**176**
カドフシアリ属 ･･･････････････ 133,**175**
カワラケアリ ･････････････････ **88**
キイロオオシワアリ ･･･････････ **155**,182
キイロカドフシアリ ･･････････････ **175**
キイロケアリ亜属 ･･････････････ **84**
キイロシリアゲアリ ･････ 37,46,47,50,**168**,183
キイロシリアゲアリ亜属 ･･････････ **167**
キイロハダカアリ ･･････････････ **172**,184
キタウロコアリ ････････････････ **141**
キバオレウロコアリ ････････････ **139**,181
キバジュズフシアリ ･･･････････ 32,**108**
キバジュズフシアリ属 ･････････ 107,**108**
クサアリ亜属 ･･････････････････ 17,**85**
クサアリモドキ ････････････ 17,32,86,**178**
クサオオアリ ･･･････････････ **99**,179
クサオオアリ亜属 ･･･････････････ **99**
クシケアリ属 ･･･････････････ 131,**152**
クビレハリアリ ････････････････ **106**
クビレハリアリ亜科 ･･･････････ 72,**105**
クビレハリアリ属 ････････････････ **105**
クボミシリアゲアリ ･････････ 49,**169**,184
クロオオアリ ･････････････････････

和名索引

·········· 10,14,16,21,39-42,44,45,53,**93**,179	シワクシケアリ ·················· 16,32,**152**
クロクサアリ ························ 85,**178**	シワムネボソアリ ···················· **174**,184
クロトゲアリ亜属 ······················· 103	スラウェシナミバラアリ ···················· 12
クロナガアリ ··························· **161**	セダカウロコアリ ················· 70,**136**,181
クロナガアリ属 ······················ 132,**160**	セダカウロコアリ属 ······················ 134
クロニセハリアリ ···················· 116,**180**	
クロヒメアリ ············ 38,45,47,48,**147**,182	**【タ行】**
クロヤマアリ ············ 14,39-42,44,50,**104**	タイリククロオオアリ ······················ 94
グンタイアリ亜科 ······················ 12,**17**	タテナシウメマツアリ ···················· **145**
ケアリ亜科 ······························ 87	ダニトモカドフシアリ ······················ 16
ケアリ属 ························· 75,**83**,178	ダルマアリ ························· 37,**126**
ケブカアメイロアリ ················· 50,**89**,178	ダルマアリ属 ··················· 26,125,**126**
ケブカアメイロオオアリ ··············· 101,**179**	チクシトゲアリ ························ **102**
ケブカクロオオアリ ···················· 94,**179**	チャイロムネボソアリ ·················· **173**,184
ケブカシワアリ ······················ 154,**182**	ツシマハリアリ ········ 22,38,45,71,**121**,180
ケブカハリアリ ··················· 37,**120**,180	ツシマハリアリ属 ······················· 119
ケブカハリアリ属 ······················· 119	ツチクビレハリアリ ·················· 70,71,**106**
ゴウタンナミバラアリ ···················· 12	ツノアカヤマアリ亜属 ···················· 103
コダマハリアリ ···················· 122,**180**	ツムギアリ ·························· 18,**23**
コツノアリ ······················· 37,**150**,185	ツヤウロコアリ ························ **138**,181
コツノアリ属 ···················· 131,**149**,185	ツヤシリアゲアリ ·············· 45,47,50,**168**,183
コナミバラアリ ························ 12	デコメハリアリ亜科 ······················ 13
コヌカアリ ····························· **79**	テラニシケアリ ·························· 17
コヌカアリ属 ························ 74,**78**	テラニシシリアゲアリ ·················· **169**,184
	テラニシハリアリ ·············· 32,33,**124**,180
【サ行】	トカラアシナガアリ ·················· **160**,183
サクラアリ ················ 41,47,48,**91**,178	トカラウロコアリ ·················· 40,**138**,181
サスライアリ亜科 ······················ 12,**17**	トカラウロコアリ属 ······················ 134
サスライアリ属 ·························· 13	トゲアリ ·························· 14,**102**
サムライアリ ························ 14,**104**	トゲアリ亜属 ·························· 102
サムライアリ属 ······················· 75,**104**	トゲアリ属 ··················· 18,20,22,73,**101**
サワアシナガアリ ·················· 158,**182**	トゲオオハリアリ（属） ···················· 18
サンミジンアリ ·························· 24	トゲズネハリアリ ·················· 32,33,**114**
シベリアカタアリ ························ 77	トゲズネハリアリ属 ················ 113,**114**
ジュズフシアリ ····················· 32,**109**	トビイロケアリ ··························
ジュズフシアリ属 ·················· 107,**108**	·········· 27,32,34,38-42,47-50,71,**87**,178
シリアゲアリ亜属 ······················· 167	トビイロシワアリ ·············· 45,**156**,182
シリアゲアリ属 ·············· 23,130,**167**,183	トフシアリ ························ 14,**151**,185
シワアリ属 ····················· 133,**153**,182	トフシアリ属 ··············· 13,131,**151**,185

和名索引 189

和名索引

トフシシリアゲアリ亜属 ················· 19

【ナ行】
ナガアリ属 ················· 132,**144**
ナガフシアリ属 ················· 18,**27**
ナミバラアリ属 ················· **12**
ナワヨツボシオオアリ ········ 8,47,70,**97**,179
ニシムネアカオオアリ ················· **93**,179
ニショクマガリアリ ················· **18**
ニセハリアリ ················· 32,33,**117**,180
ニセハリアリ属 ················· 113,**114**,180
ヌカウロコアリ ················· **140**,181
ヌカウロコアリ属 ················· **134**
ノコギリハリアリ ················· 37,70,32,**111**
ノコギリハリアリ亜科 ················· **73**,110
ノコギリハリアリ属 ················· **110**
ノコバウロコアリ ················· **137**,181
ノコバウロコアリ属 ················· **134**

【ハ行】
ハキリアリ（類） ················· **27**
ハシリハリアリ ················· **118**
ハシリハリアリ属 ················· 12,17,112,**117**
ハダカアリ ················· 47,**170**,184
ハダカアリ属 ················· 130,**170**,184
パダンナミバラアリ ················· **12**
ハヤシクロヤマアリ ················· 47,**103**
ハヤシケアリ ················· 32,86,**178**
ハヤシナガアリ ················· **144**
ハリアリ亜科 ················· 33,36,73,**112**
ハリアリ属 ················· 113,**122**
ハリナガムネボソアリ ················· 37,45,**174**,184
ハリブトシリアゲアリ ···· 16,37,45,48,**167**,183
ヒアリ ················· 28,29,151,184-186
ヒゲナガアメイロアリ ················· **90**,178
ヒゲナガアメイロケアリ ················· **85**
ヒゲナガケアリ ················· 32-34,88,**178**
ヒゲナガニセハリアリ ················· **116**,180
ヒコサンムカシアリ ················· **109**

ヒメアリ ················· 47,**148**,182
ヒメアリ属 ················· 132,**146**,181
ヒメオオズアリ ················· 71,**166**,183
ヒメキアリ族 ················· **89**
ヒメキイロケアリ ················· **84**,178
ヒメサスライアリ亜科 ················· **12**
ヒメサスライアリ属 ················· **23**,26
ヒメセダカウロコアリ ················· **136**,181
ヒメナガアリ ················· **144**
ヒメノコギリハリアリ ················· **111**
ヒメハダカアリ ················· **171**,184
ヒメハリアリ ················· **123**,180
ヒラズエダアリ ················· **12**
ヒラズオオアリ ················· 47,**95**,179
ヒラズオオアリ亜属 ················· **95**
ヒラセムネボソアリ ················· **173**,184
ヒラタウロコアリ ················· **135**,181
ヒラタウロコアリ属 ················· **134**
ヒラフシアリ ················· **81**
ヒラフシアリ属 ················· **74**,80
フシボソクサアリ ················· **17**
フタイロヒメアリ ················· **147**,182
フタフシアリ亜科 ················· 36,72,**129**
フタモンヒメアリ ················· **148**,182
フトハリアリ属 ················· 113,**119**
ベッピンニセハリアリ ················· 32,**115**,180
ホソウメマツオオアリ ················· **96**,179
ホソノコバウロコアリ ················· **140**,181

【マ行】
マガリアリ属 ················· **18**
マナコハリアリ ················· 37,**123**,180
マルフシニセハリアリ ················· **115**
ミカドオオアリ ················· **100**,179
ミカドオオアリ亜属 ················· **100**
ミゾガシラアリ ················· 34,**143**
ミゾガシラアリ属 ················· 133,**143**
ミツバアリ ················· **83**
ミツバアリ属 ················· 16,74,**82**

和名索引

ミナミアメイロアリ・・・・・・・・・・・・・・・・・・・・ 89
ミナミオオズアリ・・・・・・・・・・・・・・ 47,48,**162**,183
ミナミキイロケアリ・・・・・・・・・・・・・・・・ 32,**84**,178
ミナミヒメハリアリ・・・・・・・・・・・・・・・・・ **124**,180
ムカシアリ亜科・・・・・・・・・・・・・・・・・・・ 12,72,**107**
ムカシアリ属・・・・・・・・・・・・・・・・・・・ 12,107,**109**
ムネアカオオアリ・・・・・・・・・・・・・・ 14,33,**94**,179
ムネボソアリ・・・・・・・・・・・・・・・・・・・・・・・・・ 175
ムネボソアリ属・・・・・・・・・・・・・・・・ 134,**172**,184
メクラナガアリ・・・・・・・・・・・・・・・・・・・・・・・ 144
メクラナガアリ属・・・・・・・・・・・・・・・・・・・・・ 144
モリオオアリ・・・・・・・・・・・・・・・・・・・・・・・・・・ 92

【ヤ行】

ヤクシマハリアリ・・・・・・・・・・・・・・・・・・・・・ 124
ヤクシマムカシアリ・・・・・・・・・・・・・・・・・・・ 110
ヤマアリ亜科・・・・・・・・・・・・・・・・・ 36,72,73,**81**
ヤマアリ属・・・・・・・・・・・・・・・・・・・・・・・ 75,**103**
ヤマトアシナガアリ・・・・・・・・・・・・・・ 17,**159**,183
ヤマトカギバラアリ・・・・・・・・・・・・・・・・ **128**,181
ヤマトムカシアリ・・・・・・・・・・・・・・・・・・・・・ 109
ヤマヨツボシオオアリ・・・・・・・・・・・・・・・ **98**,179
ヨコヅナアリ・・・・・・・・・・・・・・・・・・・・・・・・・・ 10
ヨツバヒラコシアリ・・・・・・・・・・・・・・・・・・・・ 24
ヨツボシオオアリ・・・・・・・・・・・・・・・・・・ **99**,179
ヨフシウロコアリ属・・・・・・・・・・・・・・・・・・・ 141

【ラ行】

リュウキュウアメイロアリ・・・・・・・・・・・・ **90**,178
ルリアリ・・・・・・・・・・・・・・ 21,22,45,47-49,**78**
ルリアリ属・・・・・・・・・・・・・・・・・・・・・・・・ 76,**77**

【ワ行】

ワタセカギバラアリ・・・・・・・・・・・・・・・・ **128**,181
ワタセハリアリ・・・・・・・・・・・・・・・・・・・・・・・ 128

学名索引

○斜体は日本産には使用されていない名称あるいは同物異名（シノニム）；ボールドは見出しページ。属名と亜属名を区別するため，それぞれカッコ内に genus, subgenus を挿入した。

【A】

Acanthomyrmex (genus) ················ 12
Acanthomyrmex ferox ················ 12
Acanthomyrmex minus ················ 12
Acanthomyrmex padangensis ············ 12
Acanthomyrmex sulawesiensis ············ 12
Acropyga (genus) ··············· 16,**82**
Acropyga nipponensis ················ 82
Acropyga sauteri ················ 83
Aenictinae ················ 12,17
Aenictus (genus) ················ 26
Amblyopone (genus) ················ **110**
Amblyopone caliginosa ················ 111
Amblyopone silvestrii ················ 111
Amblyoponinae ················ **110**
Anillomyrma decamera ················ 24
Anomalomyrma (genus) ················ **108**
Anomalomyrma sp. ················ 108
Anoplolepis gracilipes ················ 15
Aphaenogaster (genus) ······ 20,**156**,182
Aphaenogaster erabu ················ 157
Aphaenogaster famelica ················ 157
Aphaenogaster irrigua ················ 158
Aphaenogaster japonica ············ 17,**159**
Aphaenogaster osimensis ················ 159
Aphaenogaster tokarainsula ············ 160

【B】

Brachyponera (genus) ················ **119**
Brachyponera chinensis ················ 120

【C】

Camponotus (genus) ············ 18,**92**,179
Camponotus (subgenus) ················ **93**
Camponotus bishamon ················ **96**
Camponotus devestivus ················ **100**
Camponotus gigas ················ 76
Camponotus hemichlaena ················ 93
Camponotus japonicus ········ 10,14,16,21,**93**
Camponotus keihitoi ················ **99**
Camponotus kiusiuensis ················ **100**
Camponotus monju ················ **101**
Camponotus nawai ················ **97**
Camponotus nipponicus ················ **95**
Camponotus obscuripes ············ 14,**94**
Camponotus quadrinotatus ················ **99**
Camponotus shohki ················ **95**
Camponotus vitiosus ················ **98**
Camponotus yamaokai ················ **98**
Camponotus yessensis ················ **94**
Cardiocondyla (genus) ············ **170**,184
Cardiocondyla kagutsuchi ················ 170
Cardiocondyla minutior ················ 171
Cardiocondyla nuda ················ 170
Cardiocondyla obscurior ················ 172
Cardiocondyla tsukiyomi ················ 171
Cardiocondyla wroughtonii ················ 172
Carebara (genus) ················ **150**
Carebara yamatonis ················ 151
Cautolasius (subgenus) ················ **84**
Cerapachyinae ················ **105**
Cerapachys (genus) ················ **105**
Cerapachys biroi ················ **106**
Cerapachys humicola ················ **106**
Chthonolasius (subgenus) ················ **85**
Cladomyrma scopulosa ················ 12,19
Colobopsis (subgenus) ················ **95**
Crematogaster (genus) ··········· 19,**167**,183
Crematogaster (subgenus) ················ 167
Crematogaster brunnea teranishii ············ 169
Crematogaster laboriosa ················ 168
Crematogaster matsumurai ············ 16,**167**
Crematogaster matsumurai vagula ············ 169
Crematogaster nawai ················ 168
Crematogaster osakensis ················ 168
Crematogaster teranishii ················ 169
Crematogaster vagula ················ 169
Cryptopone (genus) ················ **114**

学名索引

Cryptopone sauteri ・・・・・・・・・・・・・・・・・・・・・ 114

【D】

Decacrema (subgenus) ・・・・・・・・・・・・・・・・・・・ 19
Dendrolasius (subgenus) ・・・・・・・・・・・・・・・・ 17,85
Diacamma (genus) ・・・・・・・・・・・・・・・・・・・・・・ 18
Discothyrea (genus) ・・・・・・・・・・・・・・・・・・ 26,126
Discothyrea sauteri ・・・・・・・・・・・・・・・・・・・・ 126
Dolichoderinae ・・・・・・・・・・・・・・・・・・・・・・・・ 76
Dolichoderus (genus) ・・・・・・・・・・・・・・・・・・・ 76
Dolichoderus sibiricus ・・・・・・・・・・・・・・・・・・・ 77
Dorylinae ・・・・・・・・・・・・・・・・・・・・・・・・・・ 12,17
Dorylus (genus) ・・・・・・・・・・・・・・・・・・・・・・・ 13
Dorylus vishnui ・・・・・・・・・・・・・・・・・・・・・・・ 13

【E】

Ecitoninae ・・・・・・・・・・・・・・・・・・・・・・・・・ 12,17
Ectatomminae ・・・・・・・・・・・・・・・・・・・・・・・・ 13
Ectomomyrmex (genus) ・・・・・・・・・・・・・・・・・・ 119
Ectomomyrmex javana ・・・・・・・・・・・・・・・・・・ 121
Epitritus (genus) ・・・・・・・・・・・・・・・・・・・・・・ 134
Epitritus hexamerus ・・・・・・・・・・・・・・・・・・・・ 136
Epitritus hirashimai ・・・・・・・・・・・・・・・・・・・・ 136

【F】

Formica (genus) ・・・・・・・・・・・・・・・・・・・・・・ 103
Formica hayashi ・・・・・・・・・・・・・・・・・・・・・・ 103
Formica japonica ・・・・・・・・・・・・・・・・・・・ 14,104
Formicidae ・・・・・・・・・・・・・・・・・・・・・・・・・・・ 9
Formicinae ・・・・・・・・・・・・・・・・・・・・・・ 13,16,81

【G】

Gnamptogenys (genus) ・・・・・・・・・・・・・・・・・・ 18
Gnamptogenys bicolor ・・・・・・・・・・・・・・・・・・・ 18

【H】

Hypoponera (genus) ・・・・・・・・・・・・・・・・ 114,180
Hypoponera beppin ・・・・・・・・・・・・・・・・・・・・ 115
Hypoponera nippona ・・・・・・・・・・・・・・・・・・・ 116

Hypoponera nubatama ・・・・・・・・・・・・・・・・・・ 116
Hypoponera sauteri ・・・・・・・・・・・・・・・・・・・・ 117
Hypoponera zwaluwenburgi ・・・・・・・・・・・・・・ 115

【I】

Iridomyrmex itoi ・・・・・・・・・・・・・・・・・・・・・・・ 78

【K】

Kyidris (genus) ・・・・・・・・・・・・・・・・・・・・・・・ 134
Kyidris mutica ・・・・・・・・・・・・・・・・・・・・・・・ 140

【L】

Lasius (genus) ・・・・・・・・・・・・・・・・・・・ 17,83,178
Lasius (subgenus) ・・・・・・・・・・・・・・・・・・・・・ 86
Lasius fuji ・・・・・・・・・・・・・・・・・・・・・・・・・ 17,85
Lasius fuliginosus ・・・・・・・・・・・・・・・・・・・・・・ 85
Lasius hayashi ・・・・・・・・・・・・・・・・・・・・・・・・ 86
Lasius japonicus ・・・・・・・・・・・・・・・・・・・・・ 27,87
Lasius meridionalis ・・・・・・・・・・・・・・・・・・・・・ 85
Lasius niger ・・・・・・・・・・・・・・・・・・・・・・・・・ 87
Lasius nipponensis ・・・・・・・・・・・・・・・・・・・・・ 17
Lasius orientalis ・・・・・・・・・・・・・・・・・・・・・・・ 17
Lasius productus ・・・・・・・・・・・・・・・・・・・・・・ 88
Lasius sakagamii ・・・・・・・・・・・・・・・・・・・・・・ 88
Lasius sonobei ・・・・・・・・・・・・・・・・・・・・・・・・ 84
Lasius spathepus ・・・・・・・・・・・・・・・・・・・・ 17,86
Lasius talpa ・・・・・・・・・・・・・・・・・・・・・・・・・・ 84
Lasius umbratus ・・・・・・・・・・・・・・・・・・・・・・・ 85
Leptanilla (genus) ・・・・・・・・・・・・・・・・・・・ 12,109
Leptanilla morimotoi ・・・・・・・・・・・・・・・・・・・ 109
Leptanilla tanakai ・・・・・・・・・・・・・・・・・・・・・ 110
Leptanillinae ・・・・・・・・・・・・・・・・・・・・・・・・ 107
Leptogenys (genus) ・・・・・・・・・・・・・・・ 12,17,117
Leptogenys confucii ・・・・・・・・・・・・・・・・・・・ 118
Leptothorax (genus) ・・・・・・・・・・・・・・・・・・・ 172
Linepithema humile ・・・・・・・・・・・・・・・・・・・・ 76
Lordomyrma (genus) ・・・・・・・・・・・・・・・・・・ 143
Lordomyrma azumai ・・・・・・・・・・・・・・・・・・・ 143

学名索引

【M】

Martialinae	24
Martialis heureka	24
Messor (genus)	160
Messor aciculata	161
Monomorium (genus)	146,181
Monomorium chinense	147
Monomorium floricola	147
Monomorium hiten	148
Monomorium intrudens	148
Monomorium pharaonis	149
Myrmamblys (subgenus)	96
Myrmecina (genus)	175
Myrmecina flava	175
Myrmecina nipponica	176
Myrmentoma (subgenus)	99
Myrmhopla (subgenus)	103
Myrmica (genus)	152
Myrmica kotokui	16,152
Myrmicinae	9,13,129

【O】

Ochetellus (genus)	77
Ochetellus glaber	22,78
Ochetellus itoi	78
Odontomachus (genus)	118
Odontomachus kuroiwae	119
Odontomachus monticola	119
Oecophylla smaragdina	18,23
Oligomyrmex (genus)	149
Oligomyrmex sauteri	151
Oligomyrmex yamatonis	150

【P】

Pachycondyla (genus)	119,180
Pachycondyla chinensis	120
Pachycondyla javana	22,121
Pachycondyla pilosori	120
Pachycondyla sakishimensis	121

Paratrechina (genus)	89,178
Paratrechina amia	89
Paratrechina flavipes	90
Paratrechina longicornis	90
Paratrechina ryukyuensis	90
Paratrechina sakurae	91
Parvimyrma sangi	24
Pentastruma (genus)	134
Pentastruma canina	135
Petalomyrmex phylax	12
Pheidole (genus)	9,161,183
Pheidole fervens	162
Pheidole fervida	163
Pheidole indica	9,164
Pheidole noda	26,165
Pheidole nodus	165
Pheidole pieli	166
Pheidologeton sp.	10
Plagiolepidini	89
Polyergus (genus)	104
Polyergus samurai	14,104
Polyrhachis (genus)	18,20,101
Polyrhachis (subgenus)	102
Polyrhachis lamellidens	14,102
Polyrhachis moesta	103
Polyrhachis phalerata	102
Ponera (genus)	122,180
Ponera alisana	122
Ponera japonica	123
Ponera kohmoku	123
Ponera scabra	124
Ponera tamon	124
Ponera yakushimensis	124
Ponerinae	12,112
Prenolepis (genus)	91
Prenolepis sp.	92
Pristomyrmex (genus)	176
Pristomyrmex punctatus	13,177
Pristomyrmex pungens	177

学名索引

Proceratiinae ･･････････････････････ 26,125
Proceratium (genus) ･･････････････ 26,127,181
Proceratium itoi ･･････････････････････ 127
Proceratium japonicum ･･･････････････ 128
Proceratium watasei ･･････････････････ 128
Protanilla (genus) ･･･････････････････ 108
Protanilla sp. ･････････････････････････ 109
Pyramica (genus) ･･･････････････････ 134,181
Pyramica benten ･････････････････････ 134
Pyramica canina ･････････････････････ 135
Pyramica hexamera ･･････････････････ 136
Pyramica hirashimai ･････････････････ 136
Pyramica incerta ･････････････････････ 137
Pyramica mazu ･･･････････････････････ 138
Pyramica membranifera ･･････････････ 138
Pyramica morisitai ･･･････････････････ 139
Pyramica mutica ･････････････････････ 140
Pyramica rostrataeformis ･････････････ 140

【Q】
Quadristruma (genus) ･･････････････ 141

【S】
Smithistruma (genus) ･･････････････ 134
Smithistruma benten ･･････････････ 135
Smithistruma incerta ･･････････････ 137
Smithistruma mazu ･･･････････････ 138
Smithistruma morisitai ･･･････････ 139
Smithistruma rostrataeformis ･･････ 140
Solenopsis (genus) ･･････････････････ 13,151
Solenopsis geminata ･･･････････････ 151,187
Solenopsis invicta ･････････････････ 28,151,186
Solenopsis japonica ･･････････････････ 14,151
Stenamma (genus) ･･･････････････････ 144
Stenamma nipponense ････････････････ 144
Stenamma owstoni ･･･････････････････ 144
Strumigenys (genus) ･････････････････ 26,141
Strumigenys kumadori ･･･････････････ 141
Strumigenys lewisii ･･････････････････ 142

Strumigenys solifontis ････････････････ 142

【T】
Tanaemyrmex (subgenus) ･･･････････ 100
Tapinoma (genus) ････････････････････ 78
Tapinoma indicum ････････････････････ 79
Tapinoma melanocephalum ･････････････ 79
Tapinoma sp. ･･････････････････････････ 79
Technomyrmex (genus) ･････････････････ 80
Technomyrmex albipes ････････････････ 80
Technomyrmex brunneus ･･･････････ 28,80
Technomyrmex gibbosus ･･･････････････ 81
Temnothorax (genus) ･････････････ 172,184
Temnothorax anira ･･････････････････ 173
Temnothorax congruus ･･････････････ 175
Temnothorax kubira ････････････････ 173
Temnothorax sp. ･････････････････････ 174
Temnothorax spinosior ･････････････ 174
Tetramorium (genus) ･･･････････････ 153,182
Tetramorium bicarinatum ･････････････ 153
Tetramorium caespitum ･･･････････････ 156
Tetramorium kraepelini ･･･････････････ 154
Tetramorium lanuginosum ･･･････････ 154
Tetramorium nipponense ･････････････ 155
Tetramorium tsushimae ･･･････････････ 156
Tetraponera (genus) ････････････････ 18,27
Trachymesopus (genus) ･･･････････････ 119
Trachymesopus pilosior ･･････････････ 121
Trichoscapa (genus) ･･････････････････ 134
Trichoscapa membranifera ･･････････ 138

【V】
Vollenhovia (genus) ･･････････････････ 145
Vollenhovia benzai ･･･････････････････ 145
Vollenhovia emeryi ･･･････････････････ 146

参考文献 (日本語の文献は著者の五十音順に，欧文の文献は著者のアルファベット順に配列した)

第 1 部
【書籍】
久保田政雄（2008）アリの生態　ふしぎの見聞録．技術評論社，東京．238 pp.
ヘルドブラー・B., ウィルソン・E.O.（辻　和希・松本忠夫訳）（1997）蟻の自然史．朝日新聞社，東京．319 pp.
東　正剛・緒方一夫・ポーター S.D.（2008）ヒアリの生物学　行動生態と分子基盤．海游社，東京．206 pp.

【総説，雑誌記事など】
江口克之（2005）"Antists"奮闘記 ―ベトナム編．日本熱帯生態学会ニューズレター No. 61: 1–8.
緒方一夫・久保田政雄・吉村正志・久保木譲・細石真吾（2005）アリ類の分類体系―ボルトンによる最近の変更より―, 蟻 27: 13–24.
山口　剛（2000）アリと共生するチョウ．昆虫と自然 35（1）: 2–7.

【英文の単行書と論文】
Bolton, B. (2003) Synopsis and classification of Formicidae. Memoirs of the American Entomological Institute, 71: 1–370.
Bolton, B., Alpert, G., Ward, P.S. & Naskrecki, P. (2007) Bolton's Catalogue of Ants of the World 1758–2005. Harvard University Press. CD-ROM. ISBN-13: 978-0-674-02151-8.
Cushing, P.E. (1997) Myrmecomyrphy and myrmecophily in spiders: A review. Florida Entomologist, 80: 165–193.
Dalecky, A., Gaume, L., Schatz, B., McKey, D. & Kjellberg, F. (2005) Facultative polygyny in the plant-ant *Petalomyrmex phylax* (Hymenoptera: Formicidae): sociogenetic and ecological determinants of queen number. Biological Journal of the Linnean Society, 86: 133–151.
Gotwald, W.H., Jr. (1995) Army Ants: the Biology of Social Predation. Cornell University Press. 302 pp. ISBN: 0-8014-2633-2
Hölldobler, B. & Wilson, E.O. (1990). The Ants. Harvard University Press. 732 pp. ISBN: 0-674-04075-9.
Ito, F. & Takaku, G. (1994) Obligate myrmecophily in an oribatid mite – Novel symbiont of ants in the Oriental Tropics. Naturwissenschaften, 81: 180–182.
Peeters, C. (1991) The ocurrence of sexual reproduction among ant workers. Biological Journal of the Linnean Society, 44: 141–152.
Terayama, M., Ito, F. & Gobin, B. (1998) Three new species of the genus *Acanthomyrmex* Emery (Hymenoptera: Formicidae) from Indonesia, with notes on the reproductive caste and colony composition. Entomological Science, 1: 257–264.
Witte, V., Janssen, R., Eppenstein, A. & Maschwitz, U. (2002) *Allopeas myrmekophilos* (Gastropoda, Pulmonata), the first myrmecophilous mollusc living in colonies of the ponerine army ant *Leptogenys distinguenda* (Formicidae, Ponerinae). Insectes Sociaux, 49: 301–305.

第 2 部
【書籍】
石川秀雄（1992）桜島―噴火と災害の歴史―．共立出版，東京．211 pp.
川那部浩哉（1996）共生と多様性．人文書院，京都．205 pp.
杉浦直人・伊藤文紀・前田泰生（2002）ハチとアリの自然史．北海道図書刊行会，札幌．318 pp.
高林純示・西田律夫・山岡亮平（1995）共進化の謎に迫る．平凡社，東京．300 pp.
田川日出夫（1991）植物の生態．共立出版，東京．270 pp.
日本産アリ類データベースグループ（2004）日本産アリ類全種図鑑．学研，東京．192 pp.
バルト・B.G.（渋谷達明監訳）（1987）昆虫と花―共生と共進化―．八坂書房，東京．392 pp.
東　正剛（編著）（1995）地球はアリの惑星．平凡社，東京．237 pp.
日高敏隆・河野昭一（1987）植物の論理と戦略．平凡社，東京．196 pp.
山岡亮平（1995）アリはなぜ一列に歩くのか．大修館書店，東京．194 pp.
山根正気・幾留秀一・寺山　守（1999）南西諸島産有剣ハチ・アリ類検索図説．北海道図書刊行会，札幌．872 pp.
山根正気・津田　清・原田　豊（1994）かごしま自然ガイド 鹿児島県本土のアリ．西日本新聞社，福岡．180 pp.
山村則男・早川洋一・藤島政博（1997）寄生から共生へ．平凡社，東京．229 pp.

【総説，雑誌記事など】
市岡孝朗・市野隆雄（1999）熱帯雨林のアリとアリ植物：相利共生と共進化 2. アリとマカランガの利害関係．インセクタリウム，36: 188–194.
黒崎史平（1979）トキワイカリソウ種子のアリ散布．Nature Study, 25 (3): 10–11.
原田　豊（2009）変遷をとげるアリの種類と顔ぶれ．鹿児島大学総合研究博物館 News Letter, 23: 7–8.
原田　豊（1999）アリと植物の共生．池田学園池田中学・高等学校研究紀要，2: 38–96.
原田　豊（1997）アメイロオオアリの生活史とサ

ブカスト間の分業．池田学園池田中学・高等学校研究紀要, 1: 1-14.

原田　豊・山根正気（1994）桜島溶岩地帯のアリ相．昆虫と自然．29 (6): 28-34.

山根正気（1995）アリと植物．昆虫と自然, 30 (7): 4-8.

山根正気（1996）「困らせ，助け合う」植物とアリとの複雑な関係．朝日週間百科「植物の世界」, 91 (8): 222-224.

山根正気（1997）アリをめぐる最近の話題．昆虫と自然, 32 (10): 2-6.

【論文】

岡村章子・山根正気（1994）桜島溶岩地帯におけるススキ寄生アブラムシ *Melanaphis yasumatsui* の発生消長およびアリ群集との関係．昆虫, 62: 607-615.

原田　豊（1993）アメイロオオアリの生活史．南紀生物, 35: 111-116.

原田　豊（1996）アメイロオオアリのサブカスト間の分業．南紀生物, 38: 57-63.

原田　豊（1997）日本産オオアリ属にみられるサブカストの分化．南紀生物, 39 (2): 120-124.

原田　豊（2000）鹿児島県甑島列島の林床性アリ相．蟻, 24: 4-11.

原田　豊（2008）鹿児島県城山公園のアリ相．日本生物地理学会会報, 63: 87-96.

原田　豊・鮫島　旦・田代和馬・海老原研一（2006）鹿児島県藺牟田池周辺地域のアリ相．南紀生物, 48: 43-49.

原田　豊（2008）田代和馬・海老原研一・瀧波りら・宿里宏美・米田万里枝・長濱　梢・林加奈子．桜島溶岩地帯のアリ相．日本生物地理学会会報, 63: 205-215.

原田　豊・宿里宏美・米田万里枝・瀧波りら・長濱　梢・松元勇樹・関山揚士・大山亜耶・前田詩織・山根正気（2009）種子島のアリ相．南紀生物, 51: 15-21.

吉本　徹・山根正気（1990）桜島の大正溶岩地帯におけるアリの食餌内容．鹿児島大学理学部紀要（地学・生物学）, 23: 9-22.

【鹿児島大学理学部生物学科・地球環境科学科卒業論文】

秋山孝子（2001）鹿児島大学唐湊果樹園におけるアカメガシワとアリの関係．40 pp.

小牟禮美都子（1993）タイワンススキアブラムシ *Melanaphis formosana* とアリとの相互作用．62 pp.

福元慶太（2003）花外蜜植物のソメイヨシノ，アカメガシワとの関係．45 pp.

【英文の単行書と論文】

Beattie, A. J. & Culver, D. C. 1982. Inhumation: how ants and other invertebrates help seeds. Nature, 297: - .

Davidson, D. W. & Epstein, W. W. 1989. Epiphytic associations with ants. Vascular Plants Epiphytes, 40 (3): 200-233.

Hölldobler, B. & Wilson, E. O. 1990. The Ants. Harvard University Press, Cambridge. 732 pp.

Hölldobler, B & Wilson, E. O. 1994. Journey to the Ants. Harvard University Press, Cambridge. 228 pp.

Huxley, C. R. 1980. Symbiosisi between ants and epipytes. Biological Reviews of the Cambridge Philosophical Society, 55: 321-340.

Huxley, C. R. and Culter, D.F. 1981. Ant-Plant Interactions. Oxford University Press, Oxford. 601 pp.

Ito, F & Higashi, S. 1991. An indirect mutualism between oaks and wood ants via aphids. Journal of Animal Ecology, 60: 463-470.

Jolivet, P. 1996. Ants and Plants. Backhuys Publishers, Leiden. 303 pp.

Yamane, Sk. & Hashimoto, Y. 2001. Standardised sampling methods: the Quadra Protocol. ANeT Newsletter, 3: 16-17.

第3部
【書籍】

寺山　守・高嶺英恒・久保田敏（2009）沖縄のアリ．自費出版，那覇．165 pp.

日本産アリ類データベースグループ（2004）日本産アリ類全種図鑑．学研，東京．192 pp.

山根正気・津田　清・原田　豊（1994）かごしま自然ガイド　鹿児島県本土のアリ．西日本新聞社，福岡．186 pp.

【総説，雑誌記事など】

江口克之（2007）「たかがアリ」を美しく撮る！鹿児島大学総合研究博物館 News Letter, 14: 2-6.

江口克之（2009）「たかがアリ」を美しく撮る！第2弾．鹿児島大学総合研究博物館 News Letter, 21: 2-7.

江口克之（2009）書斎を「家族に嫌われない程度に」標本室化する．鹿児島大学総合研究博物館 News Letter, 23: 13-15.

福元しげ子（2009）鹿児島県のアリとキャンパスのアリ．鹿児島大学総合研究博物館 News Letter, 23: 5-6.

那須尚子（2008）家屋内に侵入する困ったアリたち一イエヒメアリとアワテコヌカアリー．タテハモドキ, 44: 27-31.

日本蟻類研究会（編）（1989）日本産アリ類の検索と解説（I）．日本蟻類研究会，東京．42 pp.

日本蟻類研究会（編）（1991）日本産アリ類の検索と解説（II）．日本蟻類研究会，東京．56 pp.

日本蟻類研究会（編）（1992）日本産アリ類の検索と解説（III）．日本蟻類研究会，東京．94 pp.

【論文】

大城戸博文・山根正気・飯田史郎（1995）鹿児島県口永良部島および草垣群島上之島のアリ．蟻, 19: 6–10.

緒方一夫（1995）宮崎県のアリ類―東諸県広域圏を中心に―．宮崎東諸県の生物―その分類学・生態学の新知見―. Pp. 31–45.

緒方一夫・久保田政雄・吉村正志・久保木譲・細石真吾（2005）アリ類の分類体系―ボルトンによる最近の変更より―, 蟻, 27: 13–24.

川原慶博・細山田三郎・山根正気（1999）鹿児島大学寺山自然教育研究施設のアリ相．鹿児島大学教育学部研究紀要, 50: 147–156.

園部力雄（1971）霧島山地域のアリ相．JIBP-CT-S 年次報告（1970）. Pp. 176–182.

西園祐作・山根正気（1990）鹿児島県産アシナガアリ属の分類．鹿児島大学理学部紀要（地学・生物学）, 23: 23–40.

原田　豊（1997）鹿児島県甑島列島のアリ類．蟻, 21: 1–4.

原田　豊・鮫島　旦・田代和馬・海老原研一（2006）鹿児島県藺牟田池周辺地域のアリ相．南紀生物, 48: 43–49.

原田　豊・宿里宏美・米田万里枝・瀧波りら・長濱　梢・松元勇樹・大山亜耶・前田詩織・山根正気（2009）種子島のアリ相．南紀生物, 51: 15–21.

細石真吾・吉村正志・久保譲・緒方一夫（2007）屋久島のアリ類．蟻, 30：47-54.

寺山　守（1983）鹿児島県本土のアリ相．神奈川虫報, 69: 13–24.

寺山　守・山根正気（1984）屋久島のアリ―垂直分布を中心に―．環境庁自然保護局（編）「屋久島原生自然環境保全地域調査報告書」. Pp. 643–667.

山根正気・中村桂介（2008）シカ柵内外のアリ類と地表性甲虫相．財団法人日本自然保護協会（編）「屋久島世界遺産地域における自然環境の動態把握と甫算管理手法に関する調査報告書」．環境省九州地方環境事務所，熊本. Pp. 108–111.

【英文の単行書と論文】

Ikudome, S. & Yamane, Sk. (2007) Ants, wasps and bees of Iwo-jima, Northern Ryukyus, Japan (Hymenoptera, Aculeata). Bulletin of the Institute of Minami-Kyushu Regional Science, Kagoshima Women's Junior College, 23: 1–7.

Ikudome, S. & Yamane, Sk.（2009）Ants, wasps and bees of Take-jima, Northern Ryukyus, Japan (Hymenoptera, Aculeata). Bulletin of the Institute of Minami-Kyushu Regional Science, Kagoshima Women's Junior College, 25: 1–8.

Iwata, K., Eguchi, K. & Yamane, Sk. (2005) A case study on urban ant fauna of southern Kyushu, Japan, with notes on a new monitoring protocol (Insecta, Hymenoptera, Formicidae). Journal of Asia-Pacific Entomology, 8: 263–272.

Radchenko, A. (2005) A review of the ants of the genus *Lasius* Fabricius, 1804, subgenus *Dendrolasius* Ruzsky, 1912 (Hemenoptera：Formicidae) from East Plaearctic. Annales Zoologici (Warszawa), 55: 83–94.

Shimana, Y. & Yamane, Sk. (2009) Geographical distribution of *Technomyrmex brunneus* Forel (Hymenoptera, Formicidae) in the western part of the mainland of Kagoshima, South Kyushu, Japan. Journal of the Japanese Society of Myrmecology 【Ari】, 32: 9–19.

Watanabe, H. & Yamane, Sk. (1999) New species and new status in the genus *Aphaenogaster* (Formicidae) from Japan. In：Yamane, Sk., Ikudome, S. & Terayama, M., Identification Guide to the Aculeata of the Nansei Islands. Hokkaido University Press, Sapporo. Pp. 728–736.

Yamane, Sk. & Ikudome, S. (2008) Ants, wasps and bees of Kuro-shima, Northern Ryukyus, Japan (Hymenoptera, Aculeata). Bulletin of the Institute of Minami-Kyushu Regional Science, Kagoshima Women's Junior College, 24: 1–9.

Yoshimura, M., Hosoishi, S., Kuboki, Y., Onoyama, K. and Ogata, K. (2009) New synonym and new Japanese record of the ant genus *Ponera* (Hymenoptera：Formicidae). Entomological Science, 12: 194–201.

あとがき

　日本におけるアリ研究は近年，分類，生態いずれの分野でも，著しい進歩が見られます。前著「鹿児島県本土のアリ」（山根正気・津田清・原田豊著，西日本新聞社，1994年）が出版されてから早くも16年が経過し，鹿児島県においても新しい知見がかなり蓄積されてきました。今回，これらの知見をもり込み，またカバーする地域を宮崎県や大隅諸島にも広げて，南九州におけるアリ研究の現在を知っていただくため，装いも新たに「アリの生態と分類―南九州のアリの自然史」として上梓しました。

　この新版では，近年急速に進歩をとげた小型昆虫の標本撮影と画像合成の技術を駆使し，江口克之の写真を中心にして，鮮明な標本写真をほぼすべての種について掲載することを試みました。この点では，わが国の既存の類書をはるかにしのぐガイドブックを皆さんに提供できたと自負しています。また，南九州のアリの生態を理解するための基礎知識として，アリの生態を概説した「世界のアリ・アリの世界」を新たに加えました。

　一方で，南九州のアリの種の解説を書きながら再認識させられた点が多々あります。まず，これは私たちの責任でもあるのですが，個々の種についての分布記録はまだまだ不十分です。とくに，宮崎県，鹿児島県北部，大隅半島，種子島のアリ相の解明率は低い状態にとどまっています。本書が各地のアリ相解明に役立つよう願っています。南九州のアリの種で，女王アリと雄アリの標本がそろっているのは，まだ半分ほどに過ぎません。そのため，今回は女王アリや雄アリの検索表を提示できませんでしたし，種や属の解説でもほとんど触れられませんでした。これら有翅虫も含めた完璧なガイドブックはヨーロッパではすでに出版されていますが，日本ではこれからの課題といえます。最後に，日本のアリ全体について言えることですが，営巣場所，食性，社会構造などの生態情報の著しい欠如が挙げられます。南九州には120種を越すアリが生息しており，その生態も千差万別です。本書が，生態解明の面でも役に立つことを願っています。

　本書を出版するにあたっては多くの方々のご助力を得ました。以下にとくにお世話になった方々のお名前を挙げさせていただきます。

　幾留秀一（鹿児島女子短期大学；標本提供），伊藤文紀（香川大学；標本提供），岩西哲（みなくち子どもの森自然館；標本提供），緒方一夫（九州大学；標本提供），小野田繁（鹿屋市；標本提供），坂巻祥洋（鹿児島大学；情報提供），Jaitrong Weeyawat（タイ国立科学博物館；標本撮影），寺山守（東京大学；標本提供），中村京平（表紙写真），福田晴夫（鹿児島市；情報提供），福元しげ子（鹿児島大学；情報提供），細石真吾（九州大学；情報提供），前田拓哉（写真撮影），宮本旬子（鹿児島大学；情報提供），鹿児島大学理学部の中野正太君ほか学生の皆さん（標本収集）。

　鹿児島大学理学部卒業生の秋山孝子，岡村章子，小牟禮美都子，福元慶太，吉本徹の皆さんには卒業論文からの引用を承諾していただきました。

　江口克之は，趣味の研究活動を温かく見守ってくださっている長崎大学熱帯医学研究所国際保健学分野の山本太郎教授ほかスタッフ，学生の皆さんに厚くお礼申し上げます。

　原田豊は，常々研究活動をご理解いただいている池田学園理事長の池田由實氏，一緒に調査をしてくださった田代和馬君ほか

課題研究生物班の皆さんに厚くお礼申し上げます。
　最後に，版組がひじょうにむずかしい本書の編集を担当された南方新社の坂元恵さん、鈴木巳貴さんにはこの場をかりて深く感謝いたします。

■著者紹介

山根正気（やまね　せいき）

1948年北海道生まれ。北海道大学大学院農学研究科博士課程単位修得退学。鹿児島大学大学院理工学研究科教授。専門：多様性生物学（とくにハチ・アリ類の分類・生物地理）。著訳書：R.D. Alexander著「ダーウィニズムと人間の諸問題」（思索社，共訳），Biology of Vespine Wasps（Springer，共著），南西諸島産有剣ハチ・アリ類検索図説（北海道大学図書刊行会，共著）ほか。

原田　豊（はらだ　ゆたか）

1961年鹿児島県生まれ。鹿児島大学大学院理工学研究科博士後期課程単位修得退学。理学修士。池田学園池田中学・高等学校教諭。専門：昆虫学（とくにアリ類の生態と生物地理）。著書：「鹿児島県本土のアリ」（西日本新聞社，共著）。

江口克之（えぐち　かつゆき）

1974年福井県生まれ。鹿児島大学大学院理工学研究科博士後期課程修了。理学博士。長崎大学熱帯医学研究所COE特任助教。専門：ヒトレトロウイルスの系統地理学、感染自然史。余暇を利用して、アジア産オオズアリ属の分類学的研究、ベトナム産アリ類の多様性生物学的研究。アリ類の分類に関する論文多数。

左から山根，原田，江口（高隈山にて）

アリの生態と分類―南九州のアリの自然史
Natural History of Ants in South Kyushu, Japan

発行日　2010年5月31日　第1刷発行

著　者　山根正気，原田　豊，江口克之
　　　　(Seiki YAMANE, Yutaka HARADA and Katsuyuki EGUCHI)

発行者　向原祥隆

発行所　株式会社 南方新社
　　　　〒892-0873 鹿児島市下田町292-1
　　　　電話 099-248-5455
　　　　振替口座 02070-3-27929
　　　　URL http://www.nanpou.com/
　　　　e-mail info@nanpou.com

印刷・製本　大同印刷株式会社
定価はカバーに表示しています　乱丁・落丁はお取り替えします
ISBN978-4-86124-178-9　C0645
©Seiki Yamane, Yutaka Harada and Katsuyuki Eguchi 2010 Printed in Japan

増補改訂版
昆虫の図鑑 採集と標本の作り方
◎福田晴夫他著
定価（本体3,500円＋税）

大人気の昆虫図鑑が大幅にボリュームアップ。九州・沖縄の身近な昆虫2542種を収録。旧版より445種増えた。注目種を全種掲載のほか採集と標本の作り方も丁寧に解説。昆虫少年から研究者まで一生使えると大評判の一冊！

琉球弧・野山の花
◎片野田逸朗著
定価（本体2,900円＋税）

亜熱帯気候の琉球弧は植物も本土とは大きく異なっている。生き物が好き、島が好きな人にとっては宝物のようなカラー植物図鑑が誕生。555種類の写真の一枚一枚が、琉球弧の懐かしい風景へと誘う。琉球弧の昆虫の食草、食樹ももれなく掲載。

九州・野山の花
◎片野田逸朗著
定価（本体3,900円＋税）

葉による検索ガイド付き・花ハイキング携帯図鑑。落葉広葉樹林、常緑針葉樹林、草原、人里、海岸…。生育環境と葉の特徴で見分ける1295種の植物。トレッキングやフィールド観察にも最適。九州の昆虫の食草、食樹ももれなく掲載。

南九州の樹木図鑑
◎川原勝征著
定価（本体2,900円＋税）

九州の森、照葉樹林。森を構成する木々たち200種を収録した。本書の特徴は、1枚の葉っぱから樹木の名前がすぐ分かること。1種につき、葉の表と裏・枝・幹のアップ、花や実など、複数の写真を掲載し、総写真点数は1200枚を超える。食樹確認に最適。

野の花めぐり 全4巻
◎大工園 認著
各巻定価（本体2,000円＋税）

春編、夏編、夏・初秋編、秋・初冬編の全4巻シリーズ。庭先や路傍、畑の雑草から深山の希少種まで。1290種を1600余枚の写真で紹介。自然に親しむ第一歩は草花の名前を覚えること。蝶の食草、食樹も明記。写真が大きく鮮明。

野生植物食用図鑑
◎橋本郁三著
定価（本体3,600円＋税）

野生植物を調査し続けて20数年、多数の著書をものする植物学者がまとめた一冊。沖縄・奄美・南九州で出会った野草の、景色と味わいを満載。久米島のキバナノヒメユリ、石垣島のテッポウユリ、徳之島のシマアザミ……などなど。採集の合間の野草採りに最適。

校庭の雑草図鑑
◎上赤博文著
定価（本体1,905円＋税）

学校の先生、学ぶ子らに必須の一冊。人家周辺の空き地や校庭などで、誰もが目にする275種。学校の総合学習はもちろん、自然観察や自由研究に。また、野山や海辺のハイキング、ちょっとした散策に。子どもたちの活用を前提に、写真を大きく、配列、解説にも工夫。

貝の図鑑 採集と標本の作り方
◎行田義三著
定価（本体2,600円＋税）

本土から奄美群島に至る海、川、陸の貝、1049種を網羅。採集のしかた、標本の作り方のほか、よく似た貝の見分け方を丁寧に解説する。待望の「貝の図鑑決定版」。この一冊で水辺がもっと楽しくなる。

川の生きもの図鑑
◎鹿児島の自然を記録する会編
定価（本体2,857円＋税）

川をめぐる自然を丸ごとガイド。魚、エビ・カニ、貝など水生生物のほか、植物、昆虫、鳥、両生、爬虫、哺乳類、クモまで。上流から河口域までの生物835種を網羅する総合図鑑。学校でも家庭でも必備の一冊。福田晴夫ほか、17人が執筆。

干潟の生きもの図鑑
◎三浦知之著
定価（本体3,600円＋税）

干潟の生き物観察と採集の方法、それぞれの種の特徴やよく似た種の見分け方を、1200点の写真とともに丁寧に解説。干潟は、地球上で最も豊かな環境として、今注目を集めている。その初の本格的干潟図鑑が登場する。

◆ご注文は、お近くの書店か直接南方新社まで（送料無料）。書店にご注文の際は「地方小出版流通センター扱い」とご指定下さい。

奄美の稀少生物ガイドⅠ
◎勝　廣光著
定価（本体1,800円+税）

植物、哺乳類、節足動物ほか。奄美の深い森には絶滅危惧植物が人知れず花を咲かせ、アマミノクロウサギが棲んでいる。干潟には、亜熱帯のカニ達が生を謳歌する。本書は、奄美の稀少生物全79種、特にクロウサギは四季の暮らしを紹介する。

奄美の稀少生物ガイドⅡ
◎勝　廣光著
定価（本体1,800円+税）

鳥類、爬虫類、両生類ほか。深い森から特徴のある鳴き声を響かせるリュウキュウアカショウビン、渓流沿いに佇むイシカワガエル…。そこには、奄美独特の生物が織り成す世界が広がっている。貴重な生態写真とともに、奄美の稀少生物全74種を紹介。

奄美の絶滅危惧植物
◎山下　弘著
定価（本体1,905円+税）

世界自然遺産候補の島・奄美から。世界中で奄美の山中に数株しか発見されていないアマミアワゴケ他、貴重で希少な植物たちが見せる、はかなくも可憐な姿。アマミスミレ、アマミアワゴケ、ヒメミヤマコナスビ、アマミセイシカ、ナゴランほか全150種。

新版　屋久島の植物
◎川原勝征著　初島住彦監修
定価（本体2,600円+税）

海辺から高地まで、その高低差1900mの島、屋久島。その環境は多彩で、まさに生命の島といえる。この島で身近に見ることができる植物338種を網羅、645枚のカラー写真と解説で詳しく紹介。

屋久島　高地の植物
◎川原勝征著　初島住彦監修
定価（本体1,500円+税）

九州最高峰（標高1935m）の宮之浦岳をはじめ、1000m以上の峰が連なる屋久島。世界自然遺産の島に息づく、知られざる花たち。屋久島でしか出会えない46種を含む高地の植物全100種を、168枚のカラー写真で紹介する。

南九州・里の植物
◎川原勝征著　初島住彦監修
定価（本体2,900円+税）

540種、900枚のカラー写真を収録。南九州で身近に見る植物をほぼ網羅した。これまでなかった手軽なガイドブックとして、野外観察やハイキングに大活躍すること間違いなし。植物愛好家だけでなく、学校や家庭にもぜひ欲しい一冊。

山菜ガイド　野草を食べる
◎川原勝征著
定価（本体1,800円+税）

タラの芽やワラビだけが山菜じゃない。ちょっと足をのばせば、ヨメナにスイバ、ギシギシなど、オオバコだって新芽はとてもきれいで天ぷらに最高。採り方、食べ方、分布など詳しい解説つき。アクも辛みも大歓迎！ぜひ、お試しあれ。

薬草の詩
◎鹿児島県薬剤師会編
定価（本体1,500円+税）

身近にあって誰でも手にできる薬草の中から、代表的な162種をピックアップ。薬剤師が書いたエッセイが、薬草の世界に誘う。薬草の採取と保存の仕方、煎じ方と飲み方などを解説した資料編付。

日々を彩る　一木一草
◎寺田仁志著
定価（本体2,000円+税）

南日本新聞連載の大好評コラムを一冊にまとめた。元旦から大晦日まで、366編の写真とエッセイに、8編の書き下ろしコラムを加えて再構成した。花の美しい写真と気取らないエッセイで、野辺の花を堪能できる永久保存版。

万葉集の植物たち
◎川原勝征著
定価（本体2,600円+税）

日本最古の歌集・万葉集。約4500首の歌の中で、植物を詠み込んだものは1500首ほどある。大伴家持、柿本人麻呂、山上憶良らが詠んだ植物の生態や、当時の風俗、文化を解説。時を超えて生き続ける路傍の草花たち。万葉歌人の思いが甦る。

◆ご注文は、お近くの書店か直接南方新社まで（送料無料）。書店にご注文の際は「地方小出版流通センター扱い」とご指定下さい。